高等院校计算机课程设计指导丛书

UML系统建模与分析设计

课程设计

刁成嘉　刁奕 等编著

本书概要地介绍了基于UML的面向对象分析与设计的基本概念及其建模开发过程，包括设计模式、正向/逆向工程和数据库设计建模等15个课程设计题目，以一个集成案例“企业综合信息管理系统”贯穿于可行性研究、需求分析、系统分析与系统设计的全过程，并以此为例引导学生以一个自选的待开发项目作为本课程设计的目标，完成具体分析设计任务。

本书既可作为普通高等教育“十一五”国家级规划教材《UML系统建模与分析设计》的配套教材，也可独立于教材作为软件工程类课程的参考书，以及作为计算机专业本科生学习UML的课程设计用书。

图书在版编目（CIP）数据

UML系统建模与分析设计课程设计/刁成嘉，刁奕等编著. —北京：机械工业出版社，2008.1（2015.7重印）

（高等院校计算机课程设计指导丛书）

ISBN 978-7-111-22476-1

Ⅰ. U…　Ⅱ. ①刁…　②刁…　Ⅲ. 面向对象语言，UML－程序设计－课程设计－高等学校－教材　Ⅳ. TP312

中国版本图书馆CIP数据核字（2007）第152608号

机械工业出版社（北京市西城区百万庄大街22号　邮政编码　100037）

责任编辑：朱　劼

北京瑞德印刷有限公司印刷

2015年7月第1版第5次印刷

186mm × 240mm · 14印张

标准书号：ISBN 978-7-111-22476-1

定价：24.00元

凡购本书，如有倒页、脱页、缺页，由本社发行部调换

本社购书热线：（010）68326294

前 言

面向对象的系统分析与设计是当代软件工程领域的主流设计方法。我们不仅要从理论上了解和掌握面向对象的系统分析与设计的方法和步骤，更要掌握如何实际开发一个面向对象的软件项目。本课程设计以一个实际案例为中心，引导同学从可行性分析、客户需求分析、系统分析、系统设计、系统实现和系统测试等各个阶段全过程进行模拟开发，并产生相应的模型和文档资料，掌握实际开发一个面向对象系统的具体方法与步骤。

面向对象的系统分析与设计包括可行性分析、客户需求分析、系统分析、系统设计、系统实现和系统测试等几个阶段。产生的模型有系统用例模型、系统静态模型、系统动态模型和系统体系结构模型。产生的文档资料有可行性分析报告、客户需求分析报告、系统分析报告、系统设计报告、程序代码文档、系统测试报告、用户使用手册等。只从理论上了解这些内容远远不够，必须掌握实际开发一个面向对象系统的方法与步骤。本课程设计的目的就是引导学生以一个自选的待开发项目作为本课程设计的目标，通过课程设计的实践，完成面向对象的系统分析与设计。

课程设计的重要地位

课程设计在大学的技术和工程类专业课程的教学活动中占有重要的地位。课程设计不仅仅是简单的对课堂教学内容的印证和复习，而是在一定的专业知识基础上，对这些知识的综合运用，更能体现出学生分析问题解决问题的动手能力。一般来讲，课程设计比教学实验复杂，运用的基础知识更深，涉及的知识面更广，也更加接近实际应用。

课程设计在技术和工程类专业课程的教学活动中的重要地位体现在：

- 是课本知识与实际应用之间的连接桥梁，是课本知识的具体运用。
- 是对学生灵活运用专业基础知识，清晰、完整地描述系统能力的一种综合检验。
- 是对学生分析问题解决问题能力的一种提高和训练。
- 是进行实际应用之前的一种演练。

课程设计可以作为课堂教学的一种辅助手段，是对课堂知识的复习和进一步巩固。通过课程设计的综合训练，培养学生实际分析问题、解决问题、进行系统建模的动手能力，帮助学生系统掌握相关课程的主要内容，更好地完成教学任务。

课程设计也可以脱离对课堂教学的依赖，作为具有一定独立性的一门综合技术实践课程而存在。它自成体系，学生可以根据课程设计的要求和具体步骤，参考相关的书籍就可以完成对某一个具体项目的分析、设计和建模。

目标

面对一个实际的软件开发项目，如何从具体着手开始进行面向对象的系统分析与设计，是每个计算机专业的学生都要面临的实际问题。本课程设计参考了国内外知名大学的成功教学经验，在作者多年从事面向对象技术教学和实践工作的基础上总结编写而成。通过本课程的学习，希望能够帮助读者达到如下目标：

- 全面掌握面向对象系统开发各阶段的具体开发方法与步骤。
- 掌握系统开发各阶段产生的文档资料的书写格式。
- 掌握系统开发各阶段产生的系统模型。
- 掌握用例驱动的软件开发方法。
- 理解抽象、封装、模块化和层次化的概念及其具体实施。
- 理解动态建模机制。
- 能正确使用Rose的正向和逆向工程功能进行软件开发。
- 掌握用Rose进行面向对象软件开发设计的全过程。

本书特点

本课程设计独立于任何面向对象系统分析与设计的教科书而自成体系，其内容包括可行性分析、客户需求分析、系统分析、系统设计、系统实现和系统测试等各个阶段。本课程设计以一个案例为中心，展示了系统开发各阶段产生的报告的具体格式和各种模型。

本课程设计是为配合面向对象技术课程而编写的，内容包括设计模式、正向/逆向工程和数据库设计建模等15个课程设计题目，概要地介绍了基于UML的面向对象分析与设计的基本概念及其建模开发过程。全书以集成案例“企业综合信息管理系统”贯穿于可行性研究、需求分析、系统分析与系统设计的全过程，并以此为例引导学生自选一个待开发的项目作为本课程设计的目标，完成各阶段的设计任务。

各章具体介绍如何在Rose环境下采用循环、反复、渐增的方法分析、设计系统对象的静态模型、动态模型和功能模型，并给出各阶段的基础模型范例和文档书写格式。全书深入浅出、循序渐进，可使读者快速掌握面向对象系统的分析、设计方法。

本课程设计具有如下特点：

- 完整案例。提供一个完整案例——“企业综合信息管理系统”，以其中的“进销存管理”子系统作为重点范例，通过其体系结构建模展开面向对象系统分析与设计的全过程。
- 案例分析。在系统开发的各个阶段都提供详细的案例分析，引导学生深入了解系统具体的设计思路。
- 深入探讨。在每个开发阶段详细地对一些核心功能的开发进行了探讨，并把系统的扩展作为练习留给读者思考。
- 前后呼应。各章内容前后贯通，后一章的课程设计尽量引用前一章的内容，并最终行成一个完整的解决方案。
- 能力培养。结合实际应用的要求，使课程设计既覆盖知识点，又接近工程实际需要。通过激发学习兴趣，调动学生主动学习的积极性。引导他们根据实际项目要求，训练自己分析问题及使用Rose和UML解决问题的能力，从而养成良好的建模习惯。
- 自选项目。在课程设计开始，由授课教师为学生准备一系列课程设计题目，每个同学从中自选一个待开发项目，在本书案例分析引导下，独立完成该项目的全程开发。系统的实现可以采用任何一种面向对象程序设计语言（Java、C++等），在学期末，能有一个完整的系统实现。

- 实用性强。减少基础理论介绍的篇幅，在系统开发的各个阶段尽量按照软件开发的实际过程进行描述和设计。

各章内容简介

本课程设计包括设计模式、正向/逆向工程和数据库设计建模等15个设计题目，知识点涵盖了面向对象系统分析与设计的各个阶段。书中用一个完整的工程实例作为案例贯穿全书，使学生能够对软件开发的过程有一个总体的理解。对每章的课程设计，先介绍基本知识点，其中重点解析一些难点，然后结合实际工程介绍案例分析，再演示方案的建模设计方法。各章内容如下：

第1章　可行性分析研究报告
第2章　用例建模
第3章　活动图建模
第4章　客户需求分析规格说明书
第5章　对象类建模
第6章　类的继承建模
第7章　对象类关联关系建模
第8章　顺序图建模
第9章　合作图建模
第10章　状态图建模
第11章　构件图建模
第12章　部署图建模
第13章　设计模式建模
第14章　正向/逆向工程建模
第15章　数据库设计建模

本书由刁奕编写第5、6、10、11章，刁成嘉编写余下的章节。在本教材的编写过程中，郑伟、唐木玲、赵泳、宋雪松、金士英、陈艳秋、杨鹏飞、陈惠、李季、赵青、杨志真等参与了建模工作，全书最终由刁成嘉统稿。由于编者水平所限，加之时间仓促，疏漏、欠妥、谬误之处在所难免，敬请读者批评指正。

编　者

2007年6月于南开园

教学建议

建议指导教师在本课程设计开始时，为每个同学选择一个拟开发的课题作为开发案例。在教学过程中，随着课程设计各题目内容的深入展开，在课程设计的引导下，逐步开发、完善这个开发案例的系统模型设计。系统的实现不拘泥于具体的面向对象程序设计语言，同学可以使用C++、Java等，在学期末，能有一个完整的系统实现。

评价标准

在课程设计结束时，每个同学要提供以下课程设计文档报告作为评价的依据：

1）项目可行性分析报告。

2）客户需求分析报告。

3）系统分析报告。

4）系统设计报告。

5）程序实现代码及设计文档。

本课程设计的成绩评价标准可以分为两种情况：一是对课程设计的内容进行简单的重复模仿，二是独立进行课题设计开发。对于第一种情况，建议最高成绩掌握不高于80分。对于第二种情况，其成绩应高于只对课程设计的内容进行简单的模仿设计演练的学生，但应严格控制90分以上学生的人数，这部分的人数一般不应超过总人数的5%。

由于各学校的情况不尽相同，具体评价标准的实施由指导教师灵活掌握。

1. 简单的重复模拟演练

由于课程设计中已有参考建模方案，一般学生都可以顺利完成课程设计。评价标准可以具体分为：

1）80分：全部正确并有一定的创意。

2）70～78分：有少许错误。

3）60～69分：错误较多。

4）不及格：没有完成基本的课程设计要求。

2. 独立课题设计开发

为了鼓励学生独立进行课题设计开发，对自选课题进行独立设计开发者，其成绩应高于只对课程设计的内容进行简单的模仿设计演练的学生。评价标准可以具体分为：

1）90分以上：全部正确并有一定的创意。

2）85～89分：全部正确但没有什么新的创意。

3）80分：有少许错误。

课程设计的主要目的是锻炼和培养学生分析问题、解决问题的能力，是进行实际应用前的一种演练。应鼓励他们提高钻研的兴趣，放手去做，不要将课程设计作为负担。评分标准最后应以“没通过”、“通过”、“优秀”来鼓励学生进行课题设计。

目 录

第1章　可行性分析研究报告

可行性分析的目的是用最小的代价、在尽可能短的时间内确定问题是否能够解决，以及是否需要解决。可行性研究的结果是确定某个项目“做还是不做”而非“如何去做”。本章主要介绍可行性分析的目的、内容、方法与步骤，以及如何撰写可行性分析报告。

本章目的

- 了解可行性研究的全过程
- 掌握可行性分析的方法与步骤
- 掌握如何撰写可行性分析报告

软件生命周期可分为软件系统的可行性分析、需求分析、系统分析、概要设计、详细设计、实现、组装测试、确认测试、使用、维护和更新换代等阶段。而软件系统的可行性分析研究报告是决定一个项目是否进行开发的关键。

1.1　基本概念

为了实现用最小的代价、在尽可能短的时间内确定一个项目是否可以进行开发的目的，必须确定要开发软件系统的总目标，给出它的功能、性能、可靠性以及接口等方面的要求。由系统分析员和用户合作，研究完成该项软件任务的可行性，探讨解决问题的可能方案，并对可利用的资源（计算机硬件、软件、人力、财力等）、成本、可取得的效益、开发的进度做出估计，制定出完成开发任务的实施计划。可行性分析的任务是了解用户的要求及现实的环境，从技术、经济和社会等几个方面进行研究，并从成功和风险两方面来论证软件系统的可行性。

1.1.1　可行性分析的任务

可行性分析的任务主要包括经济可行性、技术可行性、操作可行性和社会可行性研究以及评价系统或产品开发的几个可能的候选方案，最后给出结论性意见，确定选择方案。最终要形成可行性研究报告，提交管理部门审查，进行可行性论证。

1. 经济可行性研究

经济可行性研究主要包括“成本–效益”分析和“短期–长远利益”分析。“成本–效益”分析是估算软件开发成本、系统交付后的运行维护成本以及效益，确定系统的经济效益是否可能超过各项投入花费。“短期–长远利益”分析是估算系统的整体经济效益是否能满足客户要求，通过综合考虑来判断该项目开发是否“合算”。

2. 技术可行性研究

技术可行性研究是进行技术风险评价。从开发者的技术实力、以往工作基础、问题的复杂性等方面出发，分析在现有的技术条件下是否能在预定的时间内实现系统的功能，所选择的技术是否先进、合理，在开发过程中存在哪些技术难点，能否克服，参与开发系统的软件人员所能达到的技术水平，实现的系统能否满足性能要求等。最终要判断系统开发在时间、费用等限制条件下成功的可能性。

3. 操作可行性研究

操作可行性研究主要分析系统的运行方式和操作规程在用户组织内（各部门组织结构、人员构成、操作人员的素质等）是否能以有效的方式运行、是否能顺利实施等问题。

4. 社会可行性研究

社会可行性研究考量开发后的系统能否得到社会的认可。从社会责任方面考虑，需要判定系统的开发过程或使用需要承担哪些责任，是否会触犯法律或是否存在侵权行为，是否会危及社会安全等。从社会环境方面考虑，需要判定系统能够占有什么样的市场份额。

5. 方案的选择

可行性研究最根本的任务是对以后的行动提出建议。系统分析员应提出几个可能的候选方案，对这些候选方案进行评估，并给出结论性意见。

可行性研究最后要形成可行性分析研究报告，其内容应包括：项目背景、管理概要和建议、候选方案、系统描述、经济可行性、技术可行性、社会可行性、操作可行性以及其他与项目相关的问题。然后提交管理部门审查，进行可行性论证，作为开发该项目及选择方案的依据。

1.1.2 可行性分析的步骤

为了保证可行性分析的结果全面、准确、有效，并尽量减少所需成本，可行性研究可按照八个步骤进行。如图1-1所示。

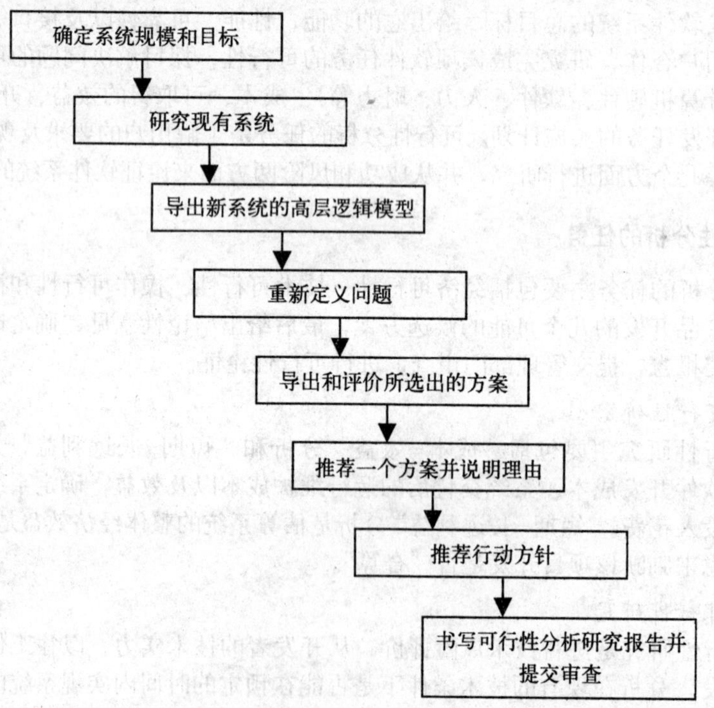

图1-1 可行性分析研究的步骤

(1) 确定系统规模和目标

分析员通过对关键人员进行调查访问，仔细阅读和分析有关的材料，来确认待开发系统的规模和目标，并清晰地描述对目标系统的限制和约束。

(2) 研究现有系统

对当前客户正在使用的系统进行研究，可通过仔细阅读分析现有系统的文档资料和使用手册、实地考察现有的系统、访问有关的人员等途径实现。

(3) 导出新系统的高层逻辑模型

通过确定待开发系统的规模和目标，研究客户目前正在使用的系统的功能，可行性分析人员在明确目标系统应该具有的基本功能、处理流程和所受的约束的基础上，可利用建立逻辑模型的工具，定义新系统的逻辑模型。

(4) 重新定义问题

新系统逻辑模型建立以后，分析人员应该和客户相关人员一起对模型进行重新审查，再次确定问题定义、工程规模和目标，以发现、改正分析人员对问题的误解或者客户遗漏的基本要求。经过几次反复修改，最终得到经客户认可的新系统逻辑模型。

可行性研究的前4步实质上构成一个迭代循环。

(5) 导出和评价所选出的方案

分析人员在建立了完全符合系统目标的系统高层逻辑模型后，要提出若干个较高层次的(较抽象的)方案供比较和选择，并对每个待选方案进行评估。这些待选方案是从技术、资金、人员、工程进度和最佳资源配置角度出发，考虑解决问题的不同方案。

(6) 推荐一个方案并说明理由

根据上述可行性研究结果，分析人员应该提出是否进行这项工程开发的意见。如果结论是可以进行，则应该推荐一种最好的方案，并且说明选择这个方案的理由。

(7).推荐行动方针

该方案不仅要从技术、资金、人员、工程进度和最佳资源配置角度提出实施意见，还应估算该系统生命周期中每个阶段的成本、效益及社会意义。

(8) 书写可行性分析研究报告并提交审查

将上述可行性分析各个步骤的工作结果写成清晰的文档，请主管部门组织评审组进行审查，以决定是否进行这项工程的开发及是否接受可行性分析人员推荐的方案。

1.2 案例分析

本书以一个实际案例即某企业的“企业综合信息管理系统”(Enterprise Integration Information Administration，EIIA)为中心，详细介绍软件开发的可行性分析研究、需求分析、系统分析、概要设计、详细设计、实现、组装测试、确认测试等各个阶段的全过程。

本节对拟开发的项目——“企业综合信息管理系统”的可行性分析研究报告的撰写过程和可行性分析报告的参考格式进行介绍。

要确定“企业综合信息管理系统”的立项是否可行，首先要对企业的管理现状进行分析，这是可行性分析的第一步。分析人员通过深入到企业内部、加工现场，与企业各部门管理人员和具体业务操作人员进行交流等方法来获取企业管理现状的第一手资料。下面就是对企业的管理现状进行调研后得到的结果。

1.2.1 企业管理现状分析

假设这是一家朝阳企业，目前其产品的市场销售情况非常好，市场占有率和利润每年都在不断提高。企业领导层对信息化工作极为重视，从领导到各个职能部门对企业信息化都有极高的热情和积极性，对于本次调研，各部门的人员都积极配合。

通过深入到企业内部的各个部门及工作现场，我们了解到目前计算机管理系统的功能和使用情况，收集了各部门现有的统计报表、业务单据，与企业领导、各部门管理人员和具体业务操作人员进行了充分的交流，了解了企业主要业务的基本流程和管理现状，获取了企业管理现状的基本情况和对新的综合信息管理系统的要求和期盼。

1. 企业的信息技术应用现状与信息化的基础

目前，企业的计算机应用主要分布在销售部门、仓储部门和财务部门，运行的系统主要有销售管理、仓库管理与财务管理软件系统。这些软件的应用，在企业的发展过程中发挥了很大的作用。

其他的管理部门虽然都已经配置了计算机和专门的使用管理人员，但还没有运行相应的配套管理软件系统。这些计算机所起的作用主要还局限于使用Word等办公软件编辑文字报告和制作报表，基本属于单机操作的状态。

企业领导早已经意识到人才在信息技术应用中的重要性，专门招聘了一些计算机应用的软、硬件技术骨干，并根据需要在现有职工中培养了一批计算机使用人员。可以说，该企业在信息技术应用人才方面已具备一定的基础和条件。

良好的应用基础和实际业务发展的需要，特别是提高现代企业的整体优势的管理需要，推动着计算机应用信息技术的进一步发展。一方面，原有计算机应用开发历史较长，在企业长期运作中积累了丰富的经验并引进、培养和储备了一部分信息技术管理和使用人才；另一方面，由于信息技术的飞速发展，同许多早期软件一样，当时采用的技术目前已渐趋落后，特别是与近些年来兴起的先进技术（包括网络分布计算技术、多媒体技术、WWW浏览器技术、构件技术等）的衔接十分困难。这些原因使企业范围内计算机应用的进一步发展和推广遇到了极大的障碍。

该企业的领导和信息主管部门高瞻远瞩，充分认识到信息技术对于一个现代大型企业的重要性，决定对现有的系统进行扩充、改造、充实和再建设，将信息技术的系统应用扩大到每个部门，集成为一个大型的统一的企业综合管理信息系统平台，以促进集团企业的全面改革。这个决定显然是及时的，也是具有前瞻性的。

2. 建立企业综合信息管理系统的必要性

根据我们对××企业的调研，总体感觉该企业在信息技术应用方面有良好的基础，已有的几个部门的信息系统在提高企业管理水平和生产率方面起到了一定的作用。现在企业已经形成了完整的业务管理流程和一套成熟的规章制度，即使在那些没有使用信息系统的部门，在目前这种基本依靠手工作业的手段下进行的各种管理也都很到位，在降低能耗、压缩物料成本方面做得很好，现有的管理方式体现了企业多年来摸索、总结的经验。

但由于受到管理手段的限制，随着企业生产规模的不断扩大，各方面的矛盾也越来越突出，主要表现在以下几个方面。

(1) 企业内部存在信息沟通不畅、信息孤岛的现象

目前企业的各个业务环节中都存在着大量需要提取、反馈、处理和传输的数据，而手工处理方法在处理速度、准确性、完整性等方面均不能满足管理的要求。手工处理方法使得许多管理人员要花较多时间来了解信息、处理信息和发布信息；同时，在企业现有的业务流程中，往往不同的部门要对一些相同的信息进行存储、加工和管理，这其中存在着很多重复性劳动甚至无效劳动。即使在已经使用了信息管理软件系统的几个部门，基本上也只处于对本部门信息的单纯管理上，在信息的综合分析与共享方面还有很多工作要做。随着今后信息量的不断增多和企业生产规模的不断扩大，管理人员很难有精力考虑如何改进管理工作和提高效率。

(2) 管理成本高、工作量大

由于每月的生产计划和采购计划基本依靠人工安排，这样一方面造成了计划人员的工作量非常大，同时也会因为很多不定因素的存在而导致计划跟不上市场变化，甚至有时会造成仓库物料积压或者缺货，迫使生产线停工或加班开工。而临时增加的采购计划实际上也造成了某些物料管理和采购成本的增加。

近期公司计划增加新的生产线，如果还采用手工计划将很可能会造成混乱，生产困难也会增大，从而可能导致有的生产线工作负荷过重，有的生产线的生产能力不能得到充分的发挥。生产部门和仓库部门需要抽出更多的人力来管理物料和编制报表，因此又会产生一部分人力成本。

从公司的投入产出分析工作来看，所从事的工作只是将各部门已有信息进行统计汇总。即使是这样，其工作量也非常之大，并且连分析者自己也不敢确定结果一定准确。且不说错误的数据无法为决策者提供准确的依据，至少说明公司在降低这部分工作成本、节省开支方面还是有潜力可挖的。

(3) 物料管理不到位、管理制度欠规范

在调研过程中发现，仓储管理部门的“仓库信息管理系统”实际上只起到了账本的作用。仓库管理过程中的账、卡、物不一致现象严重，仓库盘点数据不真实，因此导致企业在做投入产出分析时，虽然工作量非常大，但其结果不一定准确、可靠。公司制定了很多物料管理的制度，但缺乏对制度执行的有效保障手段。目前这种对物料的采购到结算的方式，表面看来很规范，但实际上存在很多隐患，一方面它掩盖了一些生产管理过程中的问题，另一方面随着公司规模的不断扩大，这种方式势必影响到公司对供应商的选择和控制。

通过调研也发现，公司并没有做到真正意义上的零库存，仓库和生产现场的物料还有很大的压缩空间。通过综合信息管理系统的建设，一方面可以加强对物料的管理，另一方面也可以通过加强对上游供应商的管理来提高供货的质量和及时性，供应商对企业需要什么物料、何时需要的认识将更明确。我们认为，对于该企业来说，实现EIIA的生产方式并不是不可能的。

(4) 产品管理有待加强

公司非常重视对新产品的开发，每年都有十余个新产品投入生产。如果不对新产品和老产品进

行有效的管理，在目前这种物料采购、销售与管理的状况下，必将会成为未来产生积压物资的一个重大的隐患，同时也是造成生产混乱、质量下降的重要隐患。这一点希望引起公司领导的重视。

（5）信息重复导致人员冗余

由于产品供不应求，各职能部门的工作极为繁忙。但因为信息沟通不畅，手工处理的信息不能及时在各部门间流转、共享，导致各部门重复操作、任务繁重。例如，仓库的库管人员负责日常物料的管理、盘点和入库/出库的操作，根据生产计划和采购计划跟踪供应商的到货情况，还要配备专职的统计员负责报表和账务问题。生产部门在安排生产计划和采购计划后，由于对计划的执行情况没有可控性，往往采用逢山凿洞、遇河架桥的管理方式，因此不可预测的加班加点成了家常便饭。

（6）对人的依赖性强

调研中发现，公司内部各岗位的人员对工作都非常认真负责，这在很大程度上是建立在公司领导的个人魅力之上的。对市场的预测和新产品的开发往往以企业领导个人的经验、敏锐的观察与魄力为依据。而手工作业的随意性和不规范性往往会导致某个岗位人员的调动，新的岗位不仅使个人需要较长的时间适应新岗位的工作，还会在很长一段时间内影响到与其他部门的沟通。

（7）公司整体管理层次和手段有待提高

随着我国建立市场经济体制以及加入世贸组织，行业的市场竞争越来越激烈、复杂。随着企业的扩张，产品的种类不断增加，进一步降低成本、提高公司的产品竞争力和对市场前景的准确预测能力成为公司经营决策者无法回避的一个问题。对于企业而言，目前市场情况看好，市场占有率和利润不断提高，这正是提高企业管理层次、引入先进管理手段、加强市场竞争优势的最好时机。

上述这些问题目前可能成为限制企业进一步发展、进一步提高市场竞争力的瓶颈。随着企业内部管理的进一步规范，企业产品在市场上的竞争力将会得到更大提升，效益的体现也将更明显。建立“企业综合信息管理系统”是解决上述问题的手段之一。

3. 结论

总之，该企业正处于上升期，经济效益非常好，企业在信息技术应用人才方面有一定的基础和条件。为进一步提高企业竞争力，企业领导层对信息化工作极为重视，从领导到各个职能部门对信息化都有极高的热情和积极性，对新的计算机综合信息管理系统有着强烈的期盼。

1.2.2 系统目标和范围分析

1. 整体目标

系统的整体目标是：利用互联网和信息化技术，结合公司经营的业务，扩充、改造原有各部门的系统，建设一个覆盖全公司各职能部门的“企业综合信息管理系统”局域网络系统。通过“企业综合信息管理系统”提高企业信息共享水平，完善经营管理体系，提高员工素质，进一步加强新产品开发能力和市场预测能力。

通过更全面、及时、有效地运用信息，来提高营销活动的有效性，实现应收账款的健康性，提高库存控制的合理性和生产计划的可适应性。通过实现业务处理信息化，统一企业管理规范，改进企业整体管理和经营水平，增强企业竞争能力。

通过系统的开发和培训，培养和造就一批专业的信息化应用和管理人才队伍。在系统建成交接后，依靠这支队伍，不仅能够保证维持“企业综合信息管理系统”局域网络系统的日常工作，还要使该系统在市场预测和新产品开发方面发挥重要作用。

2. 项目范围

建成的“企业综合信息管理系统”将包括经理查询子系统、财务管理子系统、人力资源管理子系统、生产调度管理子系统、采购管理子系统、销售管理子系统、仓库管理子系统、档案管理子系统、行政与固定资产管理子系统、市场预测管理子系统等10个子系统。如图1-2所示。

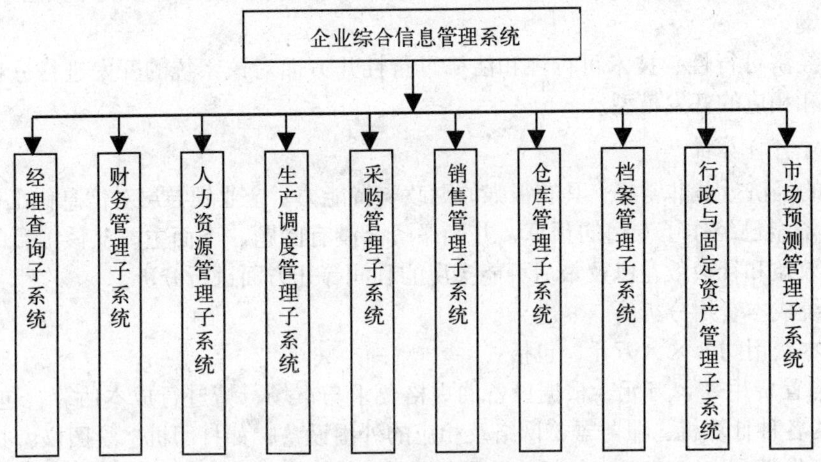

图1-2 企业综合信息管理系统的基本组成

3. 功能要求

“企业综合信息管理系统”中各子系统的功能要求如下：

- 经理查询子系统：提供友好、方便的经理查询界面，通过网络及时查询各个子系统提供的综合信息，必要时可查询、调用详细的数据。其中包括经理决策系统。
- 财务管理子系统：管理企业的所有资金往来和各种统计报表的制作。
- 人力资源管理子系统：对企业员工进行招聘、调剂、奖惩以及制作工资表等管理。
- 生产调度管理子系统：按合同组织生产并组织力量研发新产品，提出生产计划及采购计划。
- 采购管理子系统：签订采购合同，并督促合同的执行和履约。
- 销售管理子系统：签订销售合同，并督促合同的执行和履约。另外，提供售后服务。
- 仓库管理子系统：对库存产品和物料进行出/入库的有效管理，及时盘点并提出低于库存最低下限额而需要采购的物料清单，制作各种库存统计报表。
- 档案管理子系统：存放历年已履约合同和各种产品的设计图纸等文档资料。
- 行政与固定资产管理子系统：对固定资产进行折旧管理及企业日常行政事务的管理。
- 市场预测管理子系统：提供近期、中期、远期的市场预测报告，为经理决策系统提供参考和依据。

性能要求：部门之间的信息通过网络实时沟通，提高部门协作，改进整体效率；实现业务数据的一次录入，信息资源全局共享；降低不必要的库存积压，减少库存成本，减轻资金压力，降低制造成本；企业主管实时获取准确信息，有助于及时作出决策。

完成期限：预计6个月。

1.2.3 可行性分析

“企业综合信息管理系统”是一个多级局域网络系统，涉及大量网络与硬件设备，还有多种应用软件、数据库开发和市场预测模型建立等大量工作，是一个比较复杂的综合信息系统。该项目涉及的资金数额较大。技术上有一定难度，特别是在建立对特定产品的市场预测模型上，由于没有现成的成功模型可以参考，在模型的建立和选定方面要经过多次专家会议的论证才能最终确定方案。

下面从经济可行性、技术可行性和法律可行性几方面对该系统的开发进行分析，并提出具体开发方案和相应的开发模型。

1. 经济可行性分析

该企业的经济效益非常好，具有很强的财政支持能力。企业领导层对信息化工作极为重视，对该项目的资金已经作了专门的预算，并确保资金没有问题。下面主要从该项目的开发成本、系统的经济效益和社会效益以及最后可能实现的利润等几方面进行分析。

(1) 系统成本费用分析

系统成本费用约×××万元，包括：

- 设备购置费用××万元。根据设备的规格要求与市场行情进行成本估算，包括整个系统需要的各种计算机、服务器、网络及相应的外围设备，如打印机、绘图仪、扫描仪等。
- 系统开发费用××万元。包括软件购置费用、系统调试时调试数据的录入与分析所产生的费用、项目开发人员的费用等。软件购置费用包括整个系统终端计算机、服务器、网络系统运行所需的系统软件费用，开发该项目需要添置的软件开发工具费用，以及如果需要购买市场上已有的可复用构件库所产生的相应费用。
- 市场预测模型方案的建立与确定费用××万元。由于建立对特定产品的市场预测模型，没有现成的成功模型可以参考，所以在模型的建立和选定方面要经过多次专家会议的论证才能最终确定方案。该费用单列。
- 系统安装、运行和维护费用××万元。项目开发成功后，在用户使用环境下安装、运行该系统所发生的费用，以及在后续的系统维护中产生的费用。特别是系统维护过程发生的费用，该费用在软件开发总成本中所占的份额很大，约为三分之一以上。
- 人员培训费用××万元。包括两方面的内容：一是在开发前，对项目组开发人员进行培训，使其尽快掌握该项目拟采用的新技术、新工具的使用方法。二是对使用本系统的具体操作人员进行系统使用和基本的系统维护培训。

(2) 系统效益分析

系统效益包括给企业带来的经济效益和社会效益。

- 经济效益估计每年约×××万元。直接经济效益估计每年约××万元，包括使用系统节省的人员费用、减少库存积压和缩短新产品开发时间带来的效益等。间接经济效益约

×××万元，包括由于企业管理体制的规范，新产品开发、更新换代的加速和市场预测准确性的提高所带来的收益。

- 社会效益。该企业正积极准备挂牌上市。而该系统的建立从管理层面、生产的规范性、员工素质的提升和生产的可靠性保证方面为企业的上市起到了一定的推动作用，有助于提高企业的形象，这些社会效益是无法用金钱进行估算的。

(3) 利润分析

经过协商，企业愿意提供专项资金总额×××万元开发该系统。

- 直接利润为××万元。计算公式为：利润＝资金总额－系统成本费用。
- 间接利润。本项目得到的直接利润并不高，但开发的这个系统具有通用性，经过对全国类似的大型企业进行调查，发现这些企业对该系统的开发有极大的兴趣。在开发过程中，如果在更高的层次上进行设计和实现，以后可能会在类似的企业中进行推广，其产生的经济效益不可小觑。

2. 技术可行性分析

该系统的开发具有一定的风险，但只要采用合适的方法、找到相应的算法模型就可以得到解决。下面从风险、资源和技术几个方面对项目的开发进行分析。

(1) 风险分析

根据客户对项目的要求及我们对以往项目的开发经验，该项目开发的主要风险包括以下几方面：首先是客户顾虑的系统可维护性（如何降低系统维护费用并保障系统正常运行），其次是该系统中的市场预测管理系统的建模，最后是时间进度问题。

- 系统的可维护性。为了提高该系统的可维护性，可以从两方面来解决这个问题。一是采用面向对象的方法对该系统进行设计和实现，将系统可能产生的维护问题分散到系统分析、设计、实现等各个阶段，尽可能采用可复用构件的设计实现，从设计方法和设计理念上根本解决这个问题。虽然开发时成本会高一些，但今后如果需要更新升级，只需要更新相应的构件就可以了，这样可以大大减少系统维护的成本。二是吸收客户的员工参与到具体项目的开发过程中来，使其了解该系统的体系结构和设计思想，在开发过程中培养企业自己的软件应用技术人员。当系统交付使用时，他们能够承担系统的日常维护和小的改进工作。
- 市场预测模型。该模型的建立需要大量市场上的长期相关统计数据作为支持。对这种特定产品的市场预测模型，由于没有现成的成功模型可以参考，在模型的建立和选定方面具有很大的风险。近年来，有些数学家虽然已经在理论上提出了一些类似的数学模型，但很不成熟，并没有进行实际的市场预测，是否成功还有待验证。这些都具有较大的风险。
- 时间进度上的风险。为了挂牌上市的需要，客户要求该系统交付的时间相当紧，只有×个月的时间。一个如此规模的复杂系统在X个月内完成有一定的难度，但该企业领导决心很大，在该项目上投入的资金充裕，多抽调有经验的开发骨干，尽量采用在此前的项目中开发的成熟构件甚至购买一些构件来组建该系统，腾出时间和人力对市场预测管理系统的建模进行攻关，问题应该不大。但此举对其他项目的冲击要统筹考虑。

(2) 资源分析

该项目总经费投入充裕，完全能够满足系统开发所必需的一些软件、硬件、工作环境的要求。开发该系统的管理人员及各类相关技术人员具有多次开发此类大规模软件项目的经验，熟练掌握网络分布计算技术、多媒体技术、WWW浏览器技术、构件技术等。特别是他们具有面向对象软件开发方法经验，并积累了大量的开发CASE工具和一些成熟的构件，具备开发该系统的条件。这些人员经过项目开发工作的多年磨合而具有的团队精神和敬业精神是该项目成功的保证。

(3) 技术分析

参加该项目组的开发人员都具有开发类似项目的丰富经验。当前计算机技术的发展水平，以及开发人员已经熟练掌握的各种开发先进技术，完全能够满足该系统开发的需要。

市场预测管理系统是该系统的技术难点，主要问题集中在有关模型数据包的选取方法和预测模型的建立上。解决的途径有两条，即对已有的成功的市场预测模型进行调整使其变为自己的模型，或另辟蹊径自行开发全新的预测模型。

最简单且经济的方法是采用在其他项目中使用过且效果良好的相近预测模型（如××××模型、××××模型和××××模型）和对应的采样数据包进行模拟运行，将预测结果与该企业收集的该类产品近几年来在国际国内市场上的实际销售和所占比例情况进行对比。与企业生产和营销管理人员讨论，并邀请市场经济学方面的专家学者参加，反复对测试数据包的组成和模型参数进行调整，找出符合近几年市场变化的特殊规律，最终形成自己的市场预测模型。

另外的方法就是创建自己的市场模型。集中专业人员（项目开发组的建模人员、企业相关的生产和营销管理人员以及市场经济学方面的专家学者）全面收集、分析该类产品近几年来在国际国内市场上的实际销售和所占比例情况的数据，分析发展趋势，找出规律，最终形成自己的市场预测模型。

企业的领导早已认识到了解和掌握市场的动态、预测市场的未来走向是企业生死攸关的大事，近些年来一直组织专门人员密切关注国内外市场的变化，注意收集相关数据，已经形成了比较完整的信息库。这为市场预测模型的建立做好了基础准备工作，是完成模型的有利条件。无论改造已有的模型还是创建新的模型，经过努力都是可以完成的。

3. 法律可行性分析

该系统的开发不涉及违背国家相关法律和对他人的知识产权构成侵权的问题，也不会涉及第三方的利益。该项目的开发在法律方面没有问题。

1.2.4 演示系统原型与开发方案可行性分析研究

在完成前面的系统可行性分析工作以后，如果项目管理人员决定要开发该项目，首先必须向企业主管人员显示开发单位的实力，争取得到该项目。争取到该项目后，就可以对开发方案进行可行性分析研究。

1. 演示待开发系统原型

显示开发单位实力最好的方法是向客户介绍以往开发过的项目及使用效果（经济效益、社会效益）。如有可能，尽量向客户现场演示一些与客户项目功能要求类似的已开发项目的演示版（装载供演示的模拟数据，剔除涉及商业机密的部分功能），甚至可以将显示的功能菜单提示改为客户熟悉的专业术语和日常用语（这对专业人士来说是举手之劳，非常简单），增近与客户的距离。如有必要，还可以在尽可能短的时间内（一周之内）用CASE工具开发出一个待开发系统的原型演示版本。

采用快速原型法建立演示版本有如下好处：

- 证明开发单位的实力和能力。
- 便于和客户交流，确定系统的范围和责任。
- 便于确定各子系统之间的关系。
- 利于对各子系统的具体功能进行调整与改进。
- 为确定最终开发方案作预备。

2. 开发方案可行性分析研究

开发方案可行性分析研究包括提出待选方案、评价待选方案和确定开发方案。

（1）提出待选方案

为了降低系统的复杂度，系统工程师一般将一个大的复杂系统分解为若干个子系统，以便于项目组人员的组织和分工，提高系统开发效率和保证系统的质量。系统的分解要做到：

- 精确定义子系统的功能和边界。
- 确定各子系统之间的关系。

由于完成系统的分解和子系统的实现可能有多种方案，系统工程师可以将这些可能的方案作为待选方案提出来。

（2）评价待选方案

不同的方案开发出来的系统在开发成本、系统功能和性能方面会有很大的差异。评价这些待选方案时，应关注以下几方面：

- 低成本。包括调研、分析、设计、设备、编码、测试、评审、系统执行和维护成本。
- 高效率。包括各子系统的执行效率、集成后系统的执行效率。
- 通用性。即系统的使用范围。
- 精确度。即达到客户要求的运算精度。
- 系统的安全可靠性。

（3）确定开发方案

在确定开发方案时要综合评价各种方案的优劣。从系统成本、执行效率、通用性、精确度和安全可靠性等各方面进行全面衡量，还要考虑最终用户自行维护系统的能力等，采用折中的方法确定最佳的开发方案。另外需要强调说明的是，有时在某些项目的开发中，开发一个高质量的应用软件成本较高，而购买软件比自己开发这类软件的价格要低很多。项目管理人员可以根据可行性分析研究的综合评价结果决定是自行开发还是购买软件。

1.3 可行性分析报告文档格式

在进行了经济可行性、技术可行性、法律可行性研究，并确定了具体开发方案、建立相应的开发模型后，可行性分析的结果应当作为系统规格说明的一个附属文件存档。可行性分析报告应上交项目管理部门，经过审批后作为正式文档保存。

可行性分析报告的目录格式一般包括的内容（简略）如图1-3所示。

1. 引言	5. 投资、成本及效益分析
2. 可行性研究的前提（问题的提出）	6. 技术风险评价
3. 对现有系统的分析	7. 社会、法律因素方面的可能性
4. 建议选择的系统方案的描述	8. 结论及其他

图1-3　可行性分析报告的参考目录格式

1.4　撰写可行性分析报告

下面根据参考格式提供一个可行性分析研究报告的样式。

1.4.1　引言

企业是一个生产××系列产品的大型朝阳企业，生产的产品有32种，员工1200多人。该企业的经济效益很好，产品主要销往北美、欧洲等国际市场，现在的市场占有率达20%。为进一步提高其产品的竞争力和企业管理水平，公司决定建立一个“企业综合信息管理系统”。为争取到该项目，我们多次与该企业主管领导接触，已基本达成合作意向。

1.4.2　可行性研究的前提（问题的提出）

该企业资金雄厚，准备在该项目上投入专项资金×××万元。该企业员工整体素质较高，70%为本科生，10%为研究生。企业十分重视信息化建设，总经理直接过问了该项目的各项事宜，并准备以该项目的建设为突破口，进一步规范企业管理的各项制度，提高管理水平和产品的竞争力，为早日挂牌上市作准备。

该项目规模较大，在技术上（特别是市场预测系统）具有一定的风险性。为了确定是否接手该项目，经过深入企业调研，全面了解和分析了各种有利和不利的因素，特撰写本可行性分析研究报告。

1.4.3　对现有系统的分析

见本章1.2节案例分析中的1.2.1节的描述。

1.4.4　建议选择的系统方案的描述

1. 系统目标和范围

见1.2节案例分析中1.2.2节的内容。

2. 业务流程分析

“企业综合信息管理系统”的业务流程可以用活动图进行简单的描述，如图1-4所示。

“企业综合信息管理系统”的详细业务流程将在客户需求分析中给出。

3. 系统拟采用的软、硬件环境

（1）硬件环境

网络框架体系结构模型采用客户机/服务器模型。

根据客户的意愿和资金投入情况，拟定该项目所有终端机采用DELL-××型计算机（32台），服务器采用DELL-××型计算机（4台）。××型激光打印机24台，××-1大型图形扫描仪一台。

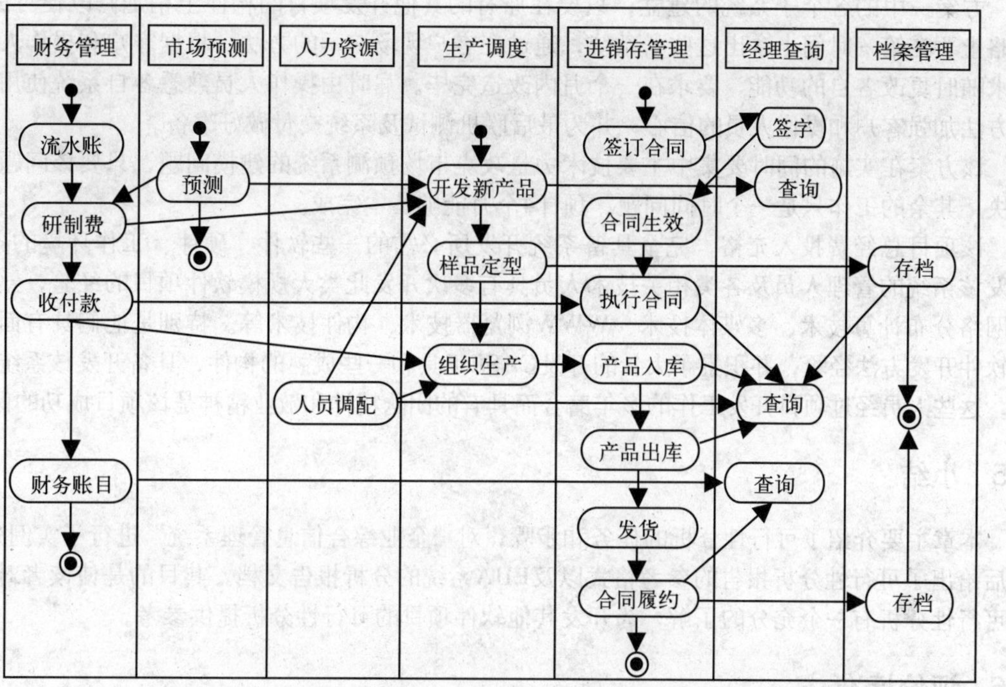

图1-4 “企业综合信息管理系统”的主要业务流程的简单描述

（2）软件环境

该项目网络系统采用Ethernet 6.0进行管理。

软件编程环境采用Microsoft Visual C++ 6.0作为开发软件的应用程序设计语言，服务器端采用Linux作为操作系统，系统的数据库支持采用Oracle 8.0 DBMS。

4. 几种开发方案的比较

略。

1.4.5 投资、成本及效益分析

见1.2节案例分析中1.2.3小节的“1. 经济可行性分析”。

1.4.6 技术风险评价

见1.2节案例分析中1.2.3小节的“2. 技术可行性分析”。

1.4.7 社会、法律因素方面的可能性

见1.2节案例分析中1.2.3小节的“3. 法律可行性分析”。

1.4.8 结论及其他

在建议的几种开发方案中，方案一是最好的方案。给客户演示的系统模拟版本也是按照方

案一的方法制作的，已经得到客户的初步认可。整个系统在6个月内完成应该说有完全的把握。

方案一中的各个子系统的建立，只要在原有的其他开发项目的构件上稍加修改便可成型。策略上要在第一时间上拿出这些子系统，通过在客户现场演示的方法，根据客户和操作人员的要求随时更改各自的功能，要求在一个月内改造完毕。届时由操作人员熟悉各自系统使用，用此方法加强客户和操作人员的信心，并为最后联机测试及系统交付做好准备。

该方案在实施的同时要集中主要技术力量攻克市场预测系统的建模问题，只要该问题得到解决，其余的工作只是一个时间问题。预计4个月能够基本完成。

该项目总经费投入充裕，完全具备系统开发所必需的一些软件、硬件、工作环境的条件。开发该系统的管理人员及各类相关技术人员具有多次开发此类大规模软件项目的经验，熟练掌握网络分布计算技术、多媒体技术、WWW浏览器技术、构件技术等。特别是他们具有面向对象软件开发方法经验，并积累了大量的开发CASE工具和一些成熟的构件，具备开发该系统的条件。这些人员经过项目开发工作的多年磨合而具有的团队精神和敬业精神是该项目成功的保证。

1.5 小结

本章主要介绍了可行性分析的任务和步骤，对“企业综合信息管理系统”进行了实例分析，最后给出了可行性分析报告的参考格式以及EIIA系统的分析报告文档。其目的是使读者对软件的可行性分析有一个充分的了解，为开发其他软件项目的可行性分析提供参考。

1.6 评价标准

根据本章案例完成一份完整的可行性分析报告可以给75分。如果能进一步修改和发掘系统的业务流程图则可以考虑最高给85分。如果读者根据自己选择的项目完成一份完整的可行性分析报告可以给85分以上。严格掌握超过90分的人数。

第2章 用例建模

用例建模是客户需求分析的重要组成部分，它从最终用户的角度来理解软件系统的需求，强调谁在使用系统、系统可以完成哪些功能。用例模型也是后续开发过程（系统分析、系统设计、系统实现、系统测试、系统交付和系统维护）的依据。用例分析技术已经是一种公认有效的用户需求获取、分析和描述技术。本章将结合具体的案例，介绍如何采用Rose工具完成用例建模。

本章目的

- 掌握客户需求分析的方法和步骤
- 了解以用例驱动的软件开发方法
- 掌握用例图的画法
- 掌握用Rose进行用例建模的具体方法和步骤

完成了对待开发项目的可行性分析后，最终决定开发该项目。具体开发某个项目的第一步就是进行客户需求分析。

2.1 基本概念

客户需求分析包括客户业务需求分析和客户系统功能需求分析两方面的内容。客户业务需求分析主要分析客户在业务方面对待开发系统的要求，以客户的业务要求为主进行描述。而客户系统功能需求分析则侧重描述在一个待开发系统中如何才能准确、高效地实现客户业务需求。有时开发人员将客户业务需求分析和客户系统功能需求分析两方面的内容一起进行分析并写成需求规格说明书。在面向对象的客户需求分析中，要通过建立用例模型来描述客户的业务需求和系统需求分析。

2.1.1 用例视图在面向对象方法中的地位

UML利用若干视图从不同角度来观察和描述一个软件系统的体系结构。UML以五种视图来观察系统，他们是用例视图、逻辑视图、构件视图、进程视图和配置视图。

UML以用例为中心，以系统体系结构为主线，采用循环、迭代、渐增的方式进行系统开发。用例视图是中心，它的内容决定了其他视图的开发，用例视图还用于确认和最终验证系统。用户根据用例视图来确认所建造的系统是否是他想要的，开发者根据用例视图测试系统是否完成了指定的功能。

读者可以从描述软件系统体系结构中的五个基本视图之间的关系，看出用例视图在面向对象方法中的地位。如图2-1所示。

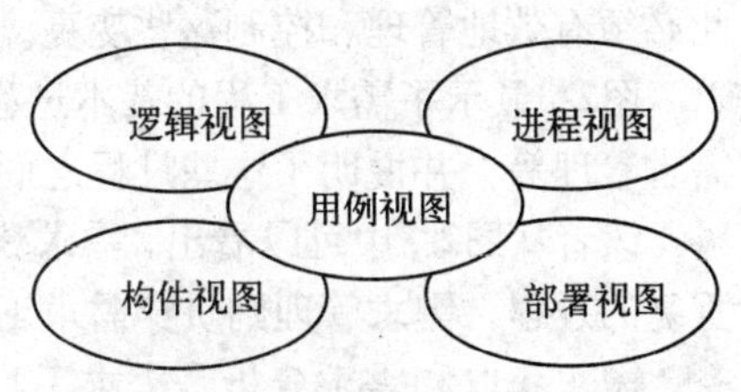

图2-1 用例视图在面向对象方法中的地位

2.1.2 用例图的基本描述图符

用例模型由用例图组成。一幅用例图描述一个系统或子系统提供的功能，基本描述图符有系统、用例和执行者，以及表示它们之间不同关系的箭线符号，如继承、关联、依赖等。

在UML中，用一个实线方框表示系统的边界，框内为系统内，框外为系统外。用例用一个椭圆表示，代表系统提供的一个完整功能。执行者用一个人形标记图符表示，用来驱动用例。执行者可以是人，也可以是另一个系统。

依赖关系用带箭头的虚线表示，箭尾是依赖的用例，箭头指向被依赖的用例。关联关系用一条直线段表示，来连接关联的两个用例，或将执行者和一个用例连接起来。继承关系用空心箭头的虚箭线表示，箭尾是派生的用例，箭头指向父用例。依赖和继承关系都是一种泛化关系。

图2-2是一个保险业务管理系统的用例图。

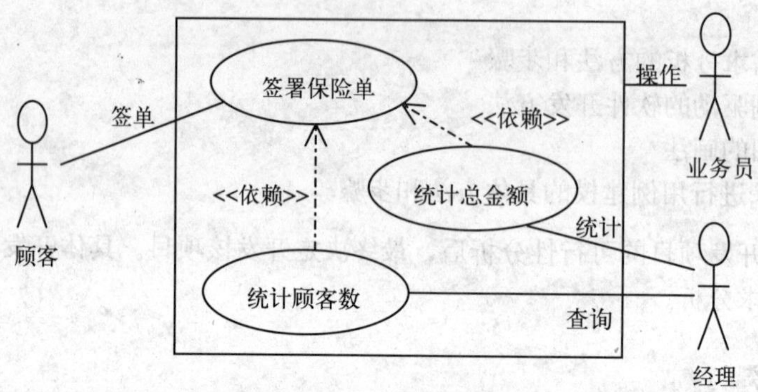

图2-2 一个保险业务管理系统的用例图

在这个用例图中，方框线表示系统的边界。执行者有3个人，他们在系统的外部操作该系统。系统内的3个用例描述了系统提供的功能，“统计顾客数”用例和“统计总金额”用例都依赖“签署保险单”用例。执行者“业务员”负责该系统的所有用例的操作，“顾客”执行者要与业务员“签署保险单”，而“经理”执行者只关心投保的总人数与投保的总金额。

2.1.3 需求工程过程

需求工程是用已证实有效的原理和方法，通过合适的工具和符号，系统地描述出待开发系统及其行为特征和相关约束。在完成需求工程的过程中，需求分析人员需要收集和分析来自用户、市场的需求及领域内专家等各方面的意见，编写规格说明文档，并采用评审和商议等有效手段对其进行验证，最终形成一个需求基线。由于软件发过程中经常发生需求变更的情况，因此必须有效地管理和控制这些变更。

图2-3显示了需求工程的基本过程，包括需求获取、需求分析、需求规格说明、需求验证和需求管理等，并说明了这些过程之间的关系和需要产生的文档。

读者从图2-3中可以看出，需求获取、需求分析、需求规格说明和需求验证是双向的可迭代、重复的过程，需求管理则贯穿需求工程全过程。

需求获取和需求分析是需求工程中两个非常重要的工作，实现这两个工作的方法有很多，但是随着软件工程技术的不断发展，基于用例的方法在需求获取和建模方面应用得越来越普遍，面向对象技术现已成为软件工程的主流方法。这种方法以任务和用户为中心，可以使用户更清楚地认识到新系统提供了哪些功能和服务。另外，用例模型有助于开发人员理解用户的业务和应用领域，并可以运用面向对象分析和设计方法将这些用例转化为对象类模型。

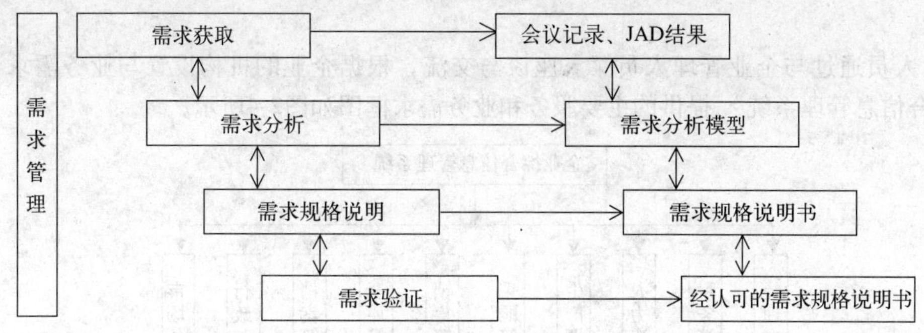

图2-3 需求工程的基本过程

2.1.4 用例建模的过程

在用例模型中，我们只关心系统所应实现的功能，而不关心其内部的具体实现细节。一般来说，用例模型的建立是由需求分析人员和客户通过反复讨论，共同协商完成的。最后对需求规格说明达成共识，明确系统的基本功能，为后续阶段的工作打下基础。用例建模的过程步骤如下：

（1）确定系统范围和边界

根据系统需求分析中客户对系统的功能要求，确定系统和子系统的边界，明确哪些功能属于系统或子系统的范围。即明确一个系统应该做什么，不应该做什么。

（2）确定参与者

参与者（执行者）代表着与系统交互的人或其他系统。通过确认系统功能的使用和维护人员以及与系统接口的其他系统或硬件设备等，可以有效地识别出系统的参与者。

（3）确定用例

用例描述了系统完成的动作序列和提供的功能，产生对参与者有价值的结果。一个完整的系统包含若干个用例，每个用例具体说明应完成的功能。识别用例首先要确定系统所能反映的外部事件，并把这些事件与参与的执行者和特定的使用实例联系进来，最终绘制出用例图。

（4）分层绘制用例图

根据系统需求分析中客户对系统的功能要求，确定系统和子系统的边界、执行者和用例，现在就可以绘制用例图了。一个复杂的较大系统可能有几十个用例，不可能用一页画面的用例图描述清楚，所以必须采用分层绘制用例图的方法建立系统的用例模型。

（5）描述用例

单纯使用用例图不能提供用例所包含的全部信息，需要使用文字描述那些不能反映到图形上的信息。用例描述实际上是关于执行者与系统如何交互的规格说明，要求清晰明确，没有二义性。

2.2 案例分析

在建模之前明确客户需求是非常重要的事情。本节将结合“企业综合信息管理系统”的实例，讨论使用面向对象方法获取客户需求并利用Rose建立系统的用例模型。

2.2.1 确定企业总体业务需求

满足某个或某些业务需求是一个软件系统的本质，如果离开了这一要因，那么软件系统只能是摆设，甚至是一种累赘。因此软件系统开发之前一定要明确地分析出该软件系统要达到的业务需求。

开发人员通过与企业管理人员深入座谈与交流，根据企业的机构设置与业务需求，明确“企业综合信息管理系统” 提供的主要服务和业务需求框图如图2-4所示。

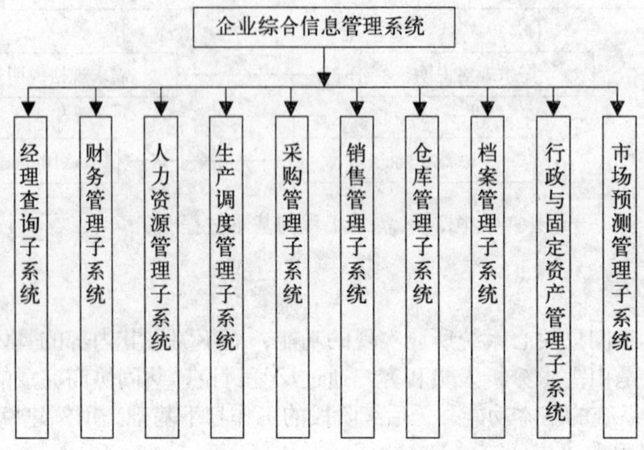

图2-4 企业系统业务功能需求框图

1. 企业总体业务需求分析

在图2-4“企业系统业务功能需求框图”中包含有10个子系统，它们分别是：经理查询子系统、财务管理子系统、人力资源管理子系统、生产调度管理子系统、采购管理子系统、销售管理子系统、仓库管理子系统、档案管理子系统、行政与固定资产管理子系统、市场预测管理子系统。

系统的性能要求：部门之间的信息通过网络实时沟通，提高部门协作，改进整体效率。实现业务数据的一次录入，信息资源全局共享。降低不必要的库存积压，减少库存成本，减轻资金压力，降低制造成本。企业主管实时获取准确信息，有助于及时作出决策。

对于具有10个子系统的“企业系统业务功能需求框图”，显得过于庞大，要在一幅用例图中描述清楚它们之间的关系实在太困难。为简便起见，可以将关系密切的子系统合并起来形成几个中层的子系统。由这几个中层子系统再组成用例图，画起来就方便多了。

“企业综合信息管理系统”是个较大的复杂系统，为了简化最高层用例图的复杂性，可以将关系密切的“销售管理子系统”、“采购管理子系统”和“仓库管理子系统”合并成一个“进销存管理子系统”。其功能要求是原来3个子系统的总和。

再将“市场预测管理子系统”、“人力资源管理子系统”、“档案管理子系统”和“行政与固定资产管理子系统”合并成一个“综合支持管理子系统”。其功能要求是原来4个子系统的总和。合并后的“企业系统业务功能需求框图”，如图2-5所示。

2. 确定系统边界

“企业综合管理信息系统”的系统边界就是该企业，企业内的所有业务都在该系统管理范围以内，其余的均为该系统管辖范围以外。

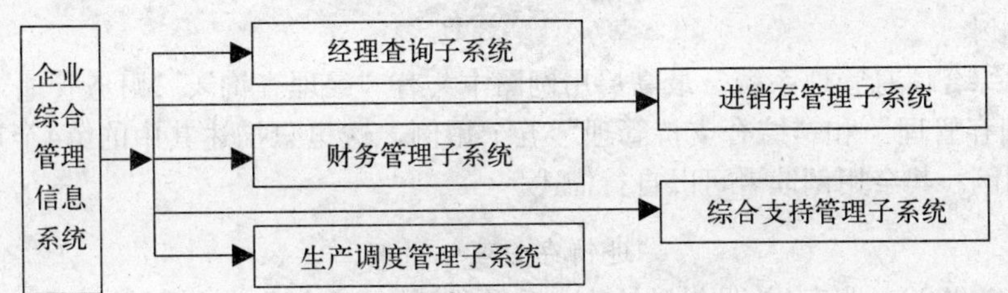

图2-5　调整后的企业系统业务功能需求框图

3. 确定执行者

通过对企业业务需求分析得到：系统外的有3个人执行者和2个系统执行者。

- “企业员工”执行者：对系统内的所有子系统进行操作。
- “客户”执行者：参与“进销存管理”子系统的业务运作（签订销售/采购合同）。
- “公司经理”执行者：关注“经理查询”子系统及企业的所有业务往来。
- “银行”执行者：是系统执行者，与“财务管理”子系统开展借贷、还贷、转账、汇款等金融往来。
- “税务局”执行者：系统执行者，对“财务管理”子系统检查财务账目并收取税金。

4. 确定用例

在“企业综合信息管理系统”最高层用例图中，在系统边界内共有5个用例，系统边界外有5个执行者。系统内的5个用例：

- “经理查询”用例依赖系统内所有的用例。
- “生产调度管理”用例：依赖“进销存管理”用例维持生产的运行并提供销售的产品。
- “财务管理”用例：依赖“综合支持管理”用例提供各项支持，并为“进销存管理”用例提供流动资金，与“税务局”和“银行”用例交互，完成纳税和存贷款业务。
- “进销存管理”用例：依赖“财务管理”用例支付购买原材料（零部件）的费用和向客户收取销售产品应付款项，依赖“生产调度管理”用例提供销售的产品，还依赖“综合支持管理”用例调配工作人员等。
- “综合支持管理”用例：调配工作人员等。

5. 绘制用例图

据此可以绘出“企业综合信息管理系统”的最高层用例图。如图2-6所示。

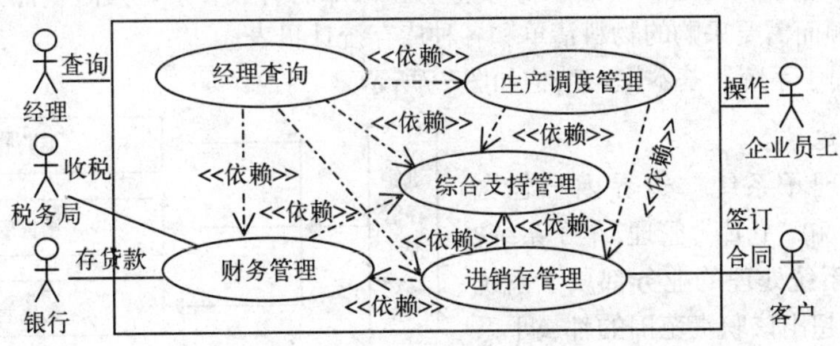

图2-6　最高层用例图——“企业综合信息管理系统”

6. 描述用例

在“企业综合信息管理系统”最高层用例图中共有“经理查询”、“财务管理”、“生产调度管理”、“进销存管理”和“综合支持管理”五个用例，这里只描述其中的第4个用例——“进销存管理”用例。其余用例读者可以自行描述。

“进销存管理”用例

用例编号：04000000（共有4层用例图结构，每层用2位数字表示，采用8位编号。）

用例名：进销存管理

执行者：人执行者：企业员工、客户、公司经理。

目的：“进销存管理”用例管理企业与客户签订采购/销售合同，并督促合同的执行和履约，提供售后服务。对库存产品和物料进行出/入库的有效管理，及时盘点并提出低于库存预警线而需要采购的物料清单和各种库存统计报表。

类型：端点、主要的、基本的

级别：一级

过程描述：该用例包含“销售管理”、“采购管理”和“仓库管理”3个子用例。

(1) 管理3个子系统的企业员工输入标识码（ID），由系统识别标识码的有效性。

(2) 分别进入系统，进行“销售”、“采购”和“仓库”管理。

(3) 退出系统。

与其他用例的关联：依赖“财务管理”和“综合支持管理”用例，为“经理查询”和“生产调度管理”用例提供支持。

异常事件流处理：

(1) 标识码有效性检查失败：系统检测标识码有效性失败，允许重新输入。

2.2.2 “进销存管理子系统”的需求分析

在“企业综合信息管理系统”最高层用例图中的每一个用例都可以展开为一个2级用例图。因篇幅所限，本案例只以“进销存管理子系统”为例，进行详细的需求分析用例建模。对于其他子系统的用例建模，读者可以参照本案例自己进行分析建模。“进销存管理子系统”要求提供的功能（用例）如下：

- 采购管理子系统：与客户签订采购合同，并督促合同的执行和履约。
- 销售管理子系统：与客户签订销售合同，并督促合同的执行和履约。提供售后服务。
- 仓库管理子系统：对库存产品和物料进行出/入库的有效管理，及时盘点并提出低于库存最低下限额而需要采购的物料清单和各种库存统计报表。

“进销存管理子系统”基本框架结构如图2-7所示。

1. 确定系统边界

“进销存管理子系统”边界内只包含“采购”、“销售”和“仓库”管理3个子系统，凡是由这3个子系统处理的业务都属于系统内的职责范围。超出该职责范围的都属于系统边界之外的业务。

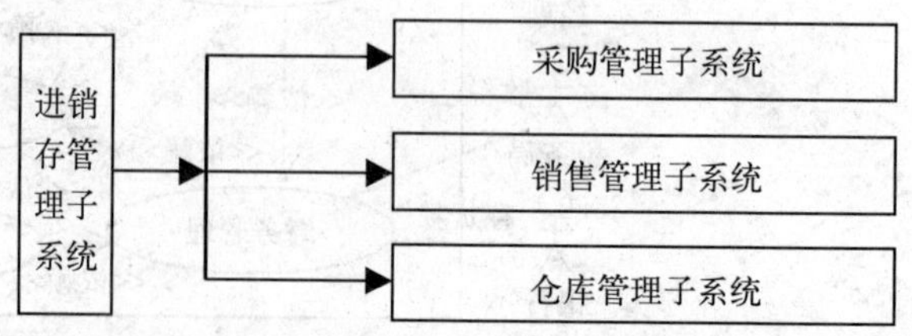

图2-7 进销存管理子系统基本框架结构

2. 确定执行者

“进销存管理子系统”中，企业员工要操作该系统并与客户签订销售/采购合同、管理仓库，并向经理提供综合报表等信息。“进销存管理子系统”还要依赖“综合支持管理子系统”提供人员等支持，依赖“财务管理子系统”收取/支付货款，“生产调度管理子系统”从仓库提取物料并将产品存入仓库。

可以确定，该系统涉及到的人执行者有企业员工、客户和经理，涉及到的系统执行者有“生产调度管理子系统”“综合支持管理子系统”和“财务管理子系统”。

3. 确定用例

“进销存管理子系统”包含3个用例。

- “采购管理”用例：与客户签订采购合同，并督促合同的执行和履约。
- “销售管理”用例：与客户签订销售合同并督促合同的执行和履约。提供售后服务。
- “仓库管理”用例：存储“采购管理”和“销售管理”用例采购/销售的货物，对库存产品和物料进行出/入库的有效管理，及时盘点并提出低于库存最低下限额（预警线）而需要采购的物料清单和各种库存统计报表。

4. 绘制用例图

根据以上分析，可以画出“企业综合信息管理系统”用例图的第2级用例图之一——“进销存管理子系统”用例图。如图2-8所示。

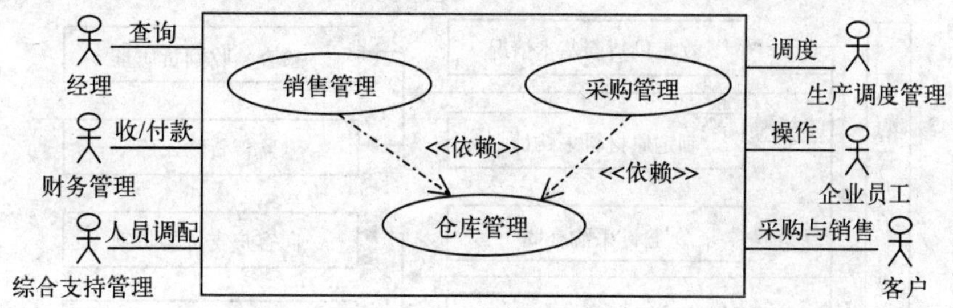

图2-8 2级用例图之一——“进销存管理子系统”用例图

5. 描述用例

在图2-8中的2级用例图——“进销存管理子系统”里共有“销售管理”、“采购管理”和“仓库管理”3个用例，这里只描述其中的第1个用例——“销售管理”用例。其余用例读者可以自行描述。可以用正文列表描述这些用例，格式如下所示。

“销售管理”用例

用例编号：04010000（共有4层用例图结构，每层用2位数字表示，采用8位编号。）

用例名：销售管理

执行者：• 人执行者：企业员工、客户、公司经理。

• 系统执行者：“财务管理”子系统、“生产调度管理”子系统和“综合支持管理”子系统。

目的：制定销售计划，与客户签订销售合同，并将其详细内容录入管理系统。监控正在履约的合同，检查客户是否按时付款，对付款的客户发货。

类型：端点、主要的、基本的

级别：一级

过程描述：

(1) 企业员工输入标识码（ID），系统识别标识码的有效性。

(2) 输入一个新的具有唯一合同编号的销售合同的详细内容。

(3) 监督执行期合同是否履约（客户是否付款，决定是否发货）。

(4) 对履约的合同设置履约标志。

(5) 退出系统。

与其他用例的关联：过程描述（1）中包含身份验证用例；（3）中涉及“财务管理”、“生产调度管理”和“仓库管理”用例。

异常事件流处理：

(1) 标识码有效性检查失败：系统检测标识码有效性失败，允许重新输入。

下面对“进销存管理子系统”中的3个用例进行详细的客户需求分析。

2.2.3 “采购管理子系统”的需求分析

采购管理部门的工作包括收集供应货物客商的基本情况、制定原材料采购计划、与客户签订采购合同、合同生效执行后向客户催促及时发送所订货物、检查验收到货质量、监督货物入库、向客户支付购货款、检查采购合同履约率等。如图2-9所示。

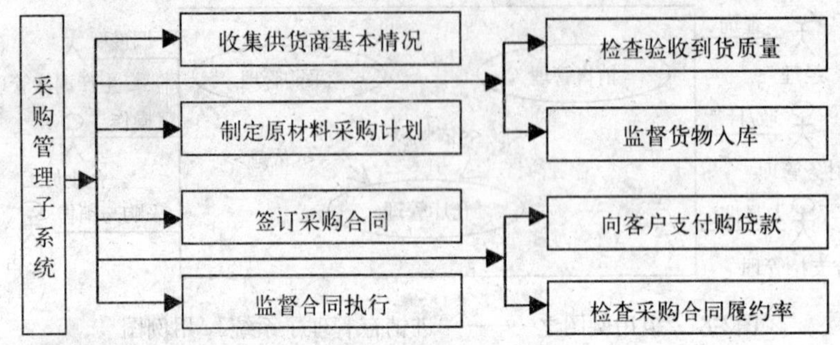

图2-9 采购管理需求框图

(1) 收集供应货物客商的基本信息

收集历年来接触到的供应货物客商的基本信息并建立数据库。存储的信息包括供货商的企业名称、地址、业务员的基本信息、产品名称、产地、规格型号、产量、价格、质量、信誉度等，为采购货物做好准备。

(2) 制定原材料采购计划

根据“销售管理部门”提供的销售计划，“库存管理部门”提供的“原材料（零部件）库存清单”，“生产调度管理部门”送来的新产品研制计划及生产计划来制定月、季度和全年原材料（零部件）采购计划。采购计划上报主管经理批准后，分送“生产调度管理部门”备查，送“库存管理部门”准备储存原材料（零部件），送“财务管理部门”准备流动资金。

(3) 与客户签订采购合同

根据采购计划和“库存管理部门”提出的“超过库存预警线的生产原材料（零部件）清单”

组织原材料的采购，与供货商签订采购合同。采购合同的内容主要包括：产品名称、规格、单位、单价、数量、总金额、发货时间、到货时间、付款时间等。合同签订并经主管经理签字生效后，分送“生产调度管理部门”备查，送“库存管理部门”准备储存原材料（零部件），送“财务管理部门”准备货款。

（4）监督合同执行

采购合同执行期间，定期检查合同履约情况。催促供货方及时发送货物，通知仓库一起对原材料进行验收入库，通知财务部门按合同及时交付供货方应付款项。

（5）协同库存管理部门对原材料进行入库验收、存储

协同库存管理部门按采购合同规定的产品名称、规格、数量、来货时间，对采购的原材料进行验收、入库。

（6）通知财务管理部门支付货款

财务管理部门按采购合同及已收到的原材料数量按时支付货款给供货方。

（7）检查合同履约率

采购合同涉及的原材料按合同全部到齐并验收入库，货款也已经全部支付完毕，说明该合同已经履约，执行完毕，设置履约标志。如果没有按时履约，应注明违约方及违约原因。

用例图绘制略。

2.2.4 “库存管理子系统”的需求分析

库存管理部门对企业所有的产品和生产原材料（零部件）进行验收、入库、存储和出库管理。包括日常库存管理、入库管理、出库管理、库存盘点管理、打印超过库存预警线的生产原材料（零部件）清单、编制年终库存损耗报表、编制年终（季度）库存资产财务报表等。如图2-10所示。

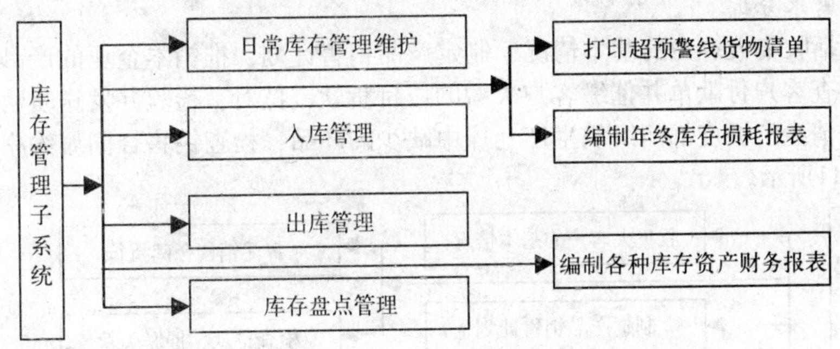

图2-10　库存管理需求框图

（1）日常库存管理维护

日常库存管理包括对库存货物的分类查询、随机统计等，还包括对库存货物的数据进行编辑，如更改货物的存放位置、编号调整等。

（2）入库管理

入库管理包括对企业内生产部门送来的产品和采购部门采购的原材料（零部件）按产品的品名、规格、数量、单价等进行验收入库，存放到指定库位并打印入库单。

(3) 出库管理

出库管理包括原材料（零部件）和产品出库管理。库存管理部门根据生产调度管理部门签署的原材料（零部件）提货申请单对原材料（零部件）进行清点验收出库并打印出库单。还根据销售部门签署的产品提货申请单对产品清点验收出库，打印出库单和出门证。

(4) 库存盘点管理

库存管理部门对仓库内的货物按月、季度和年进行盘点，调整打印出月、季度和年终库存货物盘点清单，做到统计报表与实际货物完全符合。

(5) 编制年终库存损耗报表

库存管理部门对仓库内的货物按月、季度和年终进行盘点时，对各种原因造成的货物损毁进行统计，打印货物损毁报表，报主管领导批准核销。

(6) 编制年终库存资产财务报表

库存管理部门对仓库内的货物按月、季度和年终进行盘点，编制年终库存资产财务报表，报送财务管理部门。

(7) 打印超预警线货物清单

在对仓库货物进行出库管理时，对超过库存量预警线的产品和零部件进行统计，打印“超过库存预警线的货物清单”交付采购管理部门安排采购，或交付生产调度管理部门组织生产。

用例图绘制略。

2.2.5 “销售管理子系统”的需求分析

在图3-7中的2级用例图之一——“进销存管理子系统”用例图里共有“采购管理”、“仓库管理”和“销售管理”3个用例。这3个用例还可以分别展开，形成第4层用例图。因篇幅所限，这里只对“销售管理”用例展开形成“销售管理子系统”用例图。

1. 销售管理需求分析

销售管理包括收集大客户的基本情况、制定产品销售计划、推销本企业的产品、与客户签订销售合同、检查客户付款单并催缴客户欠缴的应付货款、核对、检验并发送货物、核查客户订购的产品、提请生产调度部门组织生产仓库中缺少的产品、检查销售合同履约率、提供售后服务等。如图2-11所示。

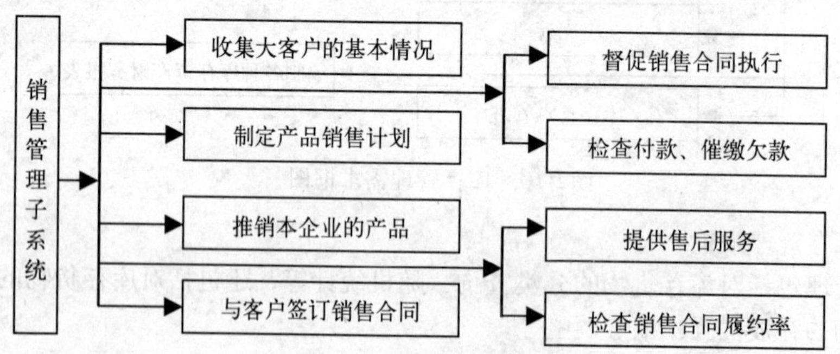

图2-11 销售管理需求框图

(1) 收集大客户的基本情况

收集历年来接触到的大宗采购本企业产品客商的基本信息并建立数据库，这是保证产品销路的关键。存储的信息包客商的企业名称、地址、业务员的基本信息、产品名称、规格型号、需求数量、信誉度等，为销售产品做好准备。

（2）制定销售计划

根据企业生产能力和对当前市场行情的预测制定月、季度和全年产品销售计划。

（3）与客户签订销售合同

销售合同内容主要包括：产品名称、规格、单价、数量、总金额、发货时间、发货量、客户付款时间等。合同签订并生效后，分送“生产调度管理部门”组织生产，送“库存管理部门”准备原材料，送“采购部门”采购原材料，送“财务管理部门”为收款作准备。

（4）督促销售合同执行

销售合同执行期间，定期检查合同履约情况。督促企业“生产调度管理部门”按合同组织生产，检查客户付款情况，及时催要客户应付款项，根据付款情况按时从仓库提取产品核查并发货给客户。检查仓库是否有客户订购的产品，如果没有客户订购的产品（或数量不够）向“生产调度部门”发送“产品生产申请单”，要求立即组织生产。

（5）检查付款、催缴欠款

对于已签约的销售合同，财务管理部门负责收取客户货款。

对于有极高信誉度的购买大宗产品的老客户，可以按合同规定的“先发货、后付款”的方式处理，财务管理部门按销售合同及产品已发送的数量收取客户的货款，对没按时交货款的客户，通知销售部门进行催款。而对于一般客户，采取款到发货的方式进行处理，以减低客户拖欠货款的风险。

（6）检查销售合同履约率

如果合同全部执行完毕（货款两清），设置销售合同履约标志。如果没有按时履约，应注明违约方及违约原因。

（7）售后服务

产品维修人员对销售出去的产品及时进行维修、更换，提供完善的售后服务，维护企业信誉。

（8）推销本企业的产品

制定计划，采用广告形式还是产品推介会（展销）方式推销本企业的产品。扩大企业和产品的知名度，有效地占领市场。

2. 确定系统边界

通过以上分析可以总结出，“销售管理子系统”边界内包含“收集大客户的基本情况”、“推销本企业的产品”、“制定销售计划”、“销售合同管理”（包括“与客户签订销售合同”、“督促销售合同执行”、“检查付款、催缴欠款”和“检查销售合同履约率”等4个子系统）和“售后服务”等5个子系统。凡是由这5个子系统处理的业务都属于系统内的职责范围。超出该职责范围的都属于系统边界之外的业务。

3. 确定执行者

“销售管理子系统”中，企业员工要操作该系统中所有的子系统并与客户签订销售合同，向经理提供综合报表等信息。企业员工还要依赖“仓库管理子系统”存储货物并提货发送给客户，依赖“财务管理子系统”收取货款，还要依赖“综合支持管理子系统”提供和调配人员等支持。检查仓库是否有客户订购的产品，如果没有客户订购的产品（或数量不够）向“生产调度部门”发送“产品生产申请单”，要求立即组织生产。

通过以上分析可以确定该系统共有7个执行者。涉及到的人执行者有3个：企业员工、客户和经理。涉及到的系统执行者有4个：“综合支持管理子系统”、“生产调度管理子系统”、“仓库管理子系统”和“财务管理子系统”。

4. 确定用例

在前面确定系统边界中确定“采购管理子系统”边界内包含5个子系统，可以把这5个子系统确定为系统内的5个用例：

- “销售合同管理”用例：与客户签订销售合同并督促合同的执行和履约。
- “大客户管理”用例：为大宗采购本企业产品客商建立基本信息数据库，这是保证产品销路的关键。
- “产品推销企划”用例：制定产品推销计划和策略，扩大企业和产品的知名度，有效地占领市场。
- “销售计划管理”用例：根据企业生产能力和对当前市场行情预测制定月、季度和全年产品销售计划。
- “售后服务管理”用例：产品维修人员对销售出去的产品及时进行维修、更换，提供完善的售后服务。

5. 绘制用例图

根据以上分析，可以画出“进销存管理子系统”用例图下属的第3级用例图之一——“销售管理子系统”用例图，如图2-12所示。

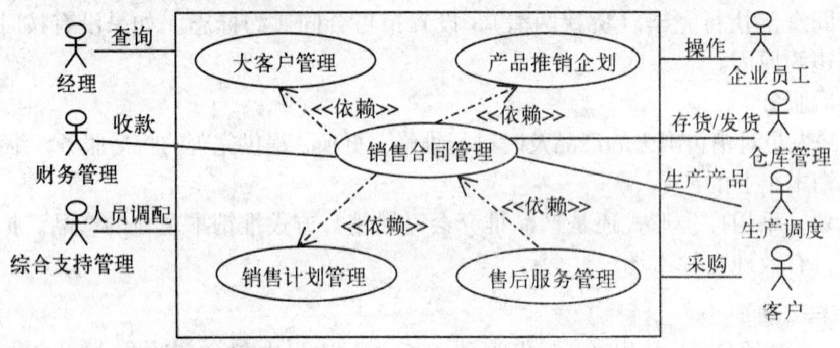

图2-12 3级用例图之一——“销售管理子系统”用例图

6. 描述用例

在图2-12中的3级用例图之一——“销售管理子系统”用例图里共有“销售合同管理”、“大客户管理”、“销售计划管理”、“产品推销企划”和“售后服务管理”5个用例，这里只描述其中的第1个用例——“销售合同管理”用例。其余用例读者可以自行描述。可以用正文列表描述这些用例，格式如下所示。

“销售合同管理”用例

用例编号：04010100（共有4层用例图结构，每层用2位数字表示，采用8位编号。）

用例名：销售合同管理

执行者：•人执行者：企业员工、客户、公司经理。

•系统执行者："财务管理"子系统、"仓库管理"子系统和"综合支持管理"子系统。

目的：企业员工与客户签订销售合同，并将合同的详细内容录入管理系统、修改和编辑合同。监控正在履约的合同，检查客户是否按时付款，检查仓库是否有客户订购的产品，如果没有客户订购的产品（或数量不够）向"生产调度部门"发送"产品生产申请单"，要求立即组织生产。对已付款的客户从仓库提取货物、发货，合同履约后设置履约标志。

类型：端点、主要的、基本的

级别：一级

过程描述：

(1) 企业员工输入标识码（ID），系统识别标识码的有效性。

(2) 输入一个新的具有唯一合同编号的销售合同的详细内容。

(3) 监督执行期合同是否履约（客户是否付款，决定是否发货）。

(4) 检查仓库是否有客户订购的产品，如果没有客户订购的产品（或数量不够）向"生产调度部门"发送"产品生产申请单"，要求立即组织生产。

(5) 对履约的合同设置履约标志。

(6) 退出系统。

与其他用例的关联：过程描述（1）中包含身份验证用例；（3）中涉及"财务管理"和"仓库管理"用例；（4）中涉及"生产调度管理"和"仓库管理"用例。

异常事件流处理：

(1) 标识码有效性检查失败：系统检测标识码有效性失败，允许重新输入。

2.2.6 "销售合同管理子系统"的需求分析

在图2-12中的3级用例图之一——"销售管理子系统"用例图里共有"销售合同管理"、"大客户管理"、"销售计划管理"、"产品推销企划"和"售后服务管理"5个用例。这5个用例也可以分别展开，形成第4层用例图。因篇幅所限，这里只对"销售合同管理"用例展开形成"销售合同管理子系统"用例图。

1. 销售合同管理需求分析

企业销售人员与客户签订销售合同，经主管经理签字同意后合同生效。合同签订并生效后，分送"生产调度管理部门"组织生产，送"库存管理部门"准备客户所需产品，送"财务管理部门"为收款作准备。销售合同管理包括对执行期合同的管理和对历年履约合同的管理。执行期合同的管理包括增加新销售合同、修改销售合同、查询销售合同、核对收款单并发送货物、检查客户付款单并催缴客户欠缴的应付货款、检查销售合同履约率、将履约合同转入历年履约合同库、按月/季/年编制销售合同统计报表等。如图2-13所示。

（1）增加新销售合同

合同签订并生效后，合同管理人员要将新合同的基本信息录入到"销售合同管理系统"。合同的基本信息包括合同编号、甲方乙方的基本信息（单位名称、地址等）、定购产品名称、规格型号、单价、需求数量、总金额、发货时间、发货量、客户付款时间等。

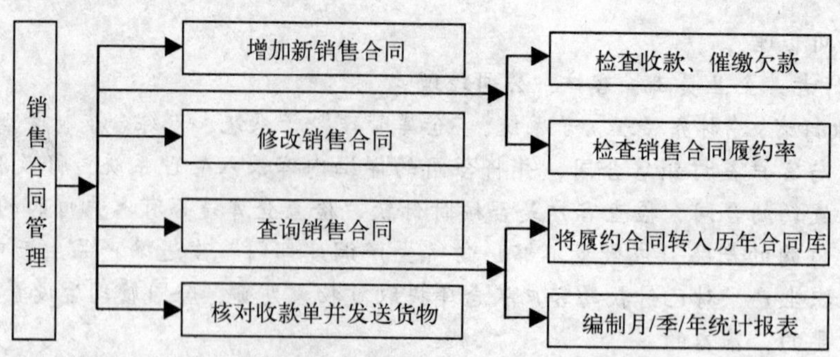

图2-13　销售合同管理需求框图

（2）修改销售合同

一般来讲执行期合同是不允许修改的，但如果经过甲乙双方同意，可以对已签订的合同内容进行修改。该功能有严格的修改权限限制。

（3）查询销售合同

对执行期合同进行各种查询统计。如查询某个合同的执行情况，当年执行期合同总份数、总金额，某种规格型号产品的总数量，当年合同履约率等。

对历年履约合同进行各种查询统计。如查询某个合同的执行情况，当年执行期合同总份数、总金额，某种规格型号产品的总数量，当年合同履约率等。

（4）核对收款单并发送货物

对于已签订生效的销售合同，财务管理部门负责收取客户货款，并开具收款单。销售人员根据付款情况按时从仓库提取客户订购的产品，核查并发货给客户。在核对收款单准备发货时，如发现仓库中客户订购的产品数量不够，应向“生产调度部门”发送“产品生产申请单”，要求立即组织生产。

（5）检查收款、催缴欠款

对于已签约的销售合同，财务管理部门负责收取客户货款。由销售人员监督客户交付货款情况，对没按时交货款的客户催缴欠款并在销售合同上作出标志。

对信誉度高的购买大宗产品的老客户，可以按合同规定的“先发货、后付款”方式处理，财务管理部门按销售合同及已发送产品的数量收取客户的货款，对没有按时交货款的客户，通知销售部门进行催款。而对于一般客户，采取款到发货的方式进行处理，以减低客户货款拖欠的风险。

（6）检查销售合同履约率

如果合同全部执行完毕（货款两清），设置销售合同履约标志。如果没有按时履约，应注明违约方及违约原因。

（7）将履约合同转入历年履约合同库

对于已经履约的销售合同，在每年的12月25日自动转入历年履约合同库。在转入历年履约合同库后，在执行期销售合同库中删除已履约合同。

（8）编制月/季/年综合统计报表

按月、季、年编制综合统计报表，统计销售合同的总份数、合同履约率、合同总款、已收货款等综合数据。供经理查询系统使用，并与财务管理部门进行核对。

2. 确定系统边界

通过以上分析可以总结出，“销售合同管理子系统”边界内包含“增加新销售合同”、“修改销售合同”、“查询销售合同”、“核对收款单并发送货物”、“检查客户付款单并催缴客户欠缴的应付货款”、“检查销售合同履约率”、“将履约合同转入历年履约合同库”、“按月/季/年编制销售合同统计报表”等8个功能。凡是由这8个功能包括的业务都属于系统内的职责范围。超出该职责范围的都属于系统边界之外的业务。

3. 确定执行者

在“销售合同管理子系统”中，销售人员要与客户签订销售合同并操作该系统中所有的功能。要向经理提供综合报表等信息，还要依赖“仓库管理子系统”存储货物并提货发送给客户，依赖“财务管理子系统”收取货款，还要依赖“综合支持管理子系统”提供和调配人员等支持。检查仓库是否有客户订购的产品，如果没有客户订购的产品（或数量不够）向“生产调度部门”发送“产品生产申请单”，要求立即组织生产。

通过以上分析可以确定该系统共有7个执行者。涉及到的人执行者有3个：销售人员、客户和经理。涉及的系统执行者有4个：“综合支持管理子系统”、“ 生产调度管理子系统”、“仓库管理子系统”和“财务管理子系统”。

4. 确定用例

在前面确定系统边界中确定“采购合同管理子系统”边界内提供8个功能，可以把这8个功能确定为系统内的8个用例：

- “增加新合同”用例：销售合同管理人员录入新合同的基本信息。
- “修改合同”用例：必须经过甲乙双方同意，该功能有严格的修改权限限制。
- “查询合同”用例：对执行期合同和历年履约合同进行进行各种查询统计。
- “收款单处理”用例：核对收款单并向客户发送货物。如发现仓库中客户订购的产品数量不够，应向“生产调度部门”发送“产品生产申请单”，要求立即组织生产。
- “打印催款单”用例：财务部门负责收取客户货款，销售人员检查收款，对没按时交货款的客户催缴欠款并在销售合同上作出标志。
- “检查合同履约”用例：对执行完毕合同（货款两清）全部设置履约标志。
- “转入历年库”用例：将当年履约合同转入历年履约合同库。在每年的12月25日自动执行。
- “打印综合报表”用例：编制月/季/年综合统计报表供经理查询系统使用，并与财务部门进行核对。

5. 绘制用例图

根据以上分析，可以画出“销售管理子系统”用例图下属的第4级用例图之一——“销售合同管理子系统”用例图，如图2-14所示。

6. 描述用例

在图2-14中的4级用例图之一——“销售合同管理子系统”用例图里共有“增加新合同”、“修改合同”、“查询合同”、“收款单处理”、“打印催款单”、“检查合同履约”、“转入历年库”和“打印综合报表”8个用例，这里只描述其中的两个用例——“增加新合同”和“收款单处理”

用例，其余用例读者可以自行描述。可以用正文列表描述这些用例，格式如下所示。

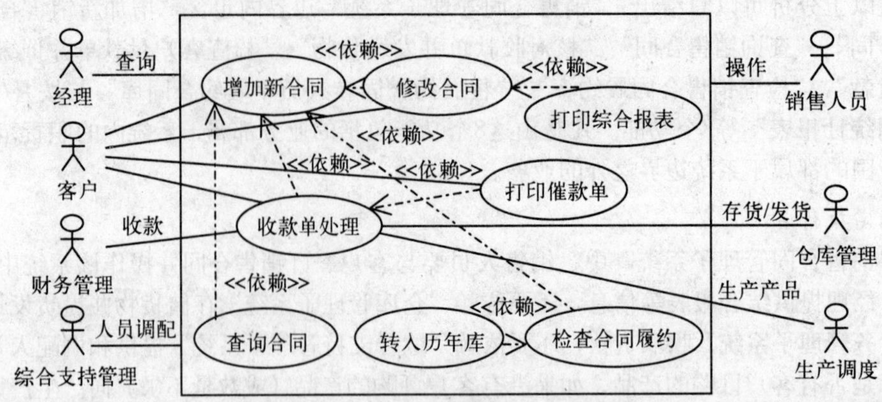

图2-14 4级用例图之一——“销售合同管理子系统”用例图

“增加新合同”用例

用例编号：04010101（共有4层用例图结构，每层用2位数字表示，采用8位编号。）

用例名：增加新合同

执行者：• 人执行者：销售合同管理员、客户、公司经理

• 系统执行者：“财务管理子系统”、“仓库管理子系统”、“综合支持管理子系统”和“生产调度管理子系统”。

目的：销售合同管理员将与客户签订的销售合同的详细内容录入管理系统，用于对销售合同进行统计、查询、检查是否履约等，监控正在履约的合同。

类型：端点、主要的、基本的

级别：一级

过程描述：

(1) 合同管理员输入标识码（ID），系统识别标识码的有效性。

(2) 初始化一个新销售合同，设置各个处室标志。

(3) 输入一个新的具有唯一性的合同编号。

(4) 将与客户签订的销售合同的详细内容录入管理系统。

(5) 退出系统。

与其他用例的关联：过程描述（1）中包含身份验证用例；（4）中包含编号自动生成用例。

异常事件流处理：

(1) 标识码有效性检查失败：系统检测标识码有效性失败，允许重新输入。

(2) 编号也可以由合同管理员手动输入，系统自动进行唯一性检查。出现错误，允许重新输入。

“收款单处理”用例

用例编号：04010104

用例名：收款单处理

执行者：• 人执行者：销售合同管理员、客户、公司经理。

• 系统执行者："财务管理子系统"、"仓库管理子系统"和"生产调度管理子系统"。

目的：对于已签订生效的销售合同，财务管理部门负责收取客户货款，并开具收款单。"收款单处理"用例要做的工作是：核查收款单并从仓库提取客户订购的产品，核查并发货给客户。

类型：主要的、基本的

级别：一级

过程描述：

(1) 核对"收款单"：以批处理方式对财务部门传送过来的收款单（客户的付款证明），根据收款单上的合同编号自动找到对应的销售合同，将收到的货款金额填写到合同中；

(2) 核对"货物清单"：系统根据客户付款金额和合同上标明的货物种类、数量和单价，与仓库库存货物清单进行核对。

(3) 如果仓库中有合同规定数量的货物，从仓库提取客户订购的产品，核查并发货给客户。转到（5）执行；

(4) 如果仓库中现存的货物少于合同规定的数量，应向"生产调度部门"发送"产品生产申请单"，要求立即组织生产。当所要的产品生产出来并入库后，转到步骤（2）执行。

(5) 将发送货物的数量填写到相应销售合同中。

(6) 退出系统。

与其他用例的关联：该用例有异步的多进程操作，涉及到"生产调度部门"和"仓库管理部门"的用例。

异常事件流处理：

(1) 过程描述（1）中如果出现"收款单"找不到相应的"执行期采购合同"（合同编号不能匹配）时，显示警告提示用例。并将该"收款单"作出标记退回"财务部门"。

以上就是"增加新合同"和"收款单处理"两个用例的描述。还有"修改合同"、"查询合同"、"打印催款单"、"检查合同履约"、"转入历年库"和"打印综合报表"6个用例没有描述，读者如果有兴趣，可以根据需求分析和上述的用例描述样式分别进行描述。

2.3 系统用例建模

本节将介绍系统用例模型的建模过程，建模工具选择Rose软件。系统用例建模建立在完好的系统用例分析基础之上，只有做好系统用例分析，系统用例建模才能达到预期的效果。我们以本章案例分析中给出的"进销存管理子系统"用例图（见图2-8所示）为例，介绍使用Rose建立用例模型的过程。

2.3.1 建立初始模型

首先运行Rose程序。默认情况下将自动进入Rose的启始界面，选择"New"选项，打开创建新模型"Create New Model"对话框，如图2-15所示。

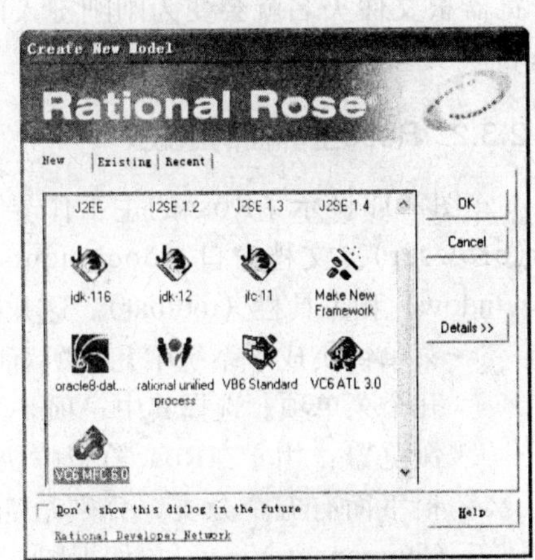

图2-15 Create New Model对话框

在这个对话框中，要求选择模型最终实现的编程工具，这里我们选择VC6MFC6.0模式。然后单击“OK”按钮进入模型设计画面，如图2-16所示。

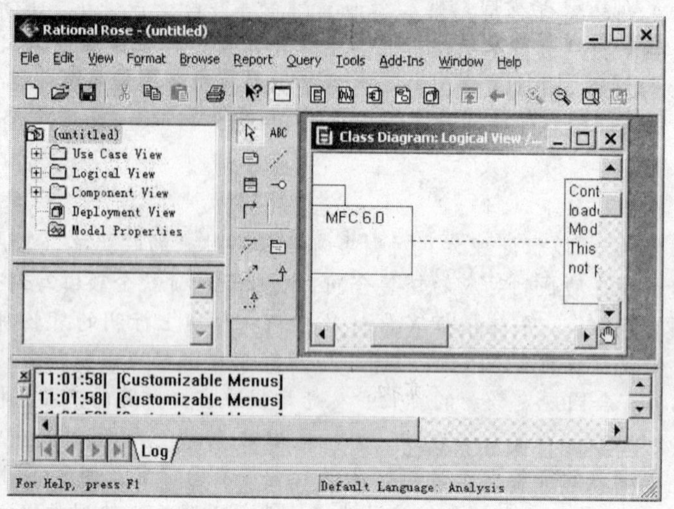

图2-16 Rose模型设计画面

在模型设计画面中，读者现在可以开始设计自己的模型。首先为自己设计的模型起一个有意义的名字。在模型设计画面左侧的浏览器窗口，顶级根文件夹名此时为未定义“untitled”。用鼠标右键单击“untitled”，在弹出的菜单中选择“Save”，系统弹出保存（创建）模型名称对话框，如图2-17所示。

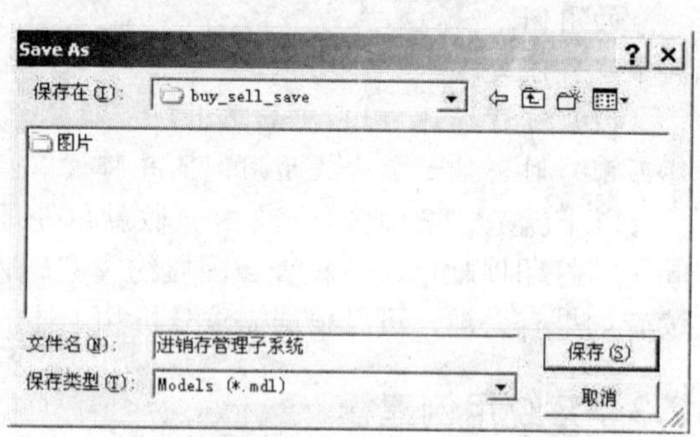

图2-17 保存（创建）模型名称对话框

在“文件名”编辑框中输入“进销存管理子系统”，然后单击“保存”按钮，即在磁盘上建立一个名为“进销存管理子系统.mdl”的文件，模型也就被保存到这个文件中了。此时浏览器根文件夹名就会变为刚刚键入的模型文件名——“进销存管理子系统”。

2.3.2 Rose主界面的组成

图2-18显示了Rose的主工作界面，该界面由6部分组成。分别是菜单（menu）、浏览器（browser）、文档窗口（document window）、图窗口（diagram window）、日志窗口（log window）和工具栏（toolbar）。这几部分的功能简介如下：

- 菜单：集成了系统中几乎所有的操作。包括File、Edit、View、Add-ins、Window、Help几个菜单项。选择其中一项，又会弹出相应的子菜单。
- 浏览器：用于在Rose模型中快速漫游。浏览器是一个树形结构，树的根是模型的名称。根下面有五个分支，分别是Use Case View（用例视图）、Logical View（逻辑视图）、Component View（构件视图）、Deployment View（部署视图）和Model Properties（模型属性）。利用它可以实现如下操作：添加模型元素（包括执行者、用例、类、构件等图符）；查看现有模型元素；查看现有模型元素之间的关系；移动模型元素；更名模型元素；将模型元素加进图；将文件链接到元素；将元素组成包；访问元素的详细规范；打开模型图。

- 文档窗口：用于查看或更新模型元素的说明文档。
- 工具栏：提供一系列快捷键，这些快捷键是用于进行迅速访问的常用命令。Rose中有两种工具栏：标准工具栏和模型图工具栏。标准工具栏位于主菜单下方，包括在任何模型图中都可以使用的通用命令按钮。模型图工具栏位于模型图窗口左侧，工具栏提示的内容则随模型图窗口中显示的模型图不同而改变。
- 图窗口：也可以称作模型图编辑区，用于显示和编辑一个或几个Rose模型图。
- 日志窗口：显示系统的一些重要信息，用于提示用户。显示的信息包括系统错误、用户操作记录等。

对于各个窗口具体的组成和作用，如果读者有兴趣可以参阅介绍Rose操作和使用的相关书籍或使用手册，这里不做详细介绍。

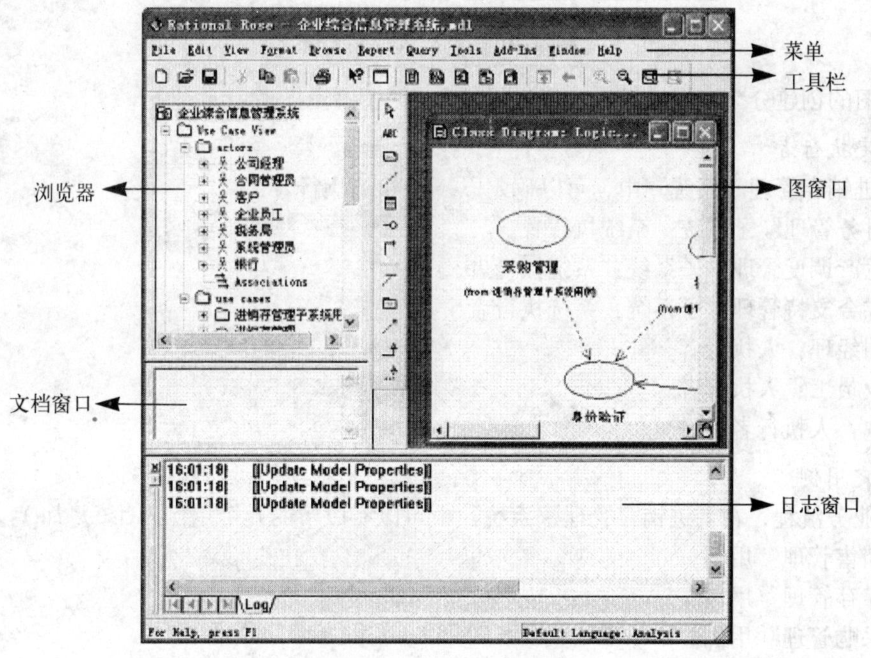

图2-18 Rose界面的组成

2.3.3 系统用例图的创建

在UML中，用例用椭圆（oval）图符来表示。用例的使用者称为执行者（Actor）。执行者可以是人，也可以是另一个系统或部门。它与当前的系统进行交互，向系统提供输入或从系统中获得输出。执行者用一个人形（stickman）图符表示。用例图显示了用例和执行者之间、用例之间以及执行者之间的关系（relation），关系描述了模型元素之间的语义连接。在UML中关系使用实线表示，实线可以有箭头，也可以没有箭头。见图2-19所示。

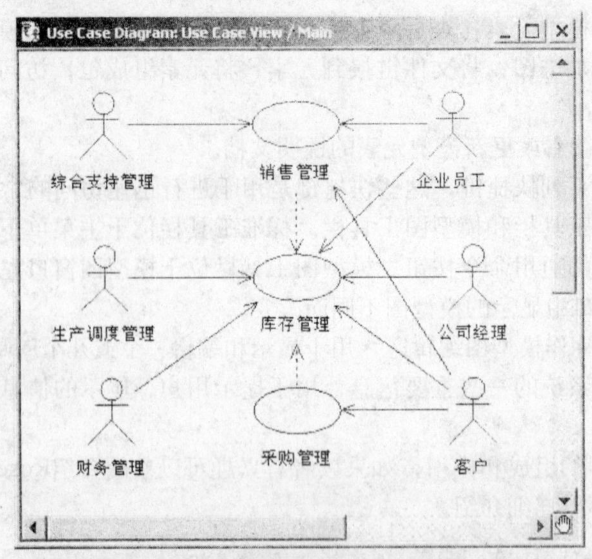

图2-19 进销存管理子系统

用例图的创建分为确定执行者、确定用例和创建用例图三个步骤进行。

1. 确定执行者

在“进销存管理子系统”中，可以确定以下的相关执行者：

- “财务管理”子系统：系统执行者。
- “生产调度管理”子系统：系统执行者。
- “综合支持管理”子系统：系统执行者。
- 公司经理：人执行者。
- 企业员工：人执行者。
- 客户：人执行者。

2. 确定用例

根据业务流程，在“进销存管理子系统”中可以有以下的几个用例（Use Case）：

- “销售管理”用例。
- “库存管理”用例。
- “采购管理”用例。

3. 创建用例图

在确定了执行者和用例之后，就可以进行用例图的绘制，包括绘制执行者、用例，以及执行者与用例之间、用例与用例之间的关系等。完成后的“进销存管理子系统”的用例图如图2-19所示。

下面我们详细说明用例图建模的创建过程，其具体步骤如下：

(1) 打开用例图创建窗口

单击浏览器中用例视图“Use Case View”文件夹中的“Main”选项，弹出用例图主窗口。此时，与用例图窗口对应的模型图工具栏同时弹出来，如图2-20所示。

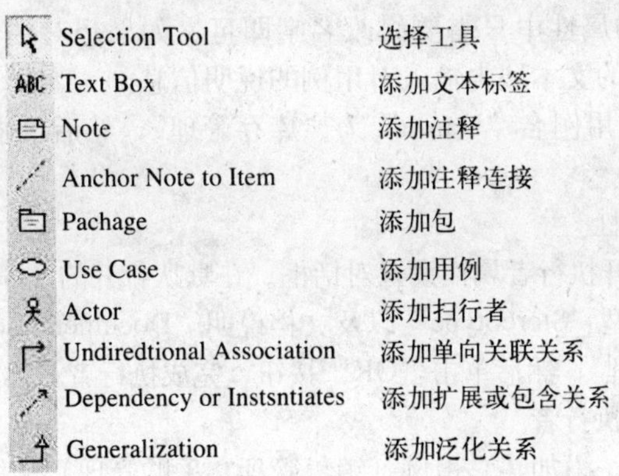

图2-20　与用例图窗口对应的模型图工具栏

(2) 添加执行者和用例

单击用例模型图工具栏的执行者“Actor”图符，然后在用例图窗口的适当地方单击鼠标左键，即可为用例图添加一个“执行者”模型元素，此时用例图窗口内将出现一个新的执行者图符。采用同样的方法，点击模型图工具栏的“Use Case”图符，然后在用例图窗口中适当地方单击鼠标，即可为用例图添加一个“用例”模型元素，此时用例图窗口中将出现一个新的用例图符，如图2-21所示。

(3) 设置用例的属性

在用例上双击鼠标（也可以在选中的用例上右键单击，在弹出菜单中选择“Open Specification...”，打开属性设置对话框），弹出用例属性设置对话框，可以设置用例的属性。如图2-22所示。

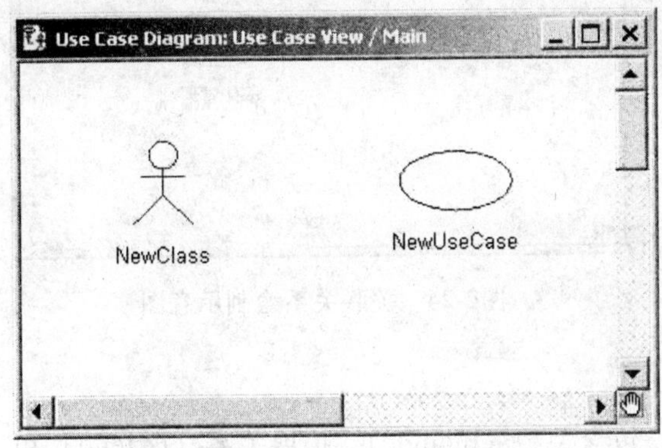

图2-21　添加一个新执行者和一个新用例

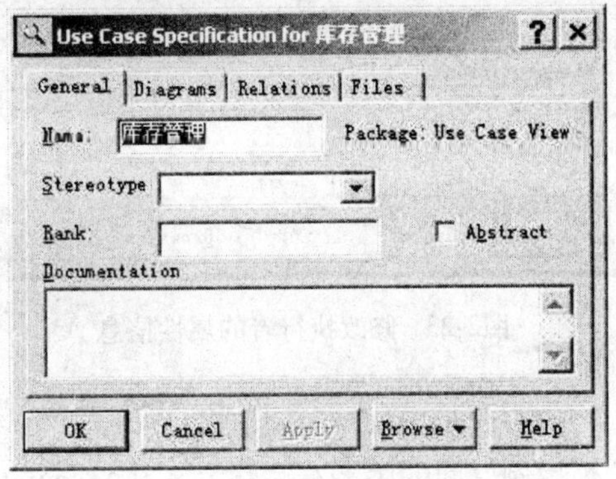

图2-22　用例属性设置对话框

在对话框的“General”选项卡中可以设置用例的名称“Name”，用例的类型“Stereotype”，用例的层次“Rank”，以及对用例的文档说明“Documentation”。其中用例的类型包括“BusinessUse Case”、“Business Use Case Realization”、“Resource Collaboration”和“use-case realization”等。对于用例的分层，层次越趋于底层，越接近计算机解决问题的水平，反之则表现得更为抽象。

通常来说，在用例的属性中只需要修改名字即可。如果想对用例进行详尽说明，可以在“Documentation”选项下的文本域内输入对用例的说明信息。

在这里，我们只修改用例名“Name”为“库存管理”，然后单击“OK”按钮，完成用例名的设置。

（4）设置执行者的属性

双击执行者图符，打开执行者属性设置对话框。在默认打开的“General”选项中可以设置执行者的名称“Name”、类型“Stereotype”以及文档说明“Documentation”。这里我们只将其名称“Name”设置为“公司经理”，然后单击“OK”按钮，完成执行者名称的设置。如图2-23所示。

（5）添加其它用例和执行者

按照上面相同的方法，添加其它用例（销售管理、采购管理）和执行者（企业员工、客户、财务管理、生产调度管理和综合支持管理）。

（6）添加执行者与用例之间的关系

在图2-24的用例图中，执行者“公司经理”与“库存管理”用例之间的关系为单向关联关系。要绘制单向关联关系，首先单击工具栏中的单向关联按钮（Unidirectional Association）。然后，在执行者与用例之间拖放鼠标即可。

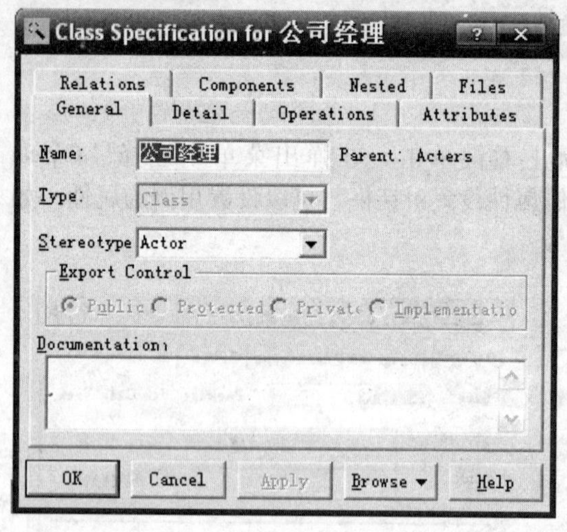

图2-23 修改执行者的属性信息

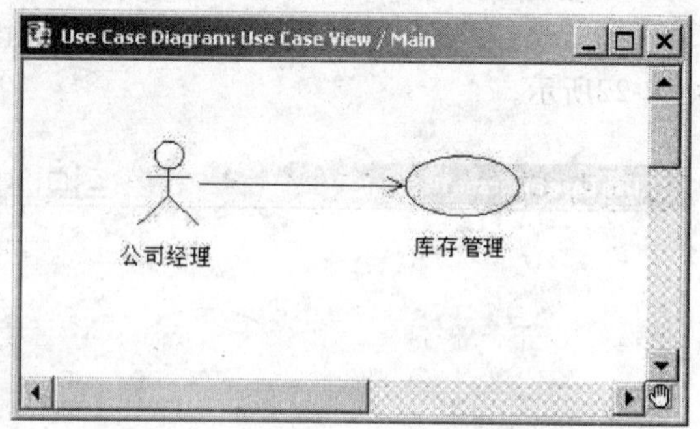

图2-24 关联关系绘制示意图

（7）添加用例之间的关系

用例之间的关系有关联关系（Association）、包含关系（Include）、扩展关系（Extend）和泛化关系（Generalization）4种。关联关系的图符按钮为，包含关系与扩展关系的图符按钮为，泛化关系的图符按钮为。在工具栏中用鼠标左键单击要添加的关系的图符，然后在两个用例之间拖放鼠标，就可以为它们添加相应的关系。

在用按钮添加关系之后，可以双击它，打开它的属性对话框，具体指定是包含关系还是扩展关系，如图2-25所示。

按照以上步骤，即可完成图2-19所示的进销存管理子系统的用例图。完成后，在浏览器窗口的用例视图（Use Case View）文件夹下，也将看到添加后的各元素，结果如图2-26所示。

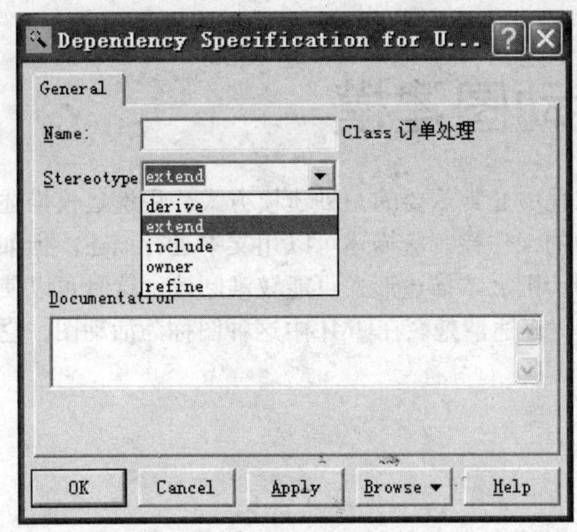

图2-25 选择包含或扩展关系

图2-26 添加用例图各元素后的浏览器窗口

2.4 小结

客户需求分析是软件开发的起始部分，也是软件开发中最关键的部分，对于客户需求的理解是否正确直接决定今后各阶段系统构建的正确性。因此，对客户需求作出全面、正确的分析，对软件开发的成败起着至关重要的作用。

在需求分析阶段主要使用UML的用例模型来表示需求的获取、分析和描述。当然还需要使用其他的UML模型来进一步详细描述客户需求，例如对象类模型、活动图模型、包图模型等。

需求分析阶段建立用例模型的目标是：

（1）明确要建立的系统应该具有哪些功能。

（2）明确系统的范围和系统的边界。

（3）明确系统和外部的接口。

（4）为进一步对系统进行分析与设计打下基础。

通过对本章案例分析与用例建模的学习，希望大家能够基本掌握如何获取用户的需求，以及如何应用UML对客户的需求进行需求分析，掌握用例模型的建模方法和具体过程。

2.5 评价标准

本章课程设计的目的：（1）能够根据客户的要求提取出系统的总体功能需求。（2）根据需求确定系统的范围、参与的执行者和用例。（3）根据需求正确描述用例。（4）正确绘制用例图，建立系统用例模型。完成以上步骤即可获得75分以上的成绩。如果进一步对用例模型和用例描述进行改进和完善，最高可得85分。如果对自选的题目建立起完整的用例模型，则可以考虑给予85分以上。

如果有一个用例不全、用例描述不全或用例图有错，则成绩不能高于75分。

第3章　活动图建模

本章介绍活动图建模，它是面向对象软件工程中非常重要的一种建模方式。用例建模描述了系统提供的各种功能，而各个功能（用例）中的工作控制流描述可以用文本进行描述。但如果工作控制流的逻辑复杂且有多种事件参与其中，则文本描述形式可能较难阅读。这时可以使用控制流程图来描述用例中的事件流，直观易读，表达清楚。在UML中这种图称为活动图，它是对工作控制流的一种建模方式。

本章目的

- 了解活动图建模的概念
- 掌握描述一个操作执行过程中所完成工作（动作）的方法
- 掌握描述对象内部工作的具体步骤

对客户需求分析中的工作控制流建模是软件工程中非常重要的一个环节。利用文本描述工作控制流是一种有效的方法。但如果一个工作控制流描述的系统庞大且逻辑复杂，则采用文本形式描述就有一定的局限性，使人们不容易对总体概念有一个清晰的认识，不仅描述起来困难，可读性也很差。这时可以使用工作控制流程图进行描述，在UML中这种图称为活动图，它是工作控制流的一种建模方式。活动图以图示的方式描述系统中一个活动到另一个活动的控制流、活动的序列、工作的流程和并发的处理行为，直观易读、表达清楚，一般用于对用例模型的进一步细化描述。

3.1　基本概念

活动图能够描述出系统中哪些地方提供了什么功能，以及这些功能之间如何协同来共同满足前面使用的用例。活动图在用例图之后提供了对系统的描述，使读者了解系统的执行过程，以及如何根据不同的条件来改变执行的方向。因此，活动图可以用来为用例模型建立工作控制流，是对用例模型的进一步细化。尽管活动图还可以在系统分析、系统设计阶段为复杂的对象行为建模，但本章主要介绍在客户需求分析阶段如何用活动图进一步深入细化描述用例。

活动图可以有效地描述用例。在为用例建立工作控制流模型时，活动图可以显示用例内部和用例之间交互的路径。活动图可以向读者清晰地说明需要提供哪些活动才能满足用例的功能要求，以及用例完成后系统保留的条件和所处的状态。

在活动图建模时，我们常常会发现需要补充在前面的分析过程中没有想到（或遗漏）的某些附加用例。一般情况下，可以把一些用例中常用的功能从它们原来所在的用例中分离出来组成单独的用例，避免重复编程。这样做可以大大减少开发应用程序的时间。

活动图是描述系统工作控制流程的一种方式，可以用来描述系统采取了哪些动作（活动）、做了什么（对象状态发生改变）、何时发生（动作序列）以及在何处发生（泳道）。

3.1.1 活动

活动是活动图中描述要完成某项工作的表示符。活动可以表示某个控制流程中任务的执行，或者表示某个算法过程中语句的执行。

在活动图中要注意区分动作状态和活动状态这两个概念。活动也称为动作状态。活动是原子的，不能被分解的，没有内部状态，也没有内部活动，一个活动工作所占用的时间是可以忽略的。动作状态的目的是执行进入活动的动作，然后转向另一个动作状态。

活动状态不是原子的，是可以分解的，其工作的完成需要一定的时间。可以把动作状态看作是活动状态的特例。在UML中活动用圆角矩形来表示，如图3-1a所示。每个活动都有一个活动名称来标识，说明活动的主要内容，代表工作过程的某一步或某个步骤。

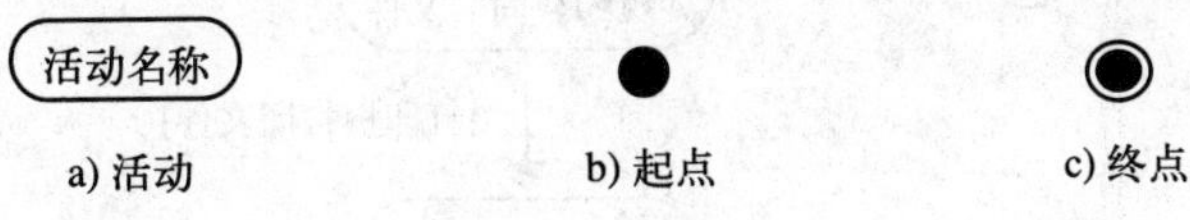

图3-1 活动图符

在UML中提供了描述两个特殊的动作状态，即开始状态和结束状态的图符。开始状态用实心黑点表示，结束状态用带有圆圈的实心黑点表示。每一个活动图只能有一个开始状态，但可以有无数个结束状态。如图3-1b、图3-1c所示。

3.1.2 活动迁移

当一个活动结束时，控制流会马上传递到下一个活动节点，这个过程在活动图中称之为“迁移”，用一个带箭头的直线来表示。

从语义上说，这种迁移称为无触发迁移，也就是说，一旦前一个动作完成后就会马上转到下一个动作。如果需要对这些迁移设置一些条件（称为“监护条件”），使其在满足特定的条件时才触发，则可以借助监护条件来完成。

3.1.3 条件分支

对于现实中任何一个控制流而言，可能会存在分支、循环等形式的控制流。在活动图中，对分支提供了如图3-2所示的建模描述图符。

在图3-2中，条件分支是用一个菱形图符表示，它有一个进入迁移（箭头从外指向分支符号）、一个或多个离开迁移（箭头从分支符号指向外）。每个离开迁移上都会有一个监护条件，用来表示满足什么条件时执行该迁移。但要注意，在多个离开迁移上的监护条件相互之间不能有矛盾，否则会使流程产生混乱。

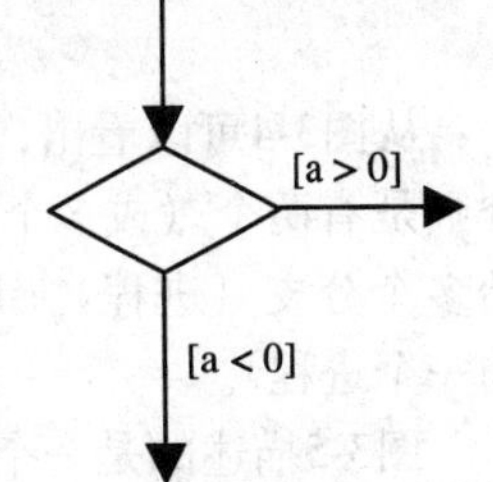

图3-2 条件分支描述图符

例如在描述一个打印所有履约合同信息的活动图中，如图3-3所示。“磁盘是否有空间”就是一个分支判断，这个判断有两个执行条件：“磁盘已满”和“磁盘有空间”。每个条件都会导致不同的活动：如果是“磁盘已满”，则屏幕上显示提示“磁盘已满”并结束；如果是“磁盘有空间”，则屏幕上显示“打印履约合同”信息，并继续执行到下一个动作状态。

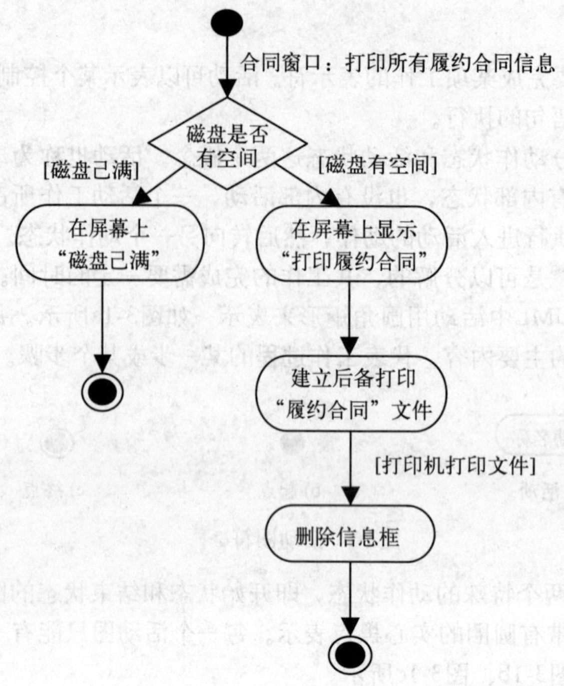

图3-3 描述一个打印所有履约合同信息的活动图

3.1.4 并发分劈与并发接合

在实际的工作控制流中，除了顺序结构、分支结构和循环结构之外，还可能存在并发的工作流。在UML中，可以采用一个同步线来说明这些并行控制进程的并发分劈和并发接合。并发分劈与并发接合图符如图3-4所示，同步线由一种水平或垂直的粗线段表示。

图3-4 并发分劈与并发接合图符

从图3-4可以看出，并发分劈图符有一个进入迁移，有两个（或多个）离开迁移。而并发接合则是有两个（或多个）进入迁移，有一个离开迁移。与条件分支不同，并发分劈表示同时开始多个分支（进程）。并发接合表示当所有的分支（进程）完成后，再执行下面的活动（接合为一个进程）。

图3-5描述的是一个销售合同从签订到履约的活动图。在活动图中，首先要完成"签订销售合同"活动，然后再到"核对合同"活动，接下来通过同步条引出了两个活动："核对货物清单"活动和"核对付款单"活动。这两个活动是并行的，也就是说这两个活动的执行次序是随意的，既可以先执行"核对货物清单"活动再执行"核对付款单"活动，也可以先执行"核对付款单"活动再执行"核对货物清单"活动，甚至这两个活动可以同时交叉进行。当这两个动

作都完成后，就可以发货了。其中并发分劈图符表示“核对货物清单”和“核对付款单”两个动作可以不分先后随意进行。并发接合图符表示只有在两个动作都完成后，才可以继续进行下面的“发货”活动。

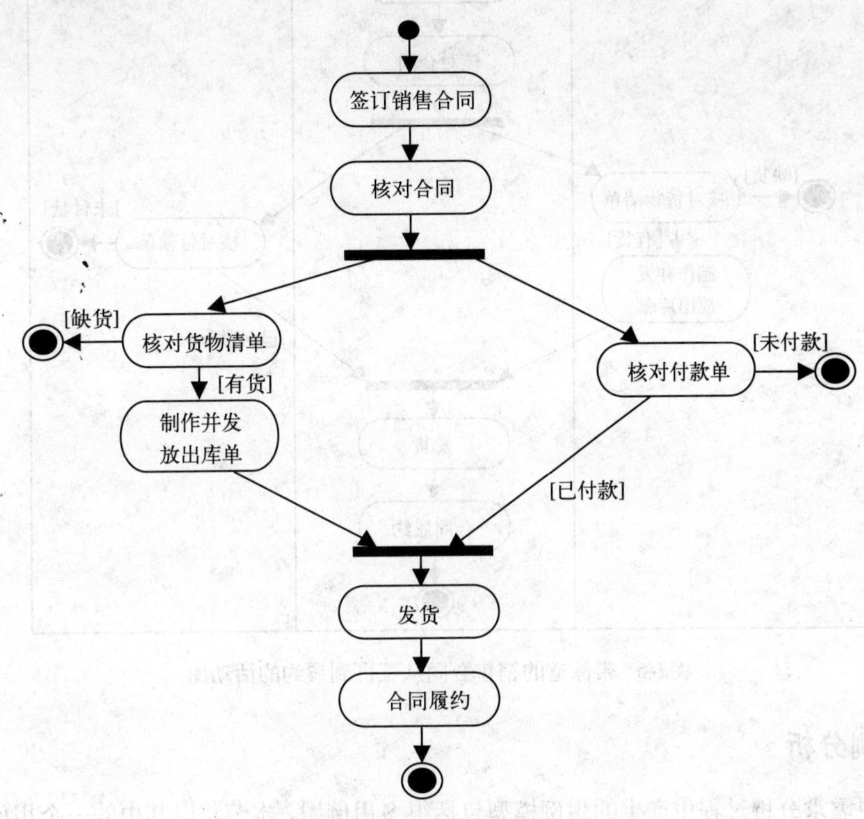

图3-5 销售合同从签订到履约的活动图

3.1.5 泳道

活动图用于描述一系列操作的执行过程，但图中没有给出是谁完成了这些操作。如果需要具体描述这些活动所属的对象，可以使用泳道技术来描述。

所谓泳道技术，是将活动用线条分成一些纵向的矩形，这些矩形称为泳道，每个矩形属于一个特定的对象或部门（子系统）的责任区。使用泳道可以把活动按照功能或所属对象的不同进行组织。属于同一个对象（或子系统）的所有活动都放在同一个泳道内，对象（或子系统）的名字放在泳道的顶部。图3-6描述的是一个带泳道的活动图。

图3-6描述了“仓库管理”、“合同管理”和“财务管理”三个子系统合作完成销售合同从签订到履约的全过程。这个过程依次需要7个活动来完成。这些活动分别属于以上三个子系统。添加了泳道的活动图相对来说就是一个比较完整的活动图，该图也将是我们下一节进行案例分析的一个活动图。

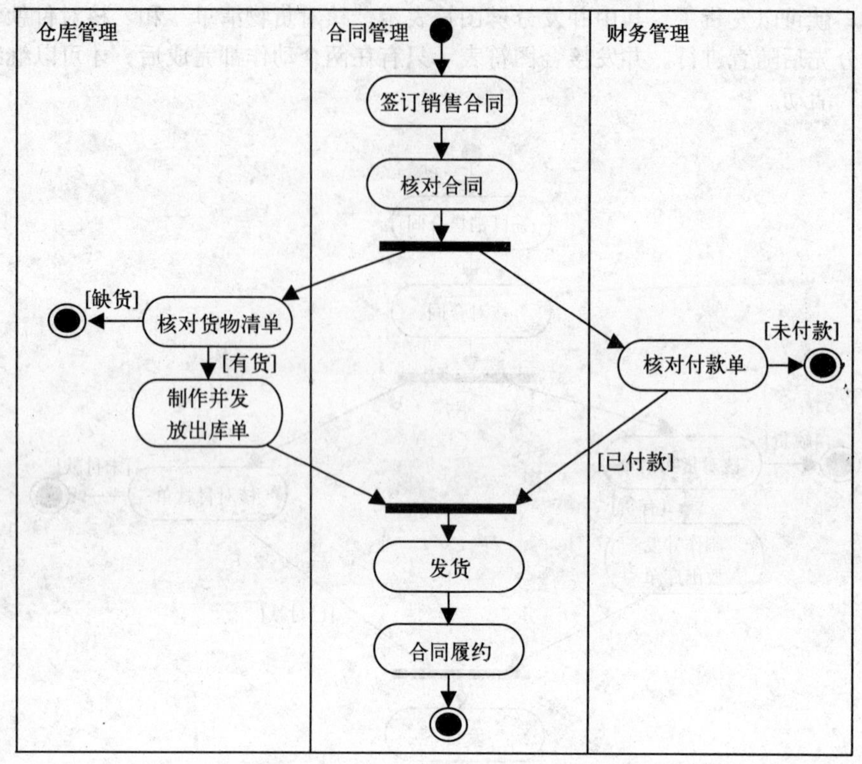

图3-6 带泳道的销售合同从签订到履约的活动图

3.2 案例分析

在客户需求分析过程中产生的用例模型包括很多用例图，本节将以其中的一个用例图为例，通过对这个用例图进行活动图建模的案例分析，介绍一个具体的活动图是如何被建立并逐步完善的。

创建活动图模型可分为6个步骤：

1）标识需要活动图的用例。

2）建模每一个用例的主路径。

3）建模每一个用例的从路径。

4）添加泳道来标识活动的事务分区。

5）改进高层活动。

6）进一步对细节进行完善。

3.2.1 标识用例

一个系统的用例模型包含多幅用例图，每幅用例图又包含多个用例。一般情况下，并不需要为所有的用例都建立活动图，只对其中有重要影响的用例建立相应的活动图。

在建模活动图开始之前，首先要确定建模的内容，即要对哪个用例建立活动图。我们从第

2章客户需求分析中产生的用例模型中选取一个用例图——“销售管理子系统”用例图（图2-12）进行案例分析，如图3-7所示。

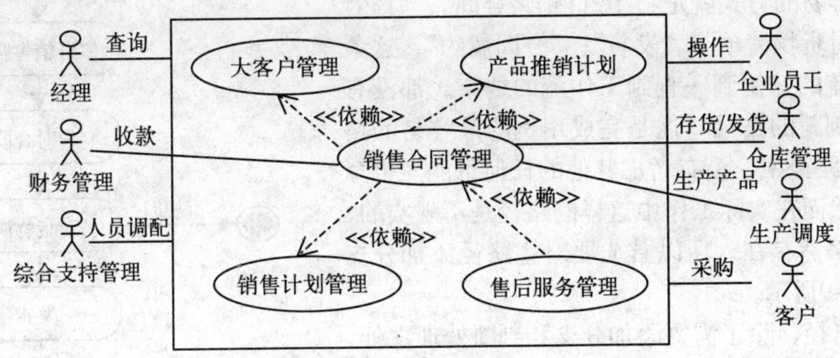

图3-7 “销售管理子系统”用例图

读者从图中可以看出，在该用例图中，“销售合同管理”用例是一个核心用例，它在“销售管理子系统”用例图中举足轻重。现在就以“销售合同管理”用例为例，介绍如何对用例的功能和行为进行详细描述。

对用例的功能和行为进行详细描述有两种方法。一种方法是对该用例进一步展开形成一个下属用例图，如图2-14所示，再用文本对该用例图进行描述。另一种方法就是通过用活动图画出其详细的工作控制流来描述该用例的功能。本案例介绍如何对“销售合同管理”用例采用建立活动图模型的方法进行功能描述。

3.2.2 建模主路径

开始创建一个用例的活动图时，往往先根据该用例一条明显的执行工作流路径建立起活动图的主路径，然后以该路径为主线进行补充、扩展和完善。一个活动图最简单的路径就是一条顺序执行的工作控制流，即在整个活动的流程中，从工作流的开始活动到结束活动中间没有任何分支（或分劈）的路径(这是完成用例的最理想的路径)。

在“销售合同管理”用例中，从销售合同的签订、执行到合同履约的过程中，几个主要的活动组成了该活动图基本的执行轨迹（主路径）。执行销售合同的最理想的几个活动是：“签订销售合同”、“核对合同”、“核对货物清单”、“发货”、“合同履约”。在这条路径中，没有考虑其他的因素，这是一条最短的路径，如图3-8所示。

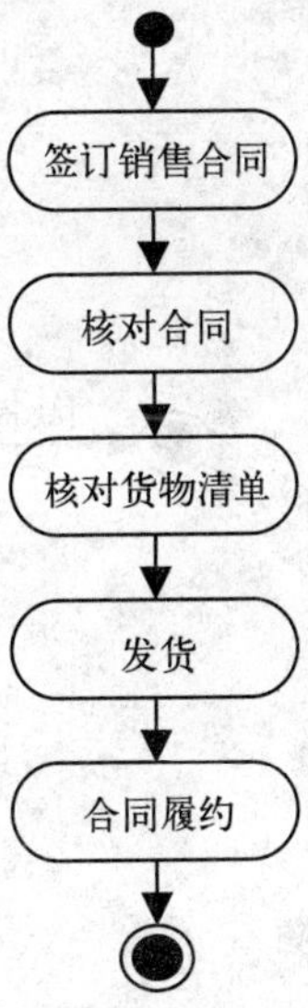

签订销售合同
核对合同
核对货物清单
发货
合同履约

图3-8 销售合同从签订到履约的主路径

3.2.3 建模从路径

现在有了主路径，下一步工作就是对这条主路径进行补充、扩展和完善。首先来分析其他可能出现的工作流的情况。在对活动图的分析和思考过程中，可能发现该主路径将会把你带到活动图中还没有建模的其他方向，或许是处理错误，或许是执行其他活动。

从上一节中，我们可以知道，在该示例中，执行销售合同最容易的方式就是："签订销售合同"、"核对合同"、"核对货物清单"、"发货"、"合同履约"。这条路径从工作流的开始到一直到工作流的结束，都没有任何分支和判断的路径（这是完成用例的最容易的路径）。在这条路径中，没有考虑其他的任何可能发生分支的因素，然而在实际工作中这样的路径是不现实的，分支和判断必然存在。所以首先要对主路径添加分支判断，如图3-9所示。

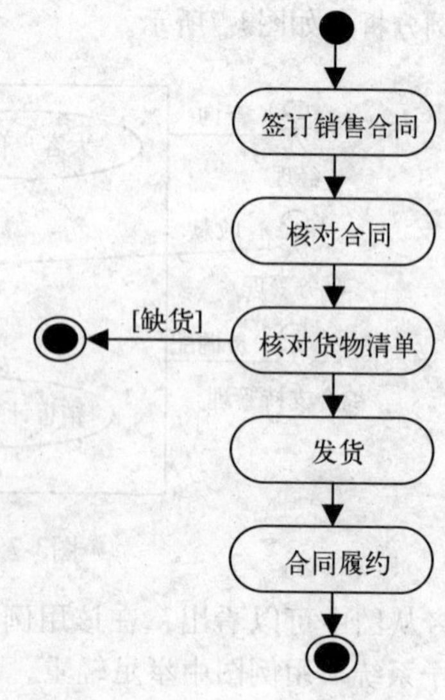

图3-9 销售合同从签订到履约的从路径1

对于主路径，除了需要添加分支和判断处理之外，还要对不同进程中并发执行的活动进行处理。在本例中，我们同时加载了"核对货物清单"、"核对付款单"这两个工作，并且希望所加载的这两个工作能在不同的进程里并发执行，这就要用到并发分劈和并发接合的概念。

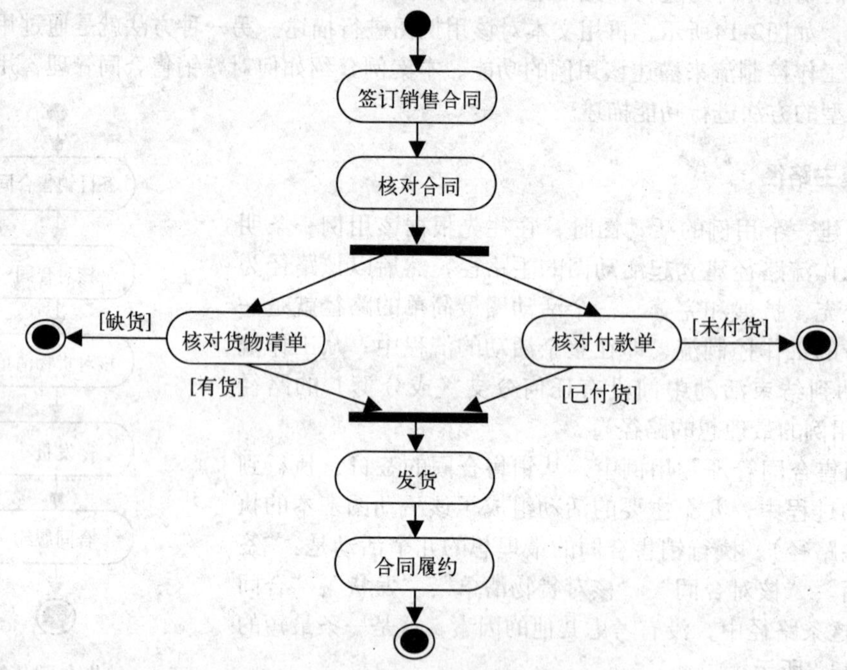

图3-10 销售合同从签订到履约的从路径2

由于"发货"活动必须是在"核对货物清单"后确定仓库里"有货"，并且在"核对付款单"后确定客户"已付款"这两个条件都具备的情况下才能执行，因此要在活动"核对合同"之后添加一个并发分劈图符，以便实现两个活动进程可以并发执行。当两个进程都完成后，就可以并发接合为一个进程了，所以就在“发货”活动之前添加一个并发接合图符以便把并发分劈图符创建的两个进程连接在一起，如图3-10所示。至此，完成了从路径2的建模。如果有必要还可以进行从路径3、从路径4的建模。

3.2.4 添加泳道

前面讲过，泳道对于提高活动图的可读性非常有益，在本例中也不例外。在上一节中，我们把活动图分成了三个泳道（如图3-6所示）。第一个泳道是“仓库管理”子系统，第二个是“合同管理”子系统，第三个是“财务管理”子系统。读者可以参照图3-6自行完成对图3-10泳道的添加。

注意，由于现在还处于需求分析阶段，为了便于与客户交流，尽量避免在活动图中使用不易于客户理解的专业术语来描述任何对象。例如在这里不要使用“仓库管理类”、“合同管理类”和“财务管理类”这样的专业术语描述泳道中的对象，而使用“子系统”的抽象概念更便于理解，可以让程序开发领域之外的人也能够阅读和理解你的活动图。

添加泳道的过程其实也是一个对主路径进行再补充、扩展和完善的过程。因此，在这里我们也可以反复地向活动图添加更多的细节和分支判断等情况处理。

3.2.5 改进高层活动

对于一个复杂的面向对象系统来说，需要很多个活动图对其进行描述。将这些描述系统不同部分的活动图按照结构层次关系进行排列，可以更简洁、清晰地展示该系统的活动。在一个活动图中，其中的一些活动可以分解为若干个子活动或动作，这些子活动或动作可以组成一个新的活动图。

采用按结构层次关系描述系统活动图时，可以在最高层只描述几个组合活动，其中的每个组合活动的内部行为可以在展开的低一层活动图中进行描述，这样便于突出主要问题，使图示更加简洁明了。

例如，在图3-6描述的销售合同从签订到履约的活动图中，其中“财务管理”泳道里的“核对付款单”活动状态，就是一个组合活动。该组合活动内嵌套一组子活动和动作，这些子活动和动作可以组成一个活动图。图3-11的“核对付款单”子活动图就是用于详细描述“核对付款单”组合活动。

在图3-11中，子活动图上方的第一个活动注明了子活动的名称，该子活动名称与图3-10中的对应组合活动的名称相同。子活动图详细描述了“核对付款单”内部具体的活动和动作，该子活动有自己的起始状态和结束状态。启动起始状态后，就进入“核对付款单”活动状态，第一步要核对合同，以便确定该付款单与哪个合同有关。要排除无关合同，找到对应合同，然后对历次付款金额进行累加。累加后，将累加结果与合同总金额比较，如果等于合同总金额，说明全部金额交齐，应注明合同客户已经完全履约。如果少于合同总金额，说明全部金额没有交齐，合同客户尚未完全履约。不管合同客户是否完全履约，只要付款，就应该按付款额度发付相应的货物。

如果将该子活动图在图3-10中画出，会使活动图的画面显得拥挤、繁杂、零乱；但如果将其作为低一层子活动图，使结构层次更加清晰、简洁明了。

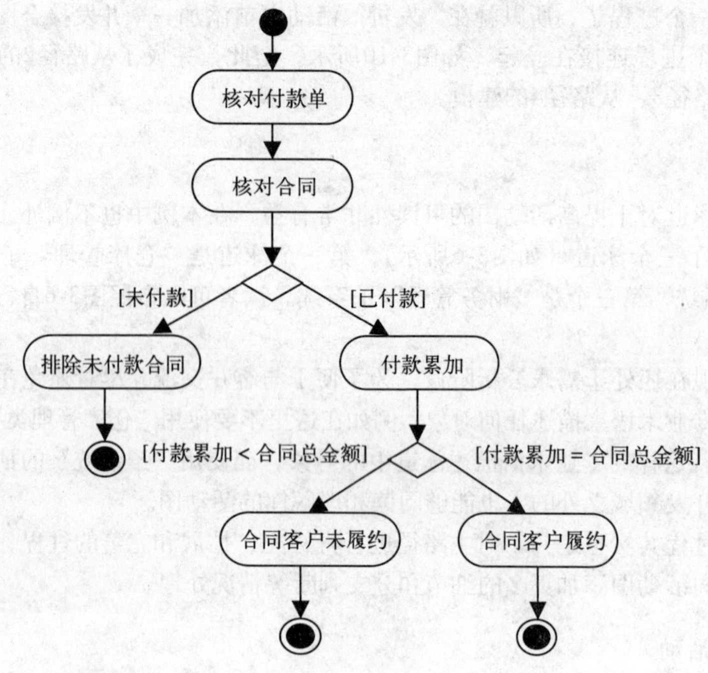

图3-11 “核对付款单”子活动图

3.2.6 对细节进行完善

活动图建模的最后一个步骤中强调了反复建模的观点。在这一过程中，需要添加更多细节，以便对前面创建的活动图进行补充和完善。

细心的读者可能会发现，如果把添加了泳道之后的活动图（图3-10所示）与“带泳道的销售合同从签订到履约的活动图”（图3-6）相比较，会发现其中少了“制作并发放出库单”这个活动，而将“制作并发放出库单”作为细节添加到活动图中就是这一步要完成的工作。“制作并发放出库单”相对于“核对货物清单”这个活动而言是一个独立的活动，因此将其从“核对货物清单”活动中分离出来，使整个活动图就更加清晰了。

3.3 系统建模过程

3.3.1 创建活动图

启动Rose，在启动页面上选择“Existing”选项卡，选择前一章创建的“企业综合信息管理系统”（或“进销存管理子系统”）的保存路径与文件，单击“Open”按钮，即可打开“企业综合信息管理系统”模型，如图3-12所示。打开后，在视图左边的浏览器窗口内“Use Case View”的图标上单击鼠标

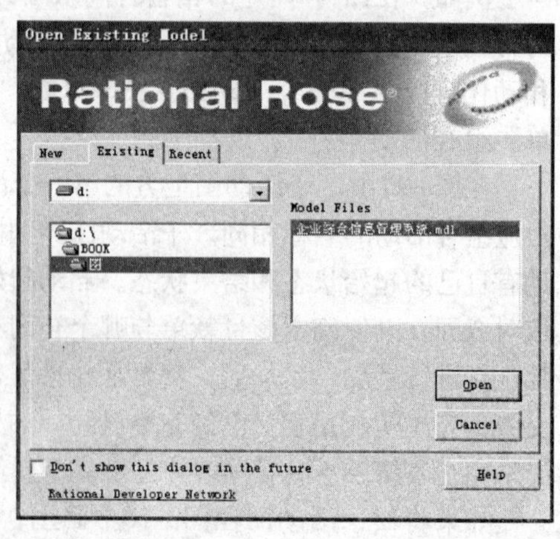

图3-12 打开已存在的项目

右键，在弹出的菜单中选择【New→Activity Diagram】，如图3-13所示。

Rose会在用例视图“Use Case View”文件夹下创建“State/Activity Model”子文件夹，文件夹内存放新建的活动图文件，文件默认的名字为“New Diagram”，右键单击活动图图标，在弹出的菜单中选择重命名【Rename】，可以更改创建的活动图的名字，如图3-14所示。

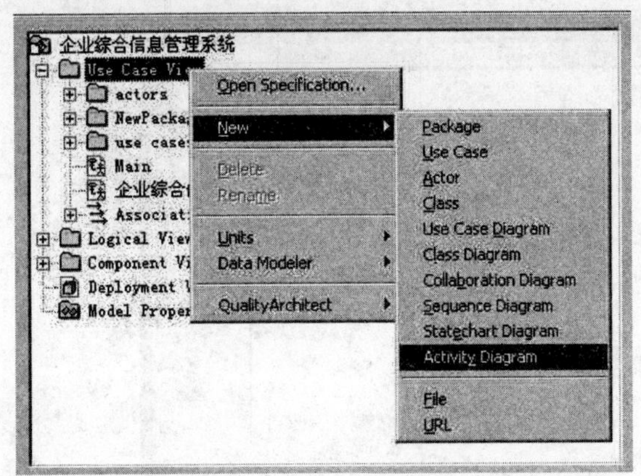

图3-13　在用例视图“Use Case View”中创建活动图

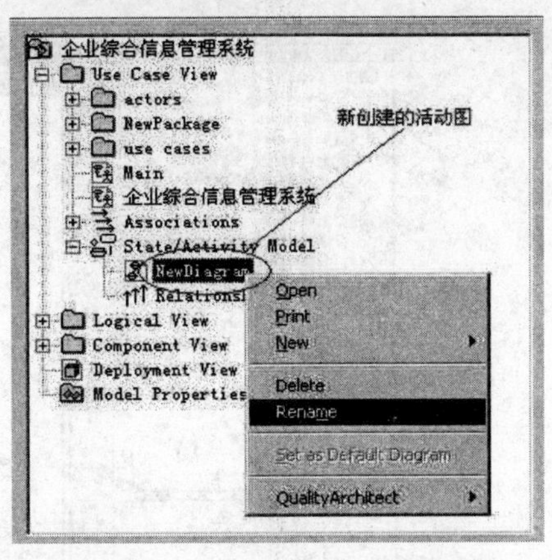

图3-14　为新创建的活动图重命名

这里我们把活动图重命名为“销售合同从签订到履约的活动图”。

然后双击活动图的图标，打开活动图编辑窗口，准备在这里绘制活动图。如图3-15所示。

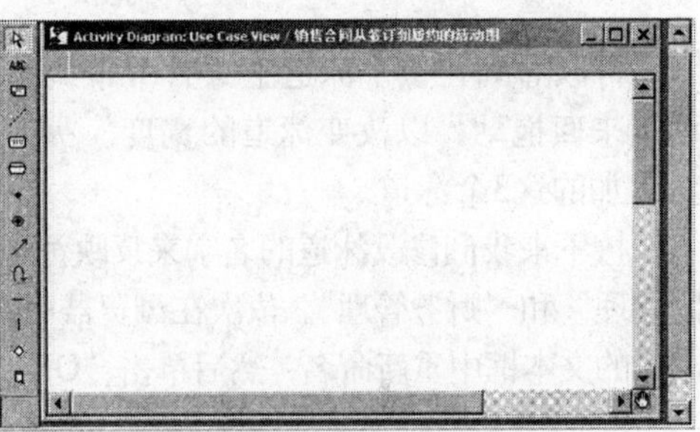

图3-15　活动图的编辑窗口

3.3.2　活动图工具栏按钮简介

要绘制活动图，必须要使用活动图工具栏。打开活动图编辑窗口之后，模型图工具栏也发生改变，变为活动图的工具栏，其中各个按钮的图标、名字及其作用如图3-16所示。

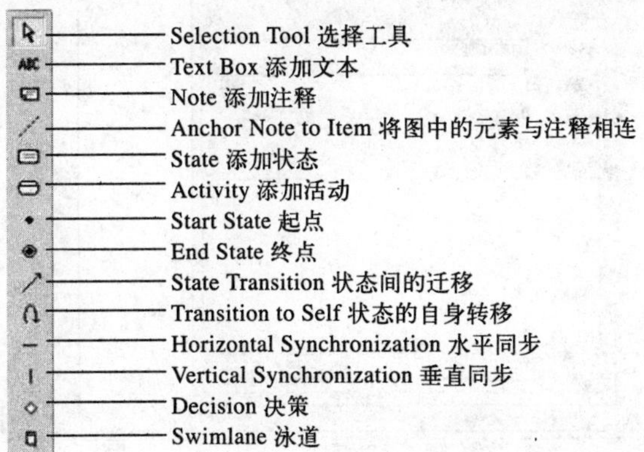

图3-16　活动图工具栏

3.3.3 添加泳道

泳道用于将活动图中的活动分组。我们首先为活动图添加泳道。单击工具栏中的泳道图标按钮，然后在活动图编辑窗口中单击鼠标，泳道就绘制出来了。在本例中我们先为活动图添加3个泳道，如图3-17所示。

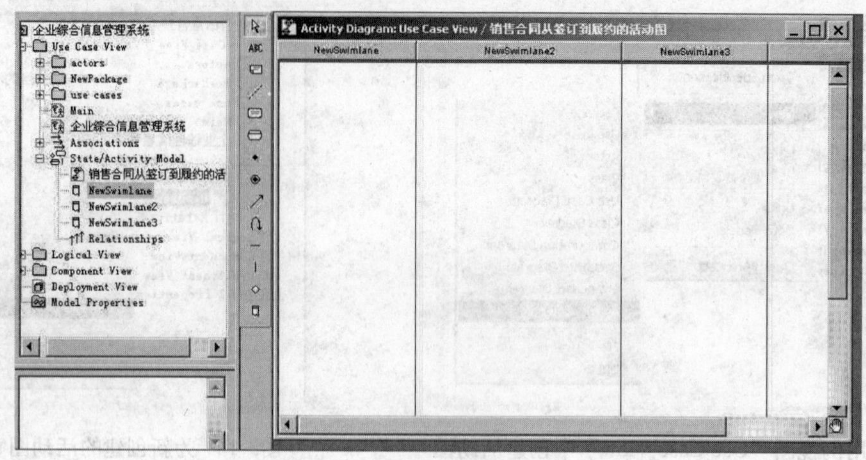

图3-17 为活动图添加新泳道

可以看到在每个泳道上方有个带调整线的标签，标签上显示的名字为泳道的名字，调整线可以来回拖动，以改变泳道的宽度。另外还可以看到在浏览器窗口中的活动图下方，也出现了新添加的这3个泳道。

接下来我们修改泳道的名字来反映泳道的分组情况，将三个泳道分别命名为“仓库管理”、“合同管理”和“财务管理”。依次在浏览器中双击三个泳道标签，打开泳道的属性对话框，在“Name”字段的文本框中重新命名，然后单击“OK”按钮，即可修改三个泳道的名字，如图3-18所示。

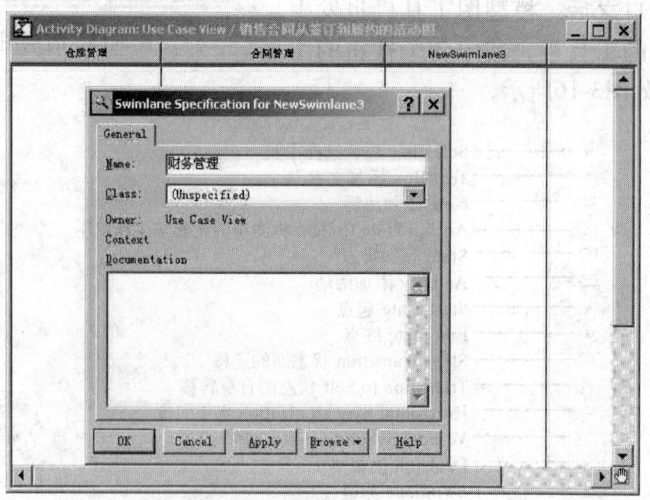

图3-18 修改泳道的名字

3.3.4 添加初态活动

单击工具栏中的初态图标▪，然后在“合同管理”泳道最上方单击鼠标左键，即可为活动图加入初态活动。另外，用同样的方法单击工具栏中的终态图标▪按钮可以为活动图加入终态活动。这里我们先为活动图添加一个初态活动，如图3-19所示。注意，可以通过用鼠标拖动活动图中的元素的方式来改变它们的位置。

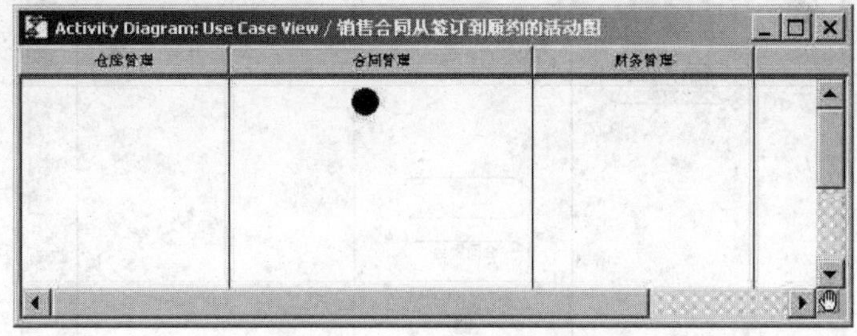

图3-19 添加初态活动

3.3.5 添加新活动

单击工具栏中的图标按钮▭，然后在绘制区域要绘制活动状态的地方单击鼠标左键，即可为活动图添加一个活动。图3-20显示了在活动图中新添加一个活动的结果。

可以修改活动的名字“Name”和文档说明“Documentation”等属性：双击绘图区中相应的活动状态图标，打开属性对话框，选择“General”选项卡，即可修改活动的名字和文档说明，如图3-21所示。另外，选中要修改的属性的活动状态图标，单击右键，在弹出的菜单中选择【Open Specification...】菜单项，也可以打开属性设置对话框。

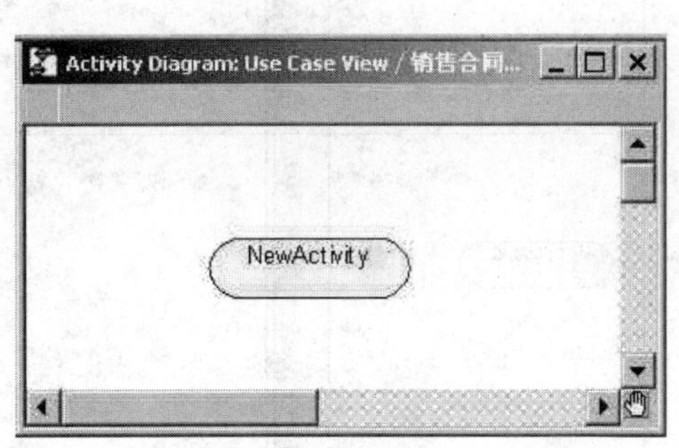

图3-20 在活动图中添加了一个新活动

图3-21 活动属性对话框

了解了添加新活动和修改属性的方法之后，我们就可以按照图3-6的布局，为活动图添加所有活动，并在活动“核对货物清单”和“核对付款单”旁边、及活动“合同履约”下方，各添加一个终态，如图3-22所示。

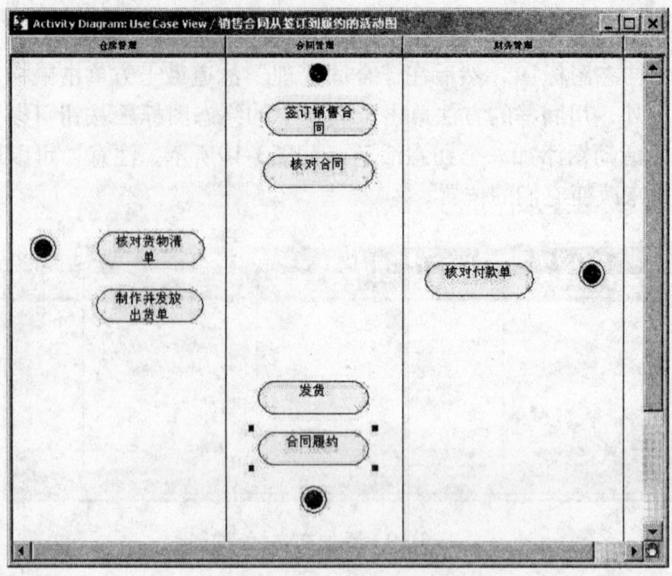

图3-22 添加新活动和终态活动

3.3.6 同步活动

同步活动描述对象的并发行为。同步分为水平同步与垂直同步，两者在表达的意义上没有任何差别，只是为了画图的方便才分为两种。单击工具栏的图标按钮 — 或 ，然后在活动图适当地方单击鼠标左键，即可添加同步。我们按照图3-6的布局，在“合同管理”泳道的相应位置为活动图添加两个水平同步，如图3-23所示。

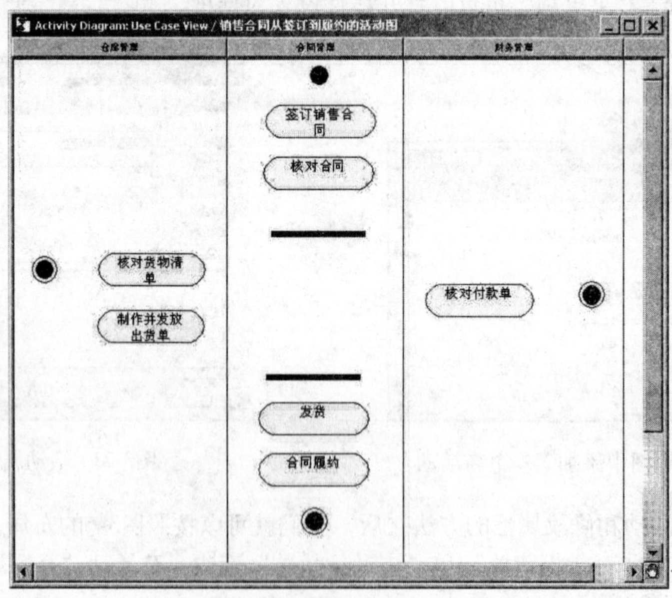

图3-23 添加同步轴

3.3.7 添加转移动作

单击工具栏中的图标按钮，然后按住鼠标左键，从动作流开始的活动向目标活动之间拖动鼠标，在这两个活动之间就会出现一条带箭头的直线，这就是为活动图添加的转移。如图3-24所示。

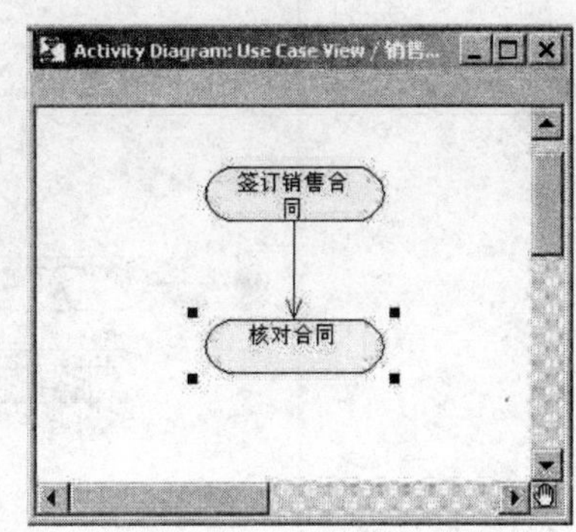

图3-24 活动与转移

活动流可以在必要的时候增加事件或监护条件。事件导致活动从一种活动转变到另一种活动。在框图中，事件可以用操作名和有意义的字符串表示。监护条件前面已经做过介绍，只有当监护条件为真时转移才开始。双击转移的图标，打开转移的属性对话框，选择“General”选项卡，然后在事件“Event”编辑框中输入文字，即可为转移添加事件，如图3-25所示。如果在转移的属性对话框中选择“Detail”选项卡，然后在监护条件“Guard Condition”编辑框中填入文字，即可为转移增加监护条件，如图3-26所示。

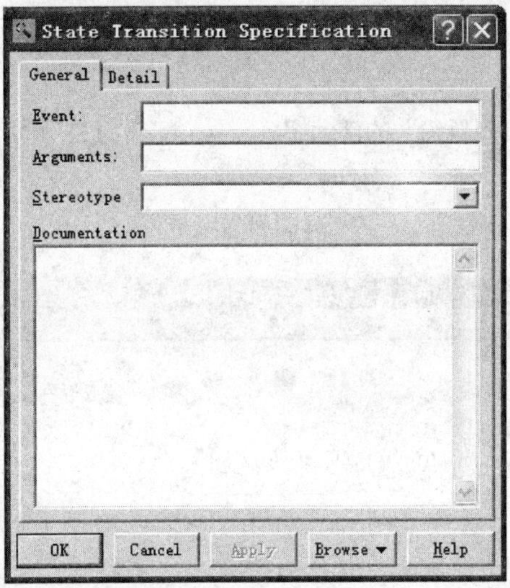

图3-25 为转移添加事件

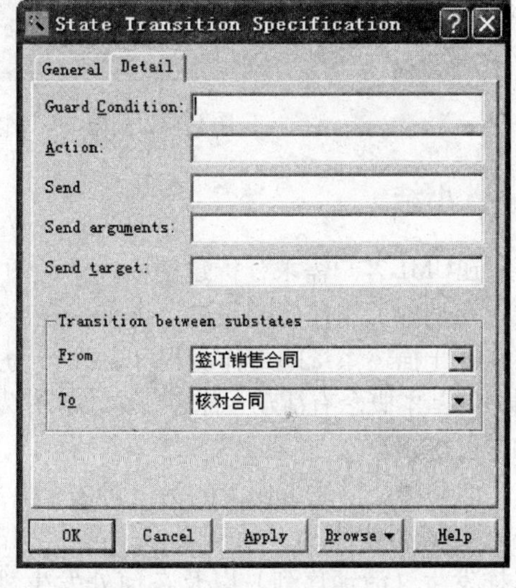

图3-26 为转移添加监护条件

按照上述操作步骤，结合图3-6所示的活动图，我们完成对活动图中的其他活动添加转移，并为“核对货物清单”和“核对付款单”两个活动的四个转移添加监护条件。

至此，“销售合同从签订到履约的活动图”就全部完成，结果如图3-27所示。

3.3.8 分支判断

在UML中，分支判断用菱形图符来表示，分支图符可以有一个进入转移，两个或更多的带有监护条件的发出转移。要增加分支判断，单击工具栏中的图标按钮，然后在活动图编辑窗口的适当地方单击左键即可。图3-28所示为一个包含分支判断的活动图。

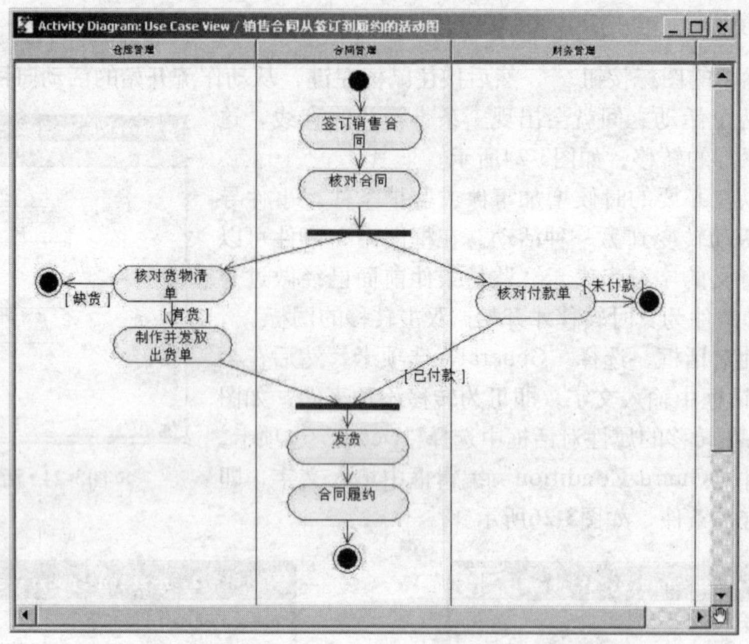

图3-27　完整的“销售合同从签订到履约”的活动图

3.4　小结

在UML客户需求分析建模中，活动图用来对重点用例的工作控制流程进行详细描述。活动图重点在于描述系统的工作流程和并发行为。活动图中的基本概念有活动、泳道、分支、并发分劈、和并发接合等。

活动图是描述工作流的另一种方式，描述系统进行了哪些活动、做什么（对象状态改变）、怎样发生（活动序列）以及在何处发生（泳道）等。

活动图的创建步骤分为6步：标识用例、建模主路径、建模从路径、添加泳道、改进高层活动和对细节进行完善。

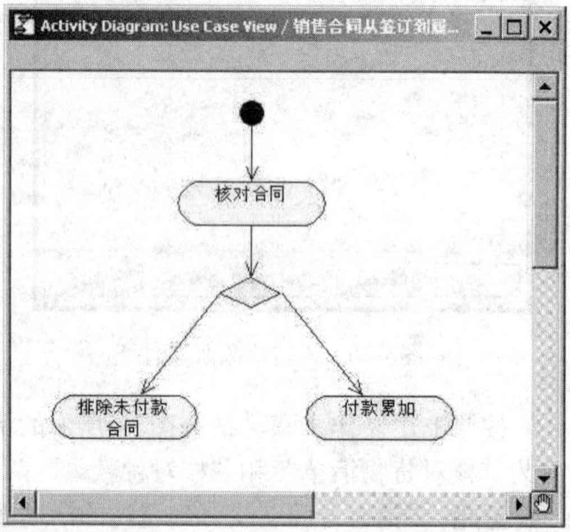

图3-28　一个包含分支判断的活动图

3.5　评价标准

本节课程设计的目的是熟悉活动图的创建，对某个重点用例，根据其事件流，使用Rose正确、准确地勾画出活动图，就可获得75的成绩。如果能够进一步修改原先的工作控制流获得更完善的活动图，则可以获得85分的成绩。如果出现错误，则不应高于75分。

对于能够独立建立自选课题活动图模型的同学则可以给90分以上。

第4章　客户需求分析规格说明书

在面向对象软件开发中，类显然是构建整个系统的基本构造块。但是一个庞大而复杂的应用系统所包含的类往往会达到几十个甚至上百个，再加上这些类之间“阡陌纵横”的关联与交互，以类图来描述整个系统必然会大大超出人们可以处理的复杂程度。而采用子系统的方式进行描述，可以把复杂问题简单化，UML中用包来表示子系统。包是一种分组机制，它能够把相关的用例或类等模型元素组织为组。本章还给出了客户需求分析报告的格式以及文档案例。

本章目的

- 了解用包模型来描述系统体系结构（用例模型）的方法
- 掌握用Rose进行包图建模的具体方法和步骤
- 掌握书写客户需求规格说明书的基本格式

包是UML中的一种分组机制，它能够把诸如用例或类等模型元件组织为组（子系统）。在面向对象的软件开发过程中，一个复杂而庞大的应用系统所包含的类将多达百余个，再加上类之间各种复杂的关系，要从全局的角度清晰地描述和展现系统的体系结构难度很大。采用“包”的分组形式将整个系统分解成若干个“子系统”组成的层次结构，可以将复杂问题简单化，以简洁、清晰的体系结构描述整个系统。

4.1　基本概念

4.1.1　包的作用

在UML中，包是一个构造块、一种分组机制，也是一个UML建模元素的容器。通过包可以把类、用例、构件等元素聚集在一起，构成更高抽象层次的元素单位。人们可以将它们作为一个组合元素来进行可视化描述。包没有实例。

通过包，可以对语义联系紧密的UML元素进行分组，从而创建出导航性、结构性更好的模型。从概念上看，它的作用包括：

1）对语义上相关的元素进行分级。

2）定义模型中的“语义边界”。

3）提供配置管理单元。

4）在设计时，提供并行工作的单元。

5）提供封闭的命名空间，其中所有名称必须具有唯一性。

4.1.2 包的图符

在UML中使用一个文件夹式的图符来表示包，每个包都有一个包名，用来唯一标识这个包。包名应该能够反映整个包的内容，使人能够直观地了解该包。

包名有两种形式：简单名和路径名。图4-1a和图4-1b中的包名是简单名，包名“界面”是个字符串，包的名称既可以标识在包图的中间，也可以放在左上角的小方框内。路径名是以该包所在的外层包的名称作为前缀的包名，图4-1c中的包使用的就是路径名，该包的名称为“数据库界面”，且该包是属于“界面”包。

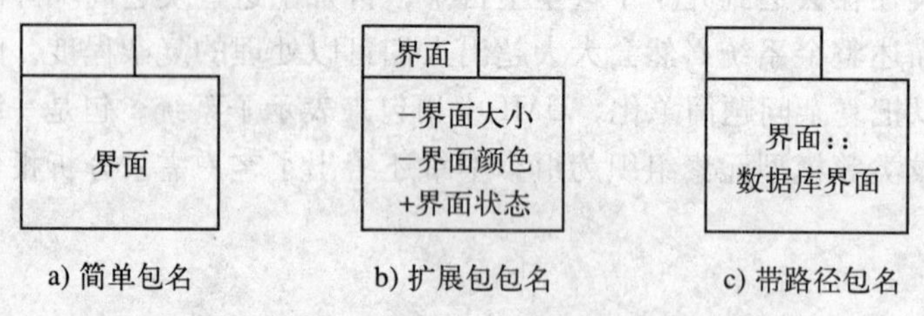

图4-1　包的图符和包名

根据包中表示的内容的不同可以将包分为简单包和扩展包。图4-1a和图4-1c中的两个包为简单包，包图中只显示了包的名称，里面没有其他信息；图4-1b中的包为扩展包，包图中不但显示了包的名称，还包括了包中内涵的一些内容。

4.1.3 包中的元素

在一个包中可以拥有各种其他元素，包括类、接口、构件、节点、协作、用例，甚至是其它包或图。这是一种组成关系，意味着这些元素是在该包中声明的，因此一个元素只能属于一个同级包。

每个包都意味着一个独立的命名空间，因此不同包内的元素可以重名，但由于这些同名元素所处的包不同，因此其全名（所隶属的包名::元素名）仍然是不同的。

在表示包拥有的元素时，有两种方法：一种是在框中列出所含元素，一种是在框中画出所含元素。

4.1.4 包的层次结构

包是UML中的一种分组机制，可以用“包”将一个系统分解成由若干个“子系统”组成的包的层次结构，这样可以使复杂问题简单化，以简洁、清晰的体系结构描述整个系统。当然，在层次结构下，叶结点上的包可以展开成一个用例图或类图。

图4-2用包（子系统）的层次结构描述了一个“教务管理系统”。在该图中，每个包表示一个子系统。该系统包括两个子系统：“本科生教务管理”和“研究生教务管理”。“本科生教务管理”子系统又可以进一步展开为4个下属子系统：“课程管理”、“选课管理”、“学生成绩管理”和“任课教师管理”。当然，“研究生教务管理”也可以进一步展开为一系列下属子系统。包与包之间的关系与用例之间的关系相同。在图4-2中，每个包“依赖”于其下属的子包。

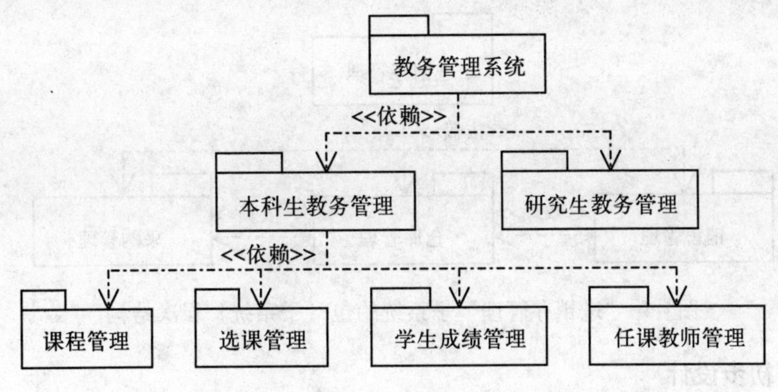

图4-2 “教务管理系统”的包（子系统）层次结构

4.2 案例分析

在本章的案例分析中，以第3章客户需求分析建立的“企业综合信息管理系统”的用例模型为基本案例进行系统体系结构包图分析。

在客户需求分析中，不仅要建立系统用例模型、重要用例的活动图模型、系统体系结构模型和系统的软硬件运行环境，还应根据客户要求给出该系统的用户使用界面、客户原有系统中使用的报表以及业务流程单据的格式等。

4.2.1 系统结构包图分析

为了完整、清晰地描述一个复杂的大系统，可以使用包对软件系统体系结构进行视图建模，可以把系统分解成几乎是互不相关的包。包不仅表达了一组体系结构上的重大决策，而且每个包都拥有与相应视图密切相关的所有抽象。系统可以由多个包（子系统）组成，包还可以包含子包，形成层次结构。

第2章客户需求分析中产生的用例模型，也可以用包的层次结构进行描述。对于图2-6的用例图，可以描述为图4-3所示的包层次结构图。

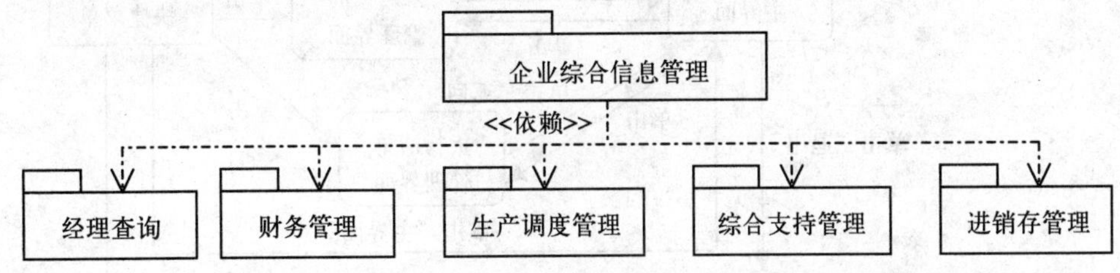

图4-3 “企业综合信息管理系统”的包（子系统）层次结构

还可以对图4-3的最高层包图中的各个子包（子系统）进一步展开，形成各自的包图。这里以“进销存管理”包为例展开其下属的子包。根据第2章客户需求分析中产生的图2-8用例图，可以将其描述为图4-4所示的包层次结构图。

读者可以自行对各个包（子系统）展开成一个下属包图，这里就不详细介绍了。

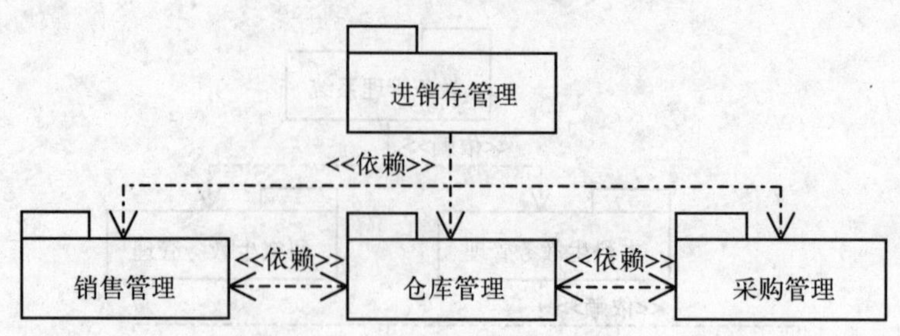

图4-4 “进销存管理”子系统的包（子系统）层次结构

4.2.2 用户界面初步设计

根据不同的项目需求，可以决定是否对用户界面进行初步的设计，这项工作是可选的。但是对于“进销存管理系统”的开发而言，建议大家还是在需求分析阶段对用户界面进行必要的设计，这样也能够对设计阶段的工作起到指引作用。

1. 确定界面风格与流转

不同界面之间的流转也可以通过UML模型来表示。但在UML规范中并没有专门的图形表示，因此在不同的UML建模的书中会推荐大家使用不同的模型，例如类图、构件图、状态图等。但从语义的角度来看，笔者认为状态图表现力更好一些。对于本例而言，图4-5是一种可选的界面流转过程。

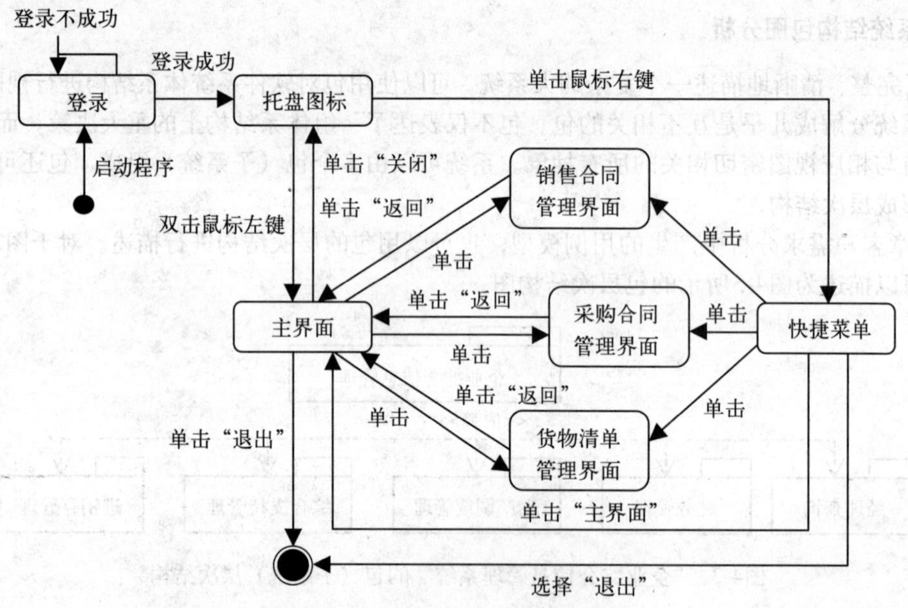

图4-5 界面流转示意图

下面逐一介绍每个界面的功能。

1）登录界面：一启动程序就显示该界面，用来进行用户登录。

2）托盘图标：程序启动后只在Windows托盘（屏幕右下方显示的图标区域）上显示一个

程序图标。

3）主界面：进销存管理系统的主要用户界面。

4）快捷菜单：在托盘图标上右击，将出现快捷菜单，可以快捷实现退出/进入销售合同管理界面、采购合同管理界面、货物清单管理界面等操作。

5）销售合同管理界面、采购合同管理界面、货物清单管理界面：单击可分别进入各个分界面。

2. 制作界面原型

当确定了用户界面流转过程后，还可以对每个界面原型进行设计。在制作界面原型时，可以使用快速开发工具或诸如DENIM的用户界面设计工具，也可以使用Visio，甚至可以用纸和笔。例如，图4-6显示了快捷菜单和登录窗口的简单界面设计。图4-7是进销存管理系统工作界面示意图之一，显示出库单的详细内容，表示用户在操作“销售管理”的“出库单据”。当然，还可以在这些界面示意图的基础上，进一步说明每个按钮的功能以及流程，以明确用户界面的使用过程。

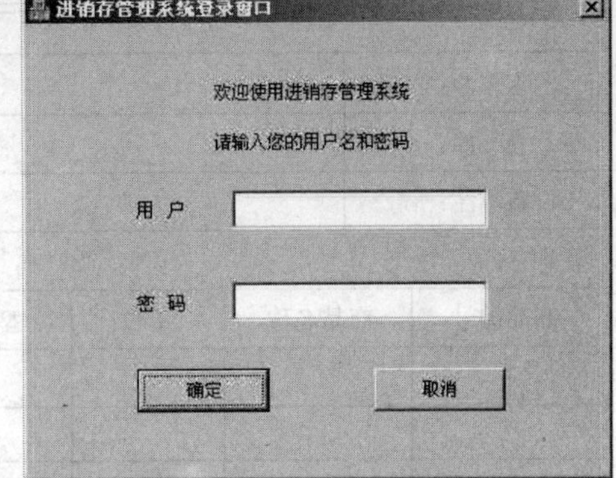

图4-6 进销存管理系统登录界面

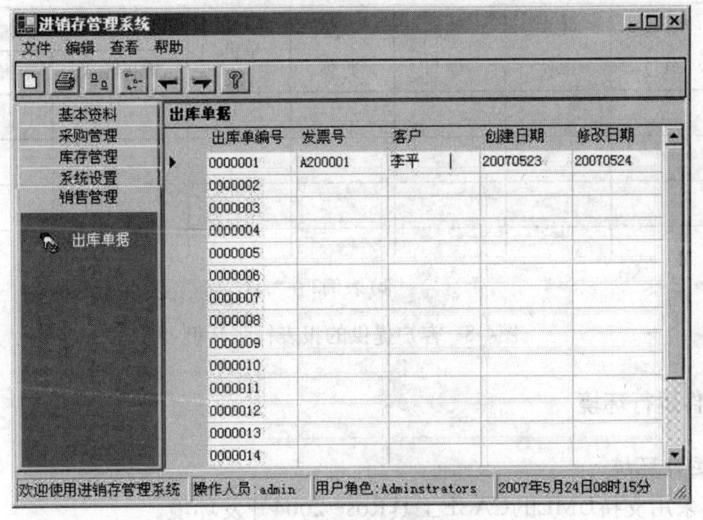

图4-7 进销存管理系统工作界面示意图

3. 小结

用户界面设计对于需求建模而言是一个有益的补充。通过用户界面原型，能够更好地与用户达成共识；同时，也可以使开发人员能够对系统有更加感性的认识，从而更有效地进行系统开发，减少理解上的偏差。在微软等大型软件公司，产品的定义文档中就包含了大量的用户界面原型。

4.2.3 客户提供的报表格式

在客户需求分析阶段需要收集客户在实际业务往来中使用或产生的各种报表和单据，作为系统输入/输出基本格式和类定义的参考。这里只给出2份客户提供的报表，如图4-8所示。

销 售 凭 单

单据编号：
填单日期：　年　月　日

客　户：		经手人：	
仓　库：			
备　注：			

具体明细表

商品编号	商品名称	单位	型号	规格	数量	单价	金额	备注

a) 表例1

商品销售统计表

填表人：　　填单日期：　年　月　日

商品编号	商品名称	计量单位	往来单位	单据编号	单据类型	单价	销售数据		
							销售收入	销售日期	销售数量

b) 表例2

图4-8　客户提供的报表样张举例

4.2.4 系统软硬件运行环境

1. 系统软件运行环境

1）系统建模采用支持UML的CASE工具Rose 2004开发环境。

2）本系统实现语言采用Microsoft VC++ 6.0和Java混合编程。

3）数据管理采用Microsoft SQL Server 2000数据库管理系统。

4）系统操作平台采用微软的Windows XP。

5）采用XX.XX网络操作系统。

6）服务器端系统的运行环境：Windows 2000 Server。

7）客户机运行环境：Windows 2000。

2. 系统硬件运行环境

"企业综合信息管理系统"共有3台服务器，28台用户终端机。

1）用户终端机：采用联想PC-100，内存512MB，硬盘80GB，大屏幕液晶显示器。

2）服务器：联想PC-1000，内存1GB，高速硬盘组200GB，高速缓存，液晶显示器。

3）网络：采用XX.XX网络建立的局域网。

4）后台服务器支持系统硬件要求：CPU Pentium Ⅳ 3.0以上，内存容量2GB以上，硬盘500GB以上。

4.3 系统建模过程

在本节中，我们将通过对"企业综合信息管理系统"创建包图，来说明在Rose中绘制系统包图的过程。

4.3.1 创建一个新包图

包图既可以在Rose的逻辑视图"Logical View"中创建，也可以在构件视图"Component View"中创建，这里，我们将介绍在"Logical View"中创建包图的两种方法。

1. 方法一

根据3.3.1节的方法，打开事先创建好的"企业综合信息管理系统.mdl"模型文件，在Rose程序界面中，用鼠标左键选中逻辑视图"Logical View"图标，单击鼠标右键，在弹出的菜单中选择【New→Package】，如图4-9所示。

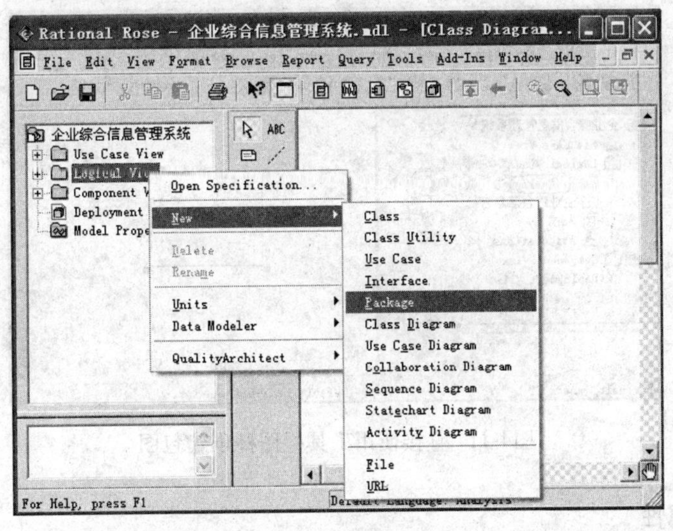

图4-9 新建包图

这时，系统在"Logical View"文件夹下创建了一个新的包图文件夹，默认名为"NewPackage"，用鼠标左键选中新包图，单击鼠标右键，在弹出的菜单中选择【Rename】,将新创建的包图更名为"企业综合信息管理系统"，按住鼠标左键不放，将"企业综合信息管理系统”包图拖至“Logical View”窗口中，其结果如图4-10所示。

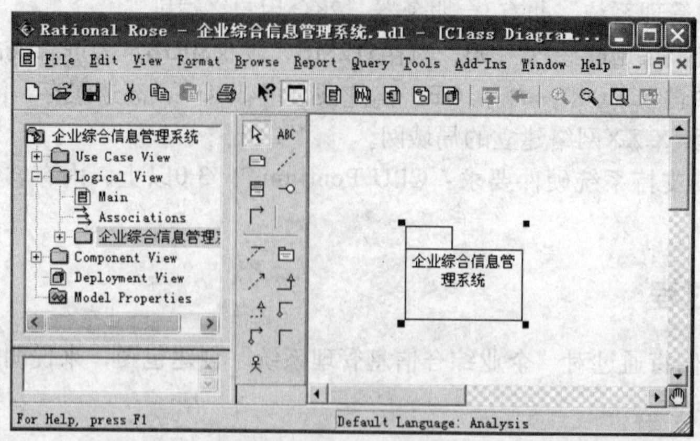

图4-10 为新创建的包命名

在“Logical View”中创建包以后，可以选中所创建的包，用鼠标将其拖到右边的绘制区域。此时，在绘制区域会出现创建的包的图标。

2. 方法二

我们也可以直接在“Logical View”的工具栏中选择添加包图标，然后在视图窗口中单击鼠标左键，此时出现一个默认名为“NewPackage”的包图，同时，在浏览器窗口的“Logical View”文件夹下添加了一个新建的包图子文件夹“NewPackage”，如图4-11所示。

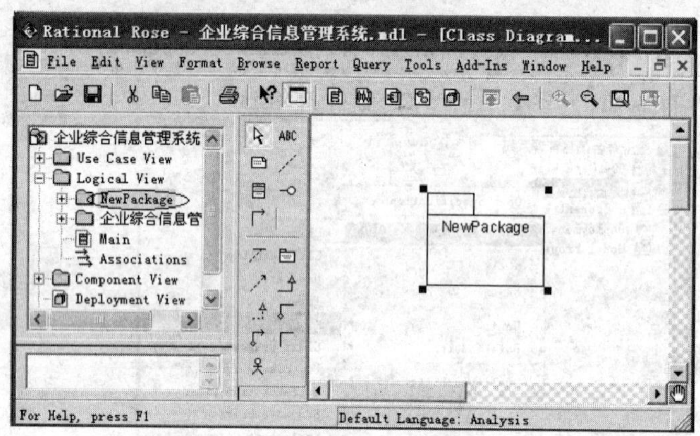

图4-11 直接使用工具栏图标创建包图

4.3.2 修改包的属性

在逻辑视图“Logical View”窗口中，在包图上单击鼠标右键，在弹出的菜单中选择“Open Specification...”，打开包图属性设置对话窗口，在这里，我们可以修改包的属性信息，如包图的名字“Name”和文档说明“Documentation”等。

要修改包的属性，我们还可以双击左边浏览器窗口中“Logical View”文件夹下的包图标

(也可以右键单击包图，在弹出的菜单中选择“Open Specification...”)，直接弹出包图的属性对话框，修改完毕后单击“OK”按钮，保存对属性的修改，如图4-12所示。

我们可以把这个新建的包重命名为“企业综合信息管理系统”。

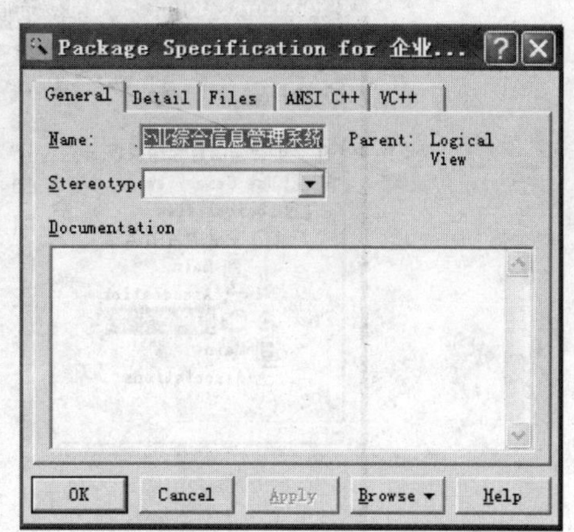

图4-12 修改包的属性

4.3.3 在包中添加元素

我们已经知道，包图内可以拥有其他的元素，包括类、接口、构件、用例等，甚至可以是各种图或其他包。

在包图中添加元素的方法是：在浏览器窗口中用鼠标右键单击一个包图，在弹出的菜单中选择【New】菜单项，根据需要可以在弹出的菜单中为包图添加类、用例、接口、包、类图、用例图等元素。

例如，我们要给包图添加一个类图，可以在浏览器窗口中右击包图“企业综合信息管理系统”，然后在弹出的菜单中选择【New→Class】，即为包添加了一个新的类，如图4-13所示。添加完成之后，还可以给包内的元素重命名，或设置其他属性。

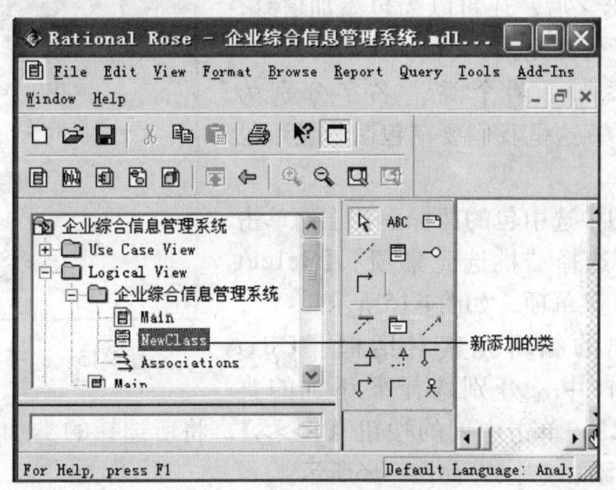

图4-13 为包添加了一个类

再如，我们为包“企业综合信息管理系统”添加一个名为“财务管理系统”的包。按照上述操作，在浏览器窗口中右击包“企业综合信息管理系统”，在弹出的菜单中选择【New→Package】，即为包添加了一个新的包，然后我们把这个包重命名为“财务管理系统”，并把它从浏览器窗口拖放到“Logical View”窗口中，结果如图4-14所示。

从上图中我们可以看到，在浏览器窗口中的“企业综合信息管理系统”文件夹下，新增加了“财务管理系统”子文件夹。而在逻辑视图窗口中，拖放的“财务管理系统”包图的名字下面有一个括号，里面的文字表示这个包是“企业综合信息管理系统”包的子包。而“企业综合信息管理系统”不是任何包的子包，所以它的图标名字下面就没有类似的括号。

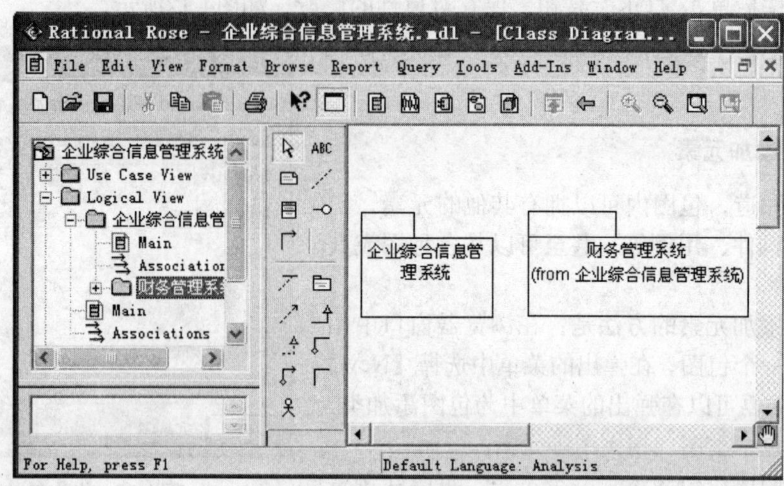

图4-14 在包中添加另一个包

4.3.4 增加包的信息

在为包添加了元素之后，还可以为包添加信息，更直观地展示它包含了什么元素。

假设包中已经添加了两个类，名字分别为“Class1”和“Class2”，这里我们要在包图中显示包中包含了这两个元素。

首先，在逻辑视图中选中包的图标，在上面单击右键，在弹出菜单中选择“挑选元素项”【Select Compartment Items...】菜单项，如图4-15所示。

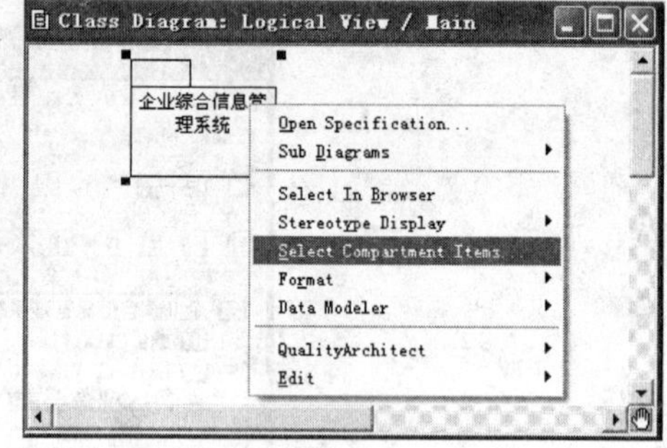

图4-15 选择打开编辑元素对话框

接下来，在弹出的编辑元素对话框“Edit Compartment”窗口中，分别选择要添加的类“Class1”和“Class2”，单击中间的按钮【>>>>】，将所选择的类加入到包中(也可以选择【ALL>>】按钮一次性添加完全)，如图4-16所示。

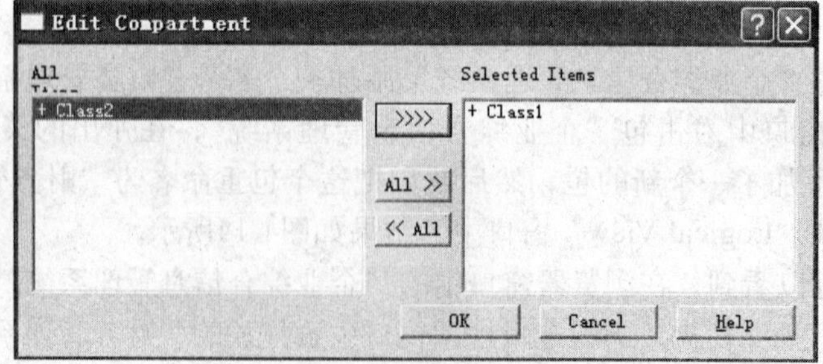

图4-16 为包的信息添加元素

添加完毕后单击“OK”按钮，我们看到视图窗口中包图的图标变成了如图4-17所示的形式，其中类名前的加号表示加入包中的类是公有的。

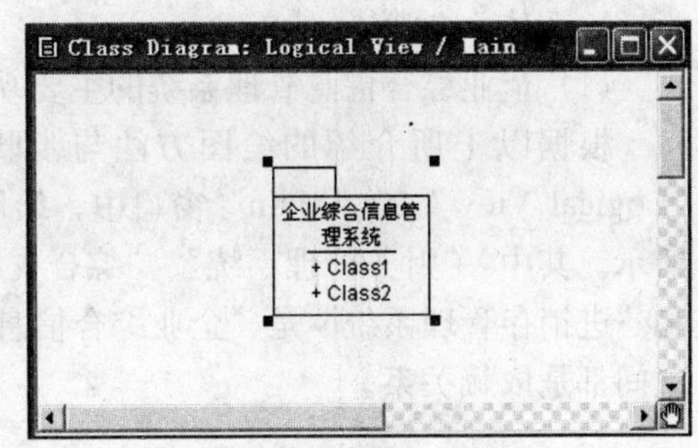

图4-17 显示包中的类

4.3.5 增加包之间的依赖关系

依赖关系是两个包之间的关系。在前面，我们已经在逻辑视图编辑窗口中创建了两个包的图标，其中一个为“企业综合信息管理系统”，另一个为它的子包“财务管理系统”。根据前文我们知道，“企业综合信息管理系统”依赖于“财务管理系统”，这里我们要为这两个包添加依赖关系。

在工具栏中，选择依赖 ↗ 图标，按住鼠标左键，在子包图“财务管理系统”和父包图“企业综合信息管理系统”间添加依赖关系图标，结果如图4-18所示。

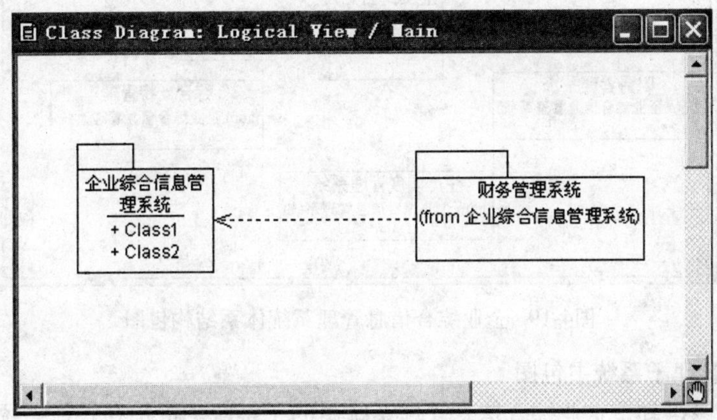

图4-18 建立包间的依赖关系

4.3.6 删除包

我们可以从视图窗口区或者整个模型中删除包，如果从整个模型中删除包，则包的所有内容将被删除。

（1）从视图窗口区删除包

首先，选中所要删除的包图标，然后按下Delete键即可。注意：这个包将从视图窗口区删除，即不可见，但是在左边的浏览器窗口中它仍然存在，也就是说这个包仍然存在于这个模型中。

（2）从整个模型中删除包

要从整个模型中删除包，需要在“Logical View”左边浏览器窗口中右键单击所要删除的包图文件夹，从弹出的菜单中选择【Delete】菜单项，即可从整个模型中删除包，这时视图窗口中相应的包图也随之消失。

4.3.7 建立企业综合信息管理系统的包模型

1. 系统主包图

(1) 企业综合信息管理系统的主要功能包图

根据以上所介绍的绘图方法与步骤，以及图4-3中显示的各个包之间的关系，可以在“Logical View”的“Main”窗口中，绘制出企业综合信息管理系统的主要功能包图，如图4-19所示。其中“财务管理系统”、“综合支持管理系统”、“经理查询系统”、“生产调度管理系统”和“进销存管理系统”是“企业综合信息管理系统”的子包，子包与“企业综合信息管理系统”之间都是依赖关系。

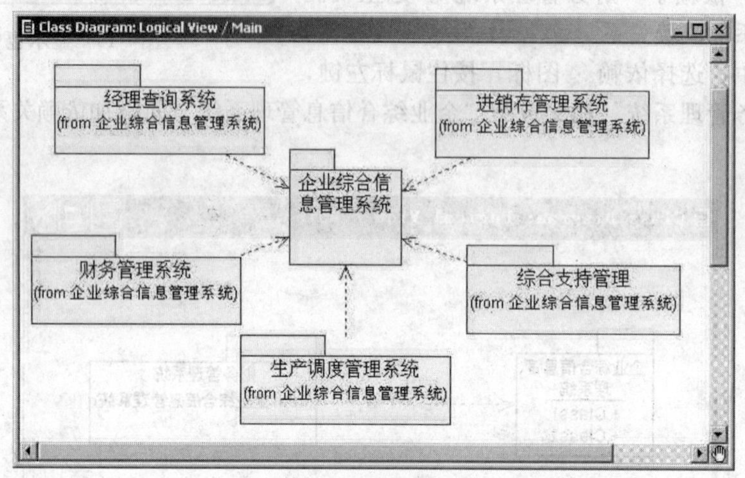

图4-19　企业综合信息管理系统体系结构包图

(2) 进销存管理子系统主包图

从图4-4中可以得知，企业综合信息管理系统中的子系统“进销存管理系统”由下属的“销售管理子系统”、“采购管理子系统”和“仓库管理子系统”组成。

所以，我们首先在浏览器窗口中，右击系统包图的“进销存管理系统”文件夹，为这个包添加三个子包：“销售管理子系统”、“采购管理子系统”和“仓库管理子系统”。为了绘制“进销存管理子系统”的包图，还需要为这个包添加一个类图，添加方法是：在浏览器窗口中右击“进销存管理系统”文件夹，在弹出的菜单中选择【New→ClassDiagram】，将类图命名为“进销存管理包图”。添加的浏览器窗口如图4-20所示。

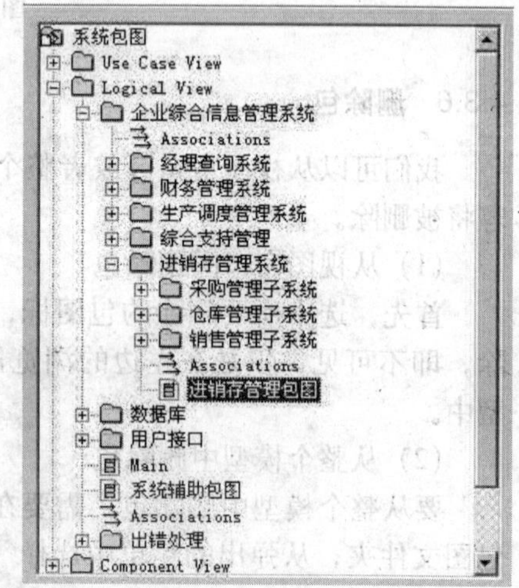

图4-20　添加子包及子包的类图

添加完子包的元素之后，我们再为子包绘制包图。双击“进销存管理包图”，打开编辑窗口，从浏览器窗口将“进销存管理系统”“销售管理子系统”、“采购管理子系统”和“仓库管理子系统”这四个包图拖放到视图编辑窗口中。然后按照上面所讲的方法为这四个包添加关系。与前面类似，子包与父包之间也是依赖关系，完成后的“进销存管理系统”包图如图4-21所示。

2. 系统辅助包图

“企业综合信息管理系统”还需要一些辅助的类来完成系统功能，这些辅助的类包括用户接口、系统出错处理、数据库支持等。

(1) 用户接口包

用户接口包中包含系统需要的所有用户接口类。用户不能直接对系统进行操作处理，只能通过这些用户接口传送消息对系统进行有限的运算调用，完成某种功能明确的操作。在系统与用户之间形成一层保护隔离，使系统更加安全，从而保证了系统的完整性。

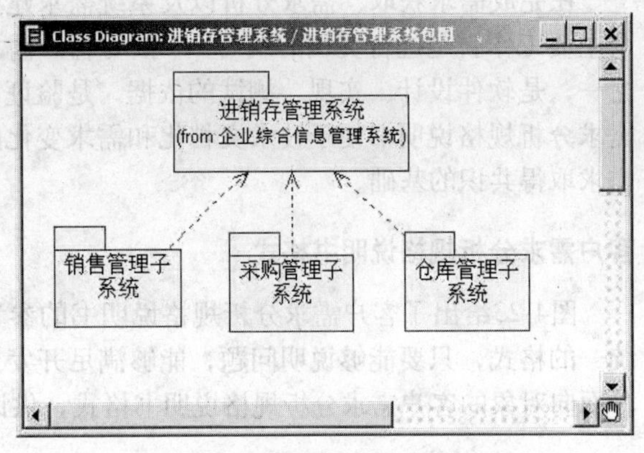

图4-21 进销存管理系统结构包图

(2) 出错处理包

在系统运行过程中，经常遇到由于用户的误操作或其操作超出系统功能范围等原因而引起系统执行出现错误的现象。例如，用户输入数据的类型与系统规定的类型不同，或者输入的数据值超出系统设计的限制，都可能导致系统执行出错而终止系统的执行。为了防止出现这种现象，一般地说，一个完整的系统都设置了很多对可能出现的执行错误进行处理的对象类，在屏幕上提醒用户现在出现了何种错误，如何正确操作等，并根据这些错误的类型进行相应的处理，例如重新输入数据，或停止这类操作转移到其他功能继续执行。出错处理机制从另一个角度保证了系统的安全。

(3) 数据库支持包

一个大的系统，需要多个数据库支持才能完成对象（数据）的持久存储功能，数据库支持包包括所有为完成这种与“数据库管理系统”交互而设立的对象类、接口等。

图4-22描述了与“企业综合信息管理系统”相关的辅助包图。

这个包图的绘制与前面类似：

- 在浏览器窗口的“Logical View”中添加三个包，将它们分别命名为“用户接口”、“出错处理”和“数据库”。
- 在“Logical View”中添加一个类图，重命名为“系统辅助图”。
- 在浏览器窗口中双击刚才添加的“系统辅助图”，打开类图编辑窗口。然后将“企业综合信息管理系统”、“用户接口”、“出错处理”和“数据库”这四个包拖放到类图中。

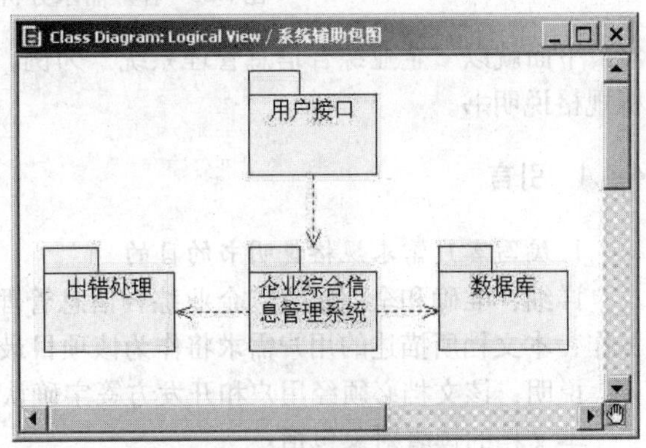

图4-22 系统辅助包图

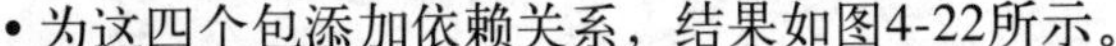

- 为这四个包添加依赖关系，结果如图4-22所示。

4.4 撰写客户需求分析规格说明书

在完成需求获取、需求分析以及系统需求建模等步骤以后，在客户需求分析阶段的最后一个主要工作就是进行文档的编写——撰写客户需求分析规格说明书。它是软件系统的重要文档之一，是软件设计、实现、测试的依据，是验证核实软件产品能否满足客户要求的标准。客户需求分析规格说明书便于技术文档化和需求变化的管理，同时也是客户与开发人员双方对软件需求取得共识的基础。

客户需求分析规格说明书格式

图4-23给出了客户需求分析规格说明书的参考格式，现行的客户需求分析规格说明书没有统一的格式，只要能够说明问题，能够满足开发人员和客户的要求就可以了。这里采用的是一种面向对象的客户需求分析规格说明书格式，供读者参考。

1. 引言
   1.1 编写需求规格说明书的目的
   1.2 项目背景（软件产品的作用范围）
   1.3 定义（术语的定义和缩写词的原文）
   1.4 参考资料
2. 软件产品的一般性描述
   2.1 运行环境与资源
   2.2 软件产品的功能（用例模型）
   2.3 用户特征
   2.4 限制与约束
3. 功能行为需求
   3.1 引言
   3.2 业务需求功能模型——用例模型
   3.3 相关用例的展开——活动图
   3.4 对象类模型
   3.5 输出结果与格式
4. 性能需求
   4.1 数据精确度
   4.2 时间特性（响应、传输、运行时间等）
   4.3 适应性（运行环境、计划发生变化等应具有的适应能力）
   4.4 故障处理
5. 运行需求
   5.1 用户界面（屏幕、报表格式等。）
   5.2 硬件环境
   5.3 软件环境
6. 其他要求（可使用性、安全保密、可维护性、可移植性等）
7. 附录

图4-23 客户需求分析规格说明书参考格式

下面就以“企业综合信息管理系统”为例，按图4-23给出的参考格式撰写客户软件需求分析规格说明书。

4.4.1 引言

1. 编写客户需求规格说明书的目的

详细、准确和全面定义“企业综合信息管理系统”的用户需求，指导软件系统的后续开发工作；本文档所描述的用户需求将作为该项目最终验收的标准和依据。

说明：该文档必须经用户和开发方签字确认方可有效。

本文档的读者对象包括：

1）用户

2）系统分析人员

3）软件设计人员

4）软件实现人员

5）软件测试人员

2. 项目背景

略（见2.2.1节中的企业总体业务需求分析和确定系统边界两小节内容）。

3. 定义（术语的定义和缩写词的原文）

1）公司经理：“企业综合信息管理系统”的用户。

2）客户：“企业综合信息管理系统”的客户，可以成为系统的用户。

3）系统管理人员：“企业综合信息管理系统”的管理者、维护者，拥有所有的权限。

4）操作人员：只拥有部分权限的“企业综合信息管理系统”的工作人员。

5）应用服务器：负责整个系统的总体协调工作的服务器。

……

4. 参考资料

略。

4.4.2 软件产品一般性描述

1. 运行环境与资源

系统硬件运行环境：略（见4.2.4节内容）。

系统软件运行环境：略（见4.2.4节内容）。

该系统是一个包括10个子系统的三级网络综合信息管理系统。所有需要子系统共享的数据信息全部存放在数据库服务器中，各子系统之间信息的传送依靠网络进行。本系统网络体系结构采用客户/服务器模式。

2. 软件产品的系统体系结构

略（见4.2.1节中的图4-3、图4-4等图示内容）。

3. 软件产品的功能（用例模型）

略（见第2章图2-6、图2-8、图2-12、图2-14等所示）。

4. 用户特征

用户特征：企业员工素质高。该系统的操作人员都是企业的业务骨干，基本都具有本科以上学历，具有一定的电脑操作知识和经验，同时也熟悉相关的业务专业知识，只要进行一定的培训，就能很快掌握本系统的使用。

系统用户操作界面要求友好、易操作。

5. 限制与约束

本系统必须满足以下限制：

1）系统中所有账户能够供用户随时使用，完成各自授权的活动。

2）安全可靠，建立系统使用日志。

3）该系统必须确保对数据进行完全保护，以避免未经授权的访问；所有的远程访问都要登录，并且每个登录用户只能根据角色所授的权限进行访问。

4）界面友好、操作简便。

5）软件系统开放性好，结构灵活，可扩充，易于维护。

6）遵循客户/服务器结构总体设计方案对它的约束，在其实施的各个阶段都要服从它的一些规划，包括功能设计、系统配置和计划。

4.4.3 系统功能行为需求

此系统必须满足以下限制：

1. 业务需求功能模型——用例模型

略（见第2章图2-6、图2-8、图2-12、图2-14等用例图模型所示）。

2. 相关用例的展开——活动图模型

略（见第3章图3-8、图3-9、图3-10、图3-11等活动图模型所示）。

3. 对象类模型

略（见第5章图5-5、图5-7、图5-10、图5-12等所示）。

4. 输出结果与格式

略（见本章4.2.2和4.2.3节中的图示内容）。

4.4.4 性能需求

为了保证系统能够长期、安全、稳定、可靠、高效地运行，“企业综合信息管理系统”应该满足以下四方面性能需求。

1. 数据精度要求

系统对数据处理的准确性和精度要求应当满足：

1）系统产生的货币金额数据保留到小数点后2位。

2）为了保证产生的结果误差最小，市场预测系统用到的数据应保留到小数点后6位。

3）没有特殊要求的实型数据一般保留到小数点后2位。

4）整数保留到个数位。

2. 时间特性（响应、传输、运行时间等）

系统处理的准确性和及时性是系统的必要性能。在系统设计和开发过程中，要充分考虑系统当前和将来可能承受的工作量，使系统的处理能力和响应时间能够满足用户对信息处理的需求。

“企业综合信息管理系统”在日常处理中的响应速度为< 1秒级，以及时反馈信息。在进行统计、分析和市场预测时，根据所需数据量的不同而从秒级到分钟级。原则是保证操作人员不会因为速度问题而影响工作效率。

3. 适应性（运行环境、计划发生变化等应具有的适应能力）

“企业综合信息管理系统”在开发过程中，应该充分考虑以后的可扩充性。例如管理系统的方式的改变，用户查询的需求也会不断地更新和完善。所有这些，都要求系统提供足够的手段进行功能的调整和扩充。而要实现这一点，应通过系统的开放性来完成，即系统应是一个开放系统，可以在符合一定规范的前提下，简单的加入和减少系统的模块，配置系统的硬件。通过软件的修补、替换完成系统的升级和更新换代。

系统的易用性和易维护性保证。“企业综合信息管理系统”直接面对的用户并不是计算机专业人员，这就要求系统能够提供良好的用户接口，友好的人机交互界面。要实现这一点，就要求系统应该尽量使用用户熟悉的术语和中文信息的界面；针对用户可能出现的使用问题，要提供足够的在线帮助，缩短用户对系统熟悉的过程。

4. 故障处理

“企业综合信息管理系统”中涉及到的数据是企业重要的信息，系统要提供方便的手段供系统维护人员进行数据的备份、日常的安全管理、系统意外崩溃时数据的恢复等工作。

4.4.5 运行需求

1. 用户界面（屏幕显示、报表格式等）

略（见本章4.2.2和4.2.3节内容）。

2. 硬件环境

略（见本章4.2.4节内容）。

3. 软件环境

略（见本章4.2.4节内容）。

4.4.6 其他要求（可使用性、安全保密、可维护性、可移植性等）

为了最大限度地保证该系统的可移植性，在系统设计与软件开发环境的选择上应充分考虑系统的跨操作平台的可移植性问题。

在系统设计时注意考虑可使用性、安全保密和可维护性。

4.4.7 附录

略。

4.5 小结

本章主要介绍了系统结构包图分析的任务和步骤。对“企业综合信息管理系统”（EIIA）进行了实例分析，还对系统的用户界面进行了初步设计，以及系统产生的报表格式等，最后给出了客户需求分析规格说明书的参考格式以及EIIA系统的需求分析报告文档案例。其目的是使读者能够对包图的建模有一个充分的了解，对客户需求分析报告有一个具体的概念，为其他软件的包图建模和需求分析报告的撰写提供参考。

4.6 评价标准

本课程设计的内容有：

（1）能够根据前几章的需求分析完成对系统结构包图（用例模型）的建模。

（2）对用户界面进行初步设计。

（3）收集和掌握系统的输出报表格式及业务单据的格式。

（4）描述系统的软硬件运行环境。

（5）能够正确地撰写客户需求分析规格说明书。

完成以上步骤即可获得75分以上的成绩。在（1）、（2）、（3）、（4）、（5）步的基础上，如果可以进一步完善包图和用户界面，最高可以考虑给予85分。如果学生对自选课题的设计有好的表现，可以考虑给85以上的分数。

第5章　对象类建模

将一组相关数据及对这些数据的处理操作封装在一个类中，是面向对象系统的主要特征之一。寻找待开发系统中的对象，将其中类型相同的对象归并抽象为一个类，详细描述该类的属性和操作是其中的关键。面向对象系统中的对象类建模用类模型图来描述这些类。

本章目的

- 理解面向对象系统分析和对象类建模的概念
- 了解和掌握面向对象系统分析的方法和步骤
- 了解和掌握寻找待开发系统中类的方法和技巧
- 掌握使用Rational　Rose建立类模型的方法

面向对象的系统分析包括分析步骤、分析过程、系统建模和提交文档资料等。系统分析的任务是找出系统的所有需求并加以描述，同时建立特定领域模型。建立域模型有助于开发人员考察用例，从中抽取出类，并描述类之间的关系。

在面向对象的系统分析过程中，系统分析人员根据客户需求分析规格说明书提出的系统功能要求，结合待开发系统所处环境及资源配置情况，对该系统的开发进行面向对象的分析并提出系统分析报告。

在客户需求分析中就应完成寻找待开发系统中的对象，将其中类型相同的对象归并抽象为一个类，并详细描述该类的属性和操作（这就是本章要做的工作）。在系统分析中，要对这些类进行更详细地分析，描述它们之间静态与动态的复杂关系。为了提高系统的执行效率和方便系统的操作，还要提出一些辅助类等等。

5.1　基本概念

对象是类的一个实例。对象类图意指类图和对象图，对象图是类图的一个实例，它们的区别在于类图是抽象的，而对象图是具体的。

类是包装信息和行为的基本单元，是面向对象的重要特征之一。它是描述具有相同属性、方法、关系和语义的对象的集合。一个类实现一个或多个接口。在UML中，类的图符为一个矩形，类的长式描述图符包括类的名字、属性和操作，短式描述图符只有类名。如图5-1所示。

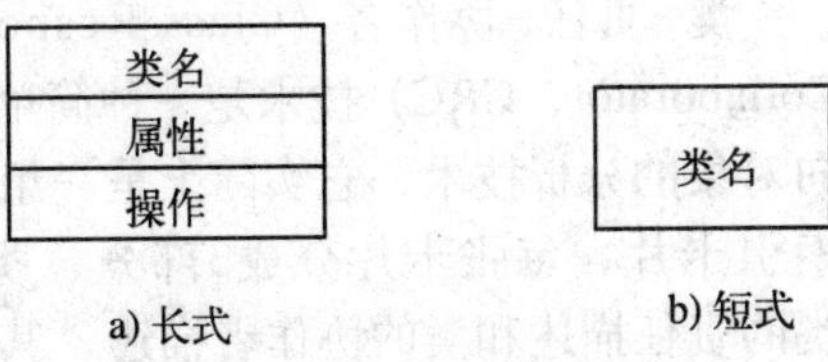

图5-1　类的描述图符

UML中类有三种主要的版型：实体类（entity）、边界类（boundary）和控制类（control）。引入实体类、边界类和控制类的概念有助于分析和设计人员确定系统中的类。

实体类可以创建持久对象，持久对象可以存放进持久存储体。持久存储体就是存放在硬盘上的以面向对象数据库、关系数据库和文件等形式可以永久存储对象数据的介质。实体类可以通过事件流和交互图发现。对于关系数据库而言，通常每个实体类映射数据库中相应的一个二维表，实体类中的属性对应该表中的字段，而每个对象就是该表中的一条记录。

边界类位于系统与外界的交界处，包括所有窗体、报表，以及表示通信协议的类、直接与外部设备交互的类、直接与外部系统交互的类等都是边界类。通过用例图可以确定需要的边界类，每个执行者/用例（Actor/Use Case）对至少要有一个边界类，但并非每个Actor/Use Case对要有唯一的边界类。

控制类是控制其他类工作的类。每个用例通常有一个控制类，用来控制用例中事件发生的顺序，控制类也可以在多个用例间共用。其他类一般不向控制类发送消息，而是由控制类向其他类发出消息。

下面我们来介绍如何在客户需求和系统分析阶段抽象出对象类的两种方法。

5.1.1 名词/动词法确定对象类

现代的面向对象软件开发采用对象或类作为其主要构造块。简单地说，通常要从问题空间或求解空间的词汇中找出对象，而类是对具有共同性质的一组对象的描述。每一个对象都有标识（对象名，以区别于其他对象）、所处状态（通常有一些数据与它相联系）和行为。

在寻找类时有多种方法可供采纳，典型的方法是根据客户需求分析文档用“名词/动词”法来寻找出备选类，然后再从备选类中经过筛选（合并）寻找出真正的类。值得注意的是：在用此方法时切记不要生搬硬套。

这种方法通常是从客户需求分析规格说明书中的用例视图里，在用例文本表述或活动图描述中寻找类。它指的是从用例的事件流开始，通过查看事件流中的名词来获得类。在事件流中，名词可以分为4种类型：角色、类、类属性和表达式。从事件流中寻找到名词或名词词组，将性质相同的归为一类，或性质内容值正负相反的归为一类，去除不恰当的与含糊的类别，去除应归类为属性的项目。其步骤如下：

- 第一步：尽可能多地收集相关信息，其中，合适的信息来源有需求规格说明、用例、项目词汇表以及任何其他信息资源。
- 第二步：对收集到的文档使用非常简单的方法进行分析，突出（或者用某种其他方法记录）以下内容——名词、名词短语、动词、动词短语。其中名词和名词短语可以作为类或类属性的候选，动词和动词短语可以作为类操作的候选。

5.1.2 采用CRC技术确定对象类

类-责任-协作者（Class-Responsibility-Collaborator，CRC）技术是一种简单有效的面向对象的分析技术，它实际上是一组描述类的索引卡片，每张卡片分成3部分：类名描述、类的责任描述和类的协作者描述，其目的是开发一个有组织的类的表示法。CRC卡片的格式

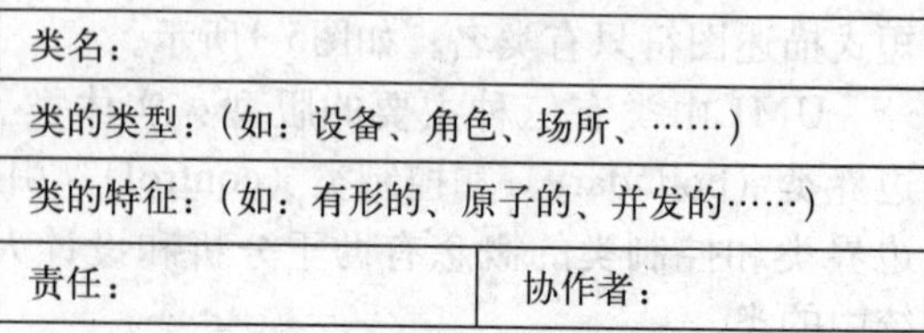

图5-2 CRC卡片的格式

如图5-2所示，卡片中的“责任”是用来描述类的属性和操作，“协作者”描述为完成该类责任而需要提供信息的其他相关的类。

1. 确定对象类

正确识别对象类是面向对象方法的基础。确定和标识类包括发现潜在对象、标识对象名、筛选对象、为对象分类。

(1) 发现潜在对象

一组具有相同属性和操作的对象可以定义成一个类，因此标识类和标识对象是一致的。可以从问题陈述或用例描述着手发现潜在的对象，通常陈述中的名词或名词短语是可能的对象。例如：

- 与系统交互的角色。如管理者、工程师、销售员。
- 系统的工作环境场所。如车间、办公室。
- 概念实体、发生的事件或事情。如报告、显示、信函、信号。
- 部门。如班组、学校。
- 设备。如汽车、计算机。
- 与系统有关的外部实体。如其他系统、设备、人员等，他们生产或消费计算机所使用的信息。

(2) 标识对象名的原则

- 使用单个名词或名词短语。
- 对象名称必须简洁明了、含义明确、易于理解。
- 尽量使用用户熟悉的行业标准术语。

(3) 筛选对象

可以根据关键性、可操作性、信息含量、公共属性、公共操作和关键外部信息等来选择和确定最终的对象。

(4) 对象分类

对象还可以根据有形性、包含性、顺序性、持久性、完整性等特征来进行分类。

2. 标识对象类的属性

对象的内部特征包括对象的属性和对象的操作。对象类的属性和操作是对象类所知道的或要做的任何事情。属性描述了对象的静态特征，通过一组数据表示；对象的动态特征则是由一组操作来描述。

标识属性过程包括寻找潜在属性、筛选属性原则和应注意的问题、标识属性名、属性说明。

(1) 可以从以下角度来发现和确定对象潜在的属性

- 常识性：按一般常识，该对象应具有的属性。
- 专业性：在当前问题论域中，该对象应具有的属性。
- 功能性：根据系统功能的要求，该对象应具有的属性。
- 管理性：建立该对象是为了保存和管理哪些属性。
- 操作性：为了实现对象的操作功能，需要增设哪些属性。
- 标志性：是否需要增设属性来区别对象的不同状态。
- 外联性：用什么属性来表示对象的整体-部分联系和实例连接。

（2）在确定了对象的属性后，应对各属性命名以示区别，命名原则与对象名原则相同。并应对每个属性加以详细说明，包括以下信息：

• 属性的解释。
• 属性的数据类型。
• 属性的取值范围及与对象类所体现的关系。
• 属性的实现要求和其他。

3. 标识对象类的操作

对象的操作可理解为对象应该展现的外部服务的总和。操作定义了对象的行为并以某种方式修改对象的属性值或系统的状态。操作可以通过对系统的过程叙述的分析提取出来，通常叙述中的动词可作为候选的操作。类所选择的每个操作都展示了某种行为。

（1）命名操作的标识名

与类和属性的命名不同，操作名的命名应采用动词或动词名词组成的动宾结构，操作名尽可能准确地反映该操作的职能。

（2）对每个操作应加以详细说明，包括以下信息：

• 操作解释：作用与功能。
• 消息协议：入口消息格式。
• 消息发送：执行期间，需要请求哪些其他对象的操作。
• 约束条件：执行的前置、后置条件及执行事件等说明事项。
• 操作流程：对复杂的操作应画出操作过程流程图。

类的属性和操作描述完毕，CRC卡片的“责任”栏填写完成。

下面，我们结合CRC技术，着重用名词/动词法来对“企业综合信息管理系统”中的两个子系统进行分析，并抽象出相应的类。

5.2 案例分析

在客户需求分析规格说明书中提到，“企业综合信息管理系统”包括“财务管理子系统”、“综合支持管理子系统”、“生产调度管理子系统”、“进销存管理子系统”和“经理查询子系统”等。而“进销存管理子系统”又包括“采购管理子系统”、“销售管理子系统”和“库存管理子系统”。

为了系统分析的需要，本案例只重点对“进销存管理子系统”的“销售管理”和“库存管理”两个子系统进行详细介绍。

5.2.1 销售管理的业务需求描述

销售管理业务包括制定产品销售计划、推销本企业的产品（包括大客户资讯管理和产品推销策略计划的制定与实施）、与客户签订销售合同、产品销售后及时追缴客户的应付货款、检查合同履约率、提供售后服务等。其业务工作内容如下：

（1）制定销售计划

销售人员根据企业生产能力和对当前市场行情预测制定月、季度和全年产品销售计划，上报主管经理批准，并送财务管理、库存管理和生产调度管理部门备案。

(2) 签订销售合同

销售人员与客户签订销售合同。销售合同内容主要包括：合同编号、甲方、乙方、产品名称、规格、单位、单价、数量、总金额、发货时间、发货量、客户付款时间等。合同生效后，客户向财务管理部门交付货款并从仓库提取产品。

(3) 检查合同履约率

销售合同执行期间，销售人员要定期检查合同履约情况。督促“生产调度管理部门”按合同组织生产，按时从仓库提取产品发送给客户。销售人员及时向客户催缴合同中约定的应付货款，打印催款单，检查合同履约情况，合同执行完毕，设置合同履约标志。

(4) 生产调度管理部门组织生产

生产调度管理部门按销售合同规定的产品名称、规格、数量、交货时间组织生产。

(5) 库存管理部门对产品进行入库、出库处理

库存管理部门按销售合同规定的产品名称、规格、数量、交货时间准备货物，对生产部门生产的产品进行入库验收、存储，根据销售部门的出库申请单对产品进行出库、发货等操作。

(6) 财务管理部门收取客户货款

按销售合同及产品已发送的数量收取客户的货款，打印付款单，对没按时交货款的客户，通知销售部门进行催款。

(7) 审批销售合同

公司经理审批销售合同，检查合同履约率。

5.2.2 库存管理的业务需求描述

库存是指企业用于销售的产品、本企业生产所使用的原材料和企业日常生产办公所需消耗品等物资。就物资的管理而言，库存主要是指企业的生产物资（原材料、产品），它占据了企业物资的绝大部分，因此对库存进行有效地管理，对于企业生产的计划、组织、协调、控制和降低成本有重要意义。

库存管理子系统的业务需求包括库存管理部门对企业所有的产品和生产原材料（零部件）进行验收、入库、存储和出库管理。包括编制库存货物清单、入库单、出库单，及时打印超过库存预警线的生产原材料（零部件）清单，库存盘点，编制月、季度、年终库存损耗报表，编制季度、年终库存资产财务报表等。

库存管理的详细业务工作内容介绍如下：

(1) 原材料入库管理

库存管理部门与采购部门一起，根据发货单共同对供货方发送来的原材料（零部件）按采购合同对产品的品名、产地、规格、数量、单价进行验收入库，存放到指定库位并打印入库单。

(2) 产品入库管理

库存管理人员对企业内生产部门送来的产品按产品的品名、规格、数量、单价进行验收入库，存放到指定库位并打印入库单。入库单包括货物编号、商品名称、规格、单位、单价、数量、货位、进货日期、产地、送货人、经手人、复验等。货物入库时先填写入待检库的登记单，

记入待检库库存。然后由相关检验人员进行检验，填写检验单，记录检验结果。如果货物合格，检验人员填写入库单，转入合格库；如果不合格，检验人员填写不合格产品检验单，并通知生产部门改进产品质量。

(3) 原材料出库管理

库存管理部门根据生产调度管理部门签署的原材料（零部件）提货申请单对原材料（零部件）进行清点验收出库，打印出库单。

(4) 产品出库管理

产品出库时，库存管理部门根据销售部门签署的产品提货申请行对产品单进行清点验收出库，打印出库单，出库单包括货物编号、商品名称、规格、单位、单价、数量、货位、出库日期、产地、提货人、经手人、复验人等。

(5) 库存管理

库存管理指的是库存管理部门日常对仓库内的货物按时进行查询、统计、盘点。每年12月底打印库存货物资产核对表，送财务部门进行统一核算。随时对超过库存预警线的企业产品打印清单，送生产调度管理部门组织生产。对超过库存预警线的原材料（零部件）打印清单，送采购部门进行采购。要求能对库存货物按货物编号、货物名称、规格等进行查询，进行入库、出库管理，打印入库、出库单等。

(6) 库存盘点

库存盘点是指根据实际的库存情况进行货物数量和质量的清查、盘点，打印出月、季度和年库存货物盘点清单，然后将结果与计算机里记录的货物库存情况比较，如果实际比计算机记录多，进行帐务的盘盈处理，把多余的部分价值记入其他收入；如果实际比计算机记录少，进行帐务的盘亏处理，将缺少的部分价值记入库存损耗。填写“库存货物损耗（毁）报表”和“库存货物资产核对表”。

(7) 审批报表

公司经理审批“库存货物损耗（毁）报表”和“库存货物资产核对表”。

下面分析如何运用名词/动词法抽象出“销售管理”和“库存管理”子系统的对象类。

5.2.3 抽象出系统对象类

1. 找出系统实体类

实体类是需要长期保存在计算机上的对象信息，根据5.1.1节介绍的名词/动词法来确定抽象类，我们对进销存管理系统的销售管理子系统及库存管理子系统的业务需求描述文本进行词法分析，得出实体类名词（一些类名词的属性在此省略）如表5-1和表5-2所示。

通过筛选，排除一些可能属于某个类的属性（合同履约率）以及一些不具备独立意义的名词（如货款），可以将财务管理部门、生产调度管理部门几个名词抽象为财务管理子系统和生产调度管理子系统，排除这些属于销售管理子系统和库存管理子系统范围之外的子系统，再排除系统自身的名词，如销售管理部门和库存管理部门，将货物与产品合并描述为同一个类，将合格库、待检库与仓库合并描述为仓库类等等。最后筛选出符合销售管理子系统和库存管理子系统要求的对象类。

表5-1 销售管理子系统中的待选类

销售人员	客户	经理	销售部门	财务管理部门	合同履约率
生产调度管理部门	大客户	货款	产品	销售计划	
履约合同	销售合同	付款单	催款单	库存管理部门	

表5-2 库存管理子系统中的待选类

库存管理员	销售部门	检验单	经理	待检库	财务管理部门
合格库	出库单	入库单	库存货物清单	存库货物损耗表	生产调度管理部门
仓库	货物	原材料	库存管理部门	采购部门	超出预警线货物清单

在“销售管理子系统”里共筛选出10个实体类。如表5-3所示。

表5-3 销售管理子系统中定义的类

序号	类 名	中文含义	功能描述
1	Client	客户类	与销售人员签订销售合同，从仓库提取货物
2	BigClient	大客户类	与销售人员签订大宗销售合同，企业负责发货
3	SalesPerson	销售人员类	与客户签订销售合同，催款、提货、督促合同履约等
4	Manager	公司经理类	检查合同履约率、库存货物资产核对表等
5	Product	产品类	由生产部门生产、仓库部门保管、销售部门负责销售
6	SalesProject	销售计划类	由销售人员制定，保证企业产品及时得到销售
7	SalesContract	销售合同类	销售人员与客户签定的一种销售协议
8	FulfilContract	履约合同类	存放到履约合同库，用于作为证据以便检索查询
9	PaymentBill	付款单类	提供给客户的一种付款凭证
10	UrgeFundBill	催款单类	提醒客户及时支付所欠款项，保证企业资金周转

在“库存管理子系统”里共筛选出10个实体类。如表5-4所示。

表5-4 库存管理子系统中定义的类

序号	类 名	中文含义	功能描述
1	Warehouse	仓库类	存放各种产品和采购的原材料（零部件）
2	InWarehouseBill	入库单类	对各种产品和原材料（零部件）进行验收、入库
3	OutWarehouseBill	出库单类	对各种产品和原材料（零部件）进行检查、出库
4	GoodsBill	库存货物清单类	对库存产品和原材料（零部件）进行管理盘点
5	WastageList	库存损耗表类	盘点后对各种库存货物损耗进行汇总制成报表
6	CheckoutBill	验货单类	对各种产品和原材料（零部件）进行验收、登记
7	Warehouseman	库存管理员类	进行出、入库检验和出库、入库、库存盘点处理

2. 找出系统边界类

边界类主要是指系统与用户交互界面有关的类。销售管理子系统中涉及与用户交互的界面类有8个：

1）销售计划管理窗口类：负责销售计划的制定、录入、修改、统计、打印查询等管理。

2）客户（大客户）管理窗口类：负责客户（大客户）信息的录入、修改、查询等管理。

3）销售合同管理窗口类：负责销售合同数据的录入、修改、查询、统计、打印等管理。

4）产品管理窗口类：负责产品信息的录入、修改、查询等管理。

5）履约合同管理窗口类：负责以履约销售合同数据的查询、统计等管理。

6）付款单管理窗口类：负责以付款单数据的查询、统计、打印等管理。

7）催款单管理窗口类：负责以催款单数据的查询、统计、打印等管理。

操作人员负责输入销售合同的关键信息，在销售合同执行期监控合同的正常执行和履约标志设置。

库存管理子系统中涉及与用户交互的界面类有2个：

1）仓库货物管理窗口类：操作人员对货物进行入库、出库、库存盘点等处理操作。打印出库单、入库单、库存盘点清单、超出库存量预警线货物清单、货物损毁报表及库存货物资产核对表。

2）报表管理窗口类：负责各类报表的生成、编辑、浏览、打印等管理。

3. 找出系统控制类

"销售管理子系统"和"库存管理子系统"中各自至少应该有一个控制其他类工作的控制类。"销售管理子系统"中的销售管理子系统主管理窗口类和"库存管理子系统"中的库存管理子系统主管理窗口类就是一个控制类。由子系统主管理窗口类中的各个功能选项菜单、快捷键或按钮来控制系统中事件发生的顺序（即调用哪个类或类的操作），这个控制类可以为该系统的多个用例所共用。其他类并不向这个控制类发送消息，而是由控制类向其他类发出很多消息。

5.2.4 销售管理子系统中类的属性和操作

类中的属性可以从系统文本描述中的一些报表或单据的内容格式中提取，用来描述一个类的状态。操作则是一个类提供的服务，可以从描述该类的一些动词中提取。

这里提取在"销售管理子系统"案例描述中创建的类以及属性和操作。下面的每个类都有类名、功能简介、状态描述（属性）和操作定义。

在销售管理子系统中筛选出10个实体类。这些类的详细描述如下：

1）一般客户类：与销售人员签订销售合同，从仓库领取出库货物。简单信息描述。

状态描述：客户名称、法人代表姓名、地址、主要业务描述、采购数量，采购产品名称、采购人员详细信息（姓名、性别、电话、电子邮箱）。

操作定义：增加()、修改()、删除()、查询()、打印()。

2）大客户类：采购产品达XX数量以上的重要客户，储备详细的信息以备公关。

状态描述：客户名称、法人代表姓名、地址、主要业务描述、采购数量，采购产品名称、采购人员详细信息（姓名、性别、生日、电话、电子邮箱、收入、嗜好、爱人情况、父母孩子等亲属情况）。

操作定义：增加()、修改()、删除()、查询()、打印()。

3）产品类：由生产车间进行生产，仓库保管，客户提货。详细信息描述。

状态描述：产品编号、品牌、产品名称、生产厂商、产地、规格型号、单位、单价、库存数量、存放库号货位、最新盘点日期、最低库存。

操作定义：增加()、修改()、删除()、查询()、打印()。

4）销售计划类：由销售人员制定，以保证企业产品及时得到销售。详细信息描述。

状态描述：产品编号、品牌、产品名称、生产厂商、产地、规格型号、单位、单价、月计划销售量、年计划销售量、计划销售对象、成本价、出厂价、销售总额、净利润、计划人。

操作定义：增加()、修改()、删除()、查询()、打印()。

5）销售合同类：销售人员与客户签定的一种产品销售协议。

状态描述：销售合同编号、甲方、乙方（客户）、产品名称、规格型号、单位、单价、数量、总金额、发货时间、全部发货时间、发货量、全部发货量、发货目的地、运送方式（铁路/公路/水路/航空）、履约标记、首付款时间、首付款额、款到时间、款到额、全部款到时间、全部款到额、签约日期、终止日期、甲方经手人、乙方经手人、合同审批人。

操作定义：增加()、修改()、删除()、查询()、打印()。

6）履约合同类：执行完毕的合同，可以存放到历年履约合同库中备查。详细信息描述。

状态描述：销售合同编号、甲方、乙方（客户）、产品名称、规格型号、单位、单价、数量、总金额、发货时间、全部发货时间、发货量、全部发货量、发货目的地、运送方式（铁路/公路/水路/航空）、履约标记、首付款时间、首付款额、款到时间、款到额、全部款到时间、全部款到额、签约日期、终止日期、甲方经手人、乙方经手人、合同审批人。

操作定义：增加()、修改()、删除()、查询()、打印()。

7）付款单类：客户付款后，财务部门提供给客户的一种付款凭证。详细信息描述。

状态描述：付款单号、销售合同编号、客户名称、付款时间、付款金额、收款人、付款人、备注。

操作定义：增加()、修改()、删除()、查询()、打印()。

8）催款单类：由销售人员发出，用于催缴客户欠款。详细信息描述。

状态描述：催款单号、销售合同编号、客户名称、地址、欠款额、最后交款时间。

操作定义：增加()、修改()、删除()、查询()、打印()。

9）销售人员类：与客户签订销售合同，催要贷款、合同履约等处理操作。简单信息描述。

状态描述：姓名、性别、学历、生日、身份证号、电话、邮箱、住址、销售业绩、简历、直系亲属情况、备注。

操作定义：增加()、修改()、删除()、查询()、打印()。

10）经理类：审批合同、检查合同履约率、库存货物资产核对表等。简单信息描述。

状态描述：姓名、性别、学历、生日、身份证号、电话、邮箱、住址、级别、简历、主管业务、备注。

操作定义：增加()、修改()、删除()、查询()、打印()。

5.2.5 库存管理子系统中类的属性和操作

在库存管理子系统中筛选出来7个实体类。这些类的类名、功能简介、状态描述（属性）

和操作定义详细描述如下：

1）仓库类：多个仓库用来存放各种产品和采购的原材料（零部件），简单描述。

状态描述：仓库名称、仓库地址、存储货物类别、负责人、联系电话、备注。

操作定义：增加()、修改()、删除()、查询()、打印()。

2）入库单类：对各种产品和采购的原材料（零部件）进行验收、入库，简单描述。

状态描述：货物编号、商品名称、生产厂商、产地、品牌、规格、单位、单价、数量、进货日期、送货人、验货人、库管员、备注。

操作定义：增加()、修改()、删除()、查询()、打印()。

3）出库单类：对各种产品和原材料（零部件）进行检查、出库，简单描述。

状态描述：货物编号、商品名称、生产厂商、产地、品牌、规格、单位、单价、数量、出库日期、提货人、验货人、库管员、备注等。

操作定义：增加()、修改()、删除()、查询()、打印出库单()、打印出门证()等。

4）库存货物清单类：对各种库存产品和原材料（零部件）进行管理盘点，简单描述。

状态描述：货物编号、商品名称、生产厂商、产地、品牌、规格、单位、进货单价、出库单价、数量、最低存量预警、最高存量预警、备注等。

操作定义：增加()、修改()、删除()、查询()、打印预警商品清单()、库存量分类统计()、库存资金分类统计()、库存资金总计()等。

5）库存货物损耗表类：盘点后对各种库存货物损耗进行汇总制成报表，简单描述。

状态描述：货物编号、商品名称、生产厂商、产地、品牌、规格、单位、单价、损耗数量、损耗原因、盘点时间、备注等。

操作定义：增加()、修改()、删除()、查询()、打印库存货物损耗表()。

6）退货单类：对验收时或生产过程中发现的不合格库存货物进行退货处理，简单描述。

状态描述：退货单编号、生产厂商、商品名称、生产厂商、产地、品牌、规格、单位、单价、退货数量、入库日期、退货日期、退货原因、操作员、备注。

操作定义：增加()、修改()、删除()、查询()、打印库存货物损耗表()。

7）库存管理员类：对仓储物资进行出、入库检验和出库、入库、库存盘点等处理操作。

状态描述：管理员编号、姓名、性别、学历、生日、身份证号、联系电话、住址、薪金、简历、备注。

操作定义：增加()、修改()、删除()、查询()、打印()。

5.2.6 类的模型符号描述

由于篇幅所限，这里只列举“销售管理子系统”案例中的客户类、销售合同类进行详细的类模型符号描述和定义。其余的类定义，有兴趣的读者可以自行定义描述。

1. 客户类详细的定义和描述

根据5.2.4节介绍的“销售管理子系统”中的客户（Client）类的属性和操作的详细描述可以如表5-5所示。

表5-5　客户类的属性和操作

客户（Client）类的属性和操作					
名　称	说　明	可见性	长　度	类　型	描　述
ClientID	客户编号	私有	7	String	客户的一个唯一标志
ClientName	客户名称	私有	40	String	客户信息
ClientAddress	客户地址	私有	40	String	客户信息
Corportive	法人代表	私有	25	String	合同形成法律效力的重要指标
PrimaryBusiness	主要业务描述	私有	200	String	客户生产或经营的产品种类
PurchaseNumber	采购数量	私有	6	Integrate	为下一期销售计划制定作参考
PProductName	采购产品名称	私有	200	String	为下一期销售计划制定作参考
BuyerName	采购员姓名	私有	20	String	采购员信息
BuyerSex	采购员性别	私有	2	String	采购员信息
BuyerTelephone	采购员电话	私有	9	String	采购员信息
BuyerMobilePhone	采购员手机	私有	12	String	采购员信息
BuyerEmail	采购员电邮	私有	30	String	采购员信息
AddClient()	增加客户()	公有	创建一个新客户对象并录入客户所有的信息		
AmendClient()	修改客户()	公有	编辑修改已经录入的客户信息		
DeleteClient()	删除客户()	公有			
GetClient()	查询客户()	公有	对客户信息进行查询统计，可以作为市场预测参考		
ShowClient()	显示客户()	公有			
PrintClient()	打印客户()	公有			

在UML中，类图表示形式分成三个格子的矩形。上面的格子是类名，中间的格子描述属性，最下面描述操作。属性和操作前面的“-”号表示“私有”成员，“+”号表示“公有”成员，“#”号表示“保护”成员。

在客户类中共有12个属性，6个基本操作。每个属性不仅有数据类型，还有长度及可见性的描述。用类的长式图符表示客户类的详细内容如图5-3所示。

图5-3　客户类的长式图符表示

2. 销售合同类详细的定义和描述

根据5.2.4节对“销售管理子系统”中的付款单（PaymentBill）类的属性和操作的介绍，其详细描述如表5-6所示。

表5-6 付款单类的属性和操作

付款单类的属性和操作					
名　称	说　明	可见性	长 度	类 型	描　述
PaymentBillID	付款单号	私有	7	String	唯一标识一份付款单
ClientName	客户名称	私有	40	String	
SalesContractID	销售合同编号	私有	7	String	唯一标识一份销售合同
PaymentDate	付款时间	私有	14	Date	
PaymentSum	付款金额	私有	8,2	Double	以备以后核对账目使用
PaymentPeople	付款人	私有	10	String	以备以后核对账目使用
Receiver	收款人	私有	10	String	以备以后核对账目使用
Remark	备注	私有	100	String	对付款单作额外说明
AddPaymentBill()	增加付款单( )	公有			
AmendPaymentBill()	修改付款单( )	公有			
DeletePaymentBill()	删除付款单( )	公有			
PrintPaymentBill()	打印付款单( )	公有			
GetPaymentBill()	查询付款单( )	公有			
StatisticPaymentBill()	统计付款金额( )	公有			

在付款单类中共有8个属性，6个基本操作。用类的长式图符表示客户类的详细内容如图5-4所示。

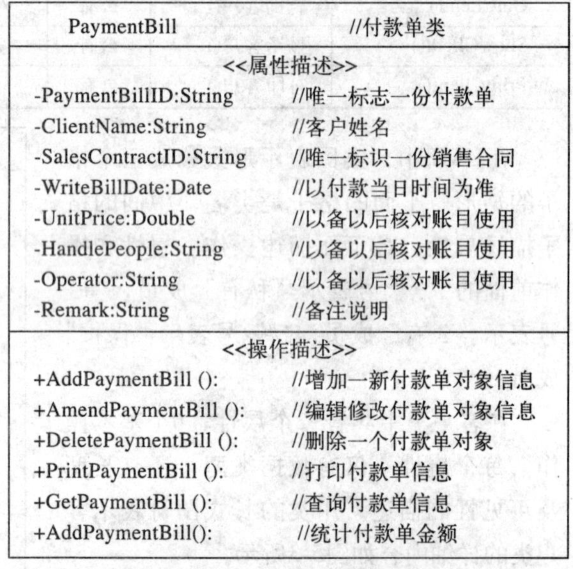

图5-4 付款单类的长式图符表示

接下来，我们介绍使用UML建模工具Rational Rose建立对象类模型的过程和方法。

5.3 系统建模过程

建立系统的对象类图就是建立系统的静态结构模型，它包括确定和建立对象类图、建立对象类及其之间的联系、确定其静态结构和动态行为。上一节我们已经确定了销售管理系统的对象类，下面介绍如何使用Rational Rose来创建对象类图。

1. 创建类名

从开始菜单的程序里，打开Rational Rose这个应用程序，选择File菜单下的【Open...】选项，打开在需求分析阶段已经创建好的Rose模型文件“销售管理子系统.mdl”，选择浏览器中的逻辑视图“Logical View”，按下鼠标右键，在弹出的菜单中选择【New→Class】，如图5-5所示，创建一个新的类，然后将类名更改为付款单（PaymentBill），如图5-6所示。

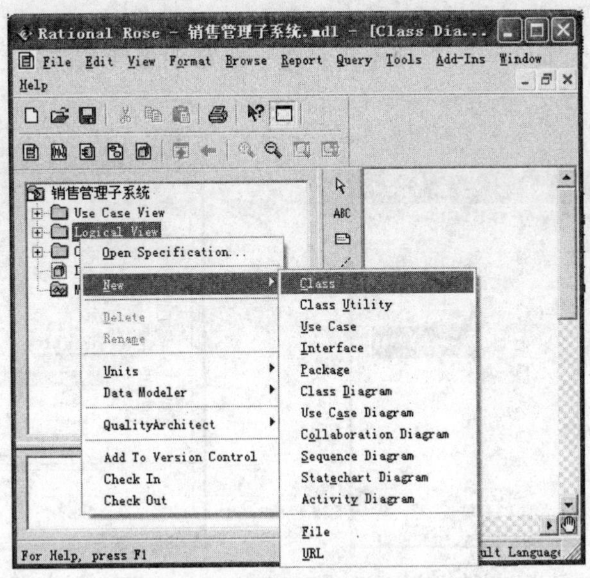

图5-5 创建Class示意图

2. 添加属性

创建了付款单类以后，接下来要为该类添加属性，具体方法为：

1）在浏览器中选择付款单类“PaymentBill”，按下鼠标右键，在弹出的菜单中选择【New→Attribute】，如图5-7所示。将新添加的属性名更改为付款单号（PaymentBillID），结果如图5-8所示。

图5-6 创建PaymentBill类的示意图

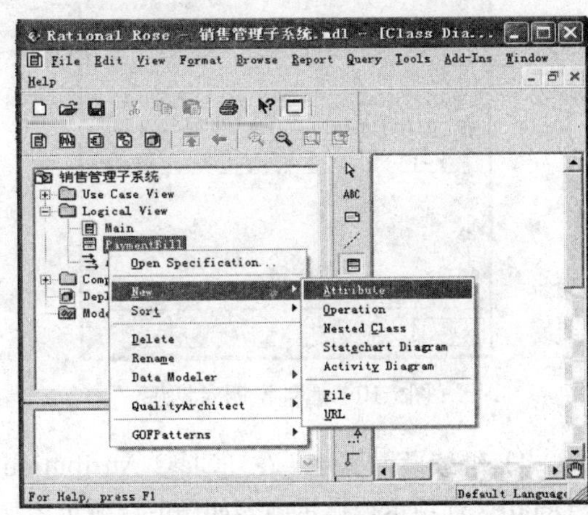

图5-7 添加Attribute（属性）示意图

2）设置属性的类型、版型、初始值、存取控制等。选择上一步中新建的PaymentBillID，按下鼠标右键，选择【Open Specification...】，如图5-9所示，随后弹出如图5-10所示的类属性规格说明【Class Attribution Specification...】对话框。在这个对话框中有两个选项，“General”

选项卡中设置属性的固有特性的选项，比如类型Type、版型Stereotype、初始值Initial、存取控制ExportControl等，“Detail”选项卡用来进一步指定属性是静态（Static）的还是继承(Derived）的等。

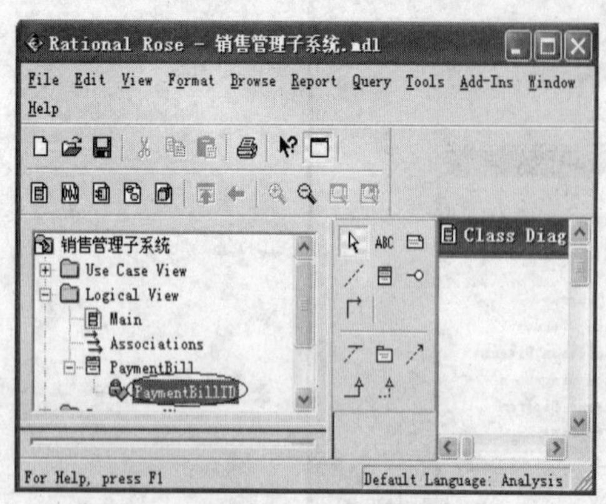

图5-8　增加PaymentBillID属性示意图

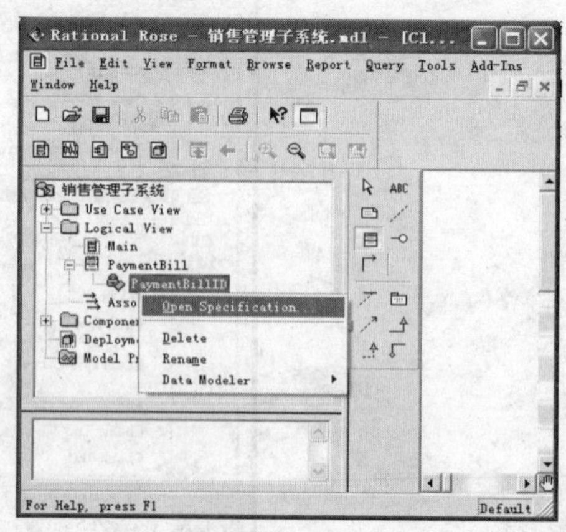

图5-9　打开属性设置对话框

3）进一步设置属性。在“Class Attribution Specification...”对话框图中，用鼠标左键点击类型Type右边的下拉三角形，选择类型String，用鼠标左键选择存取控制Export Control下的私有属性“Privated”，系统默认的是Privated属性，结果如图5-11所示。

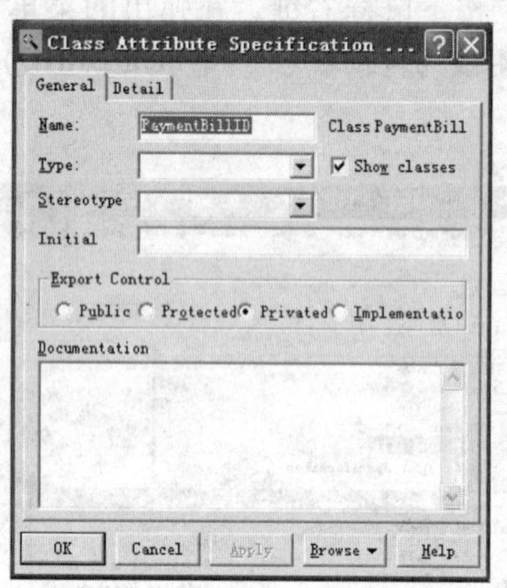

图5-10　属性说明对话框

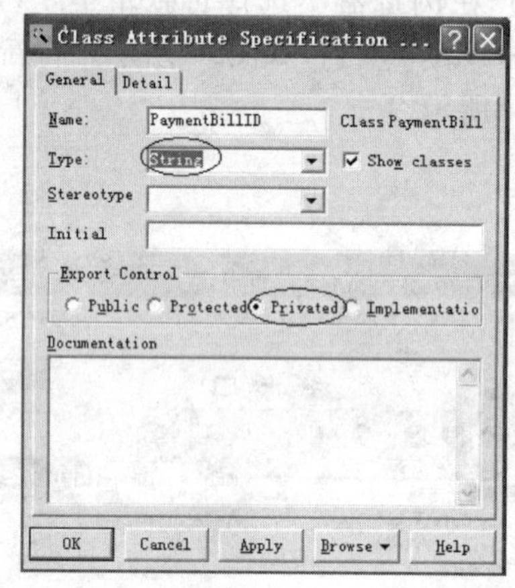

图5-11　进一步设置属性PaymentBillID的示意图

4）继续设置属性。在“Class Attribution Specification...”对话框图上方，用鼠标左键选择“Detail”选项卡，显示内容如图5-12所示，属性的“Containment”特征表示属性如何存放在类中。“By value”表示属性可赋值，引用“By reference”表示属性是另外一个类的引用。“Unspecified”表示还没有指定控制类型，应在生成代码之前指定“By value”或“By reference”，系统默认的是“Unspecified”属性。还可以设置该属性是静态（Static）的，即为该类创建的所有对象共享。也可以设置该属性是通过继承（Derived）得来的。

3. 添加操作

向付款单类中添加操作的步骤如下：

1）如图5-13所示，在浏览器中选择付款单类“PaymentBill”，按下鼠标右键，在弹出的菜单中选择【New→Operation】，则添加一个新的操作。将操作的名字更改为增加付款单（AddPaymentBill）。

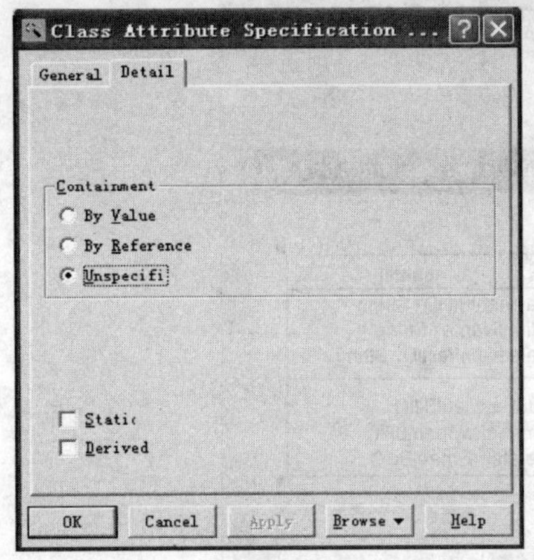

图5-12　设置“Containment”特征的示意图

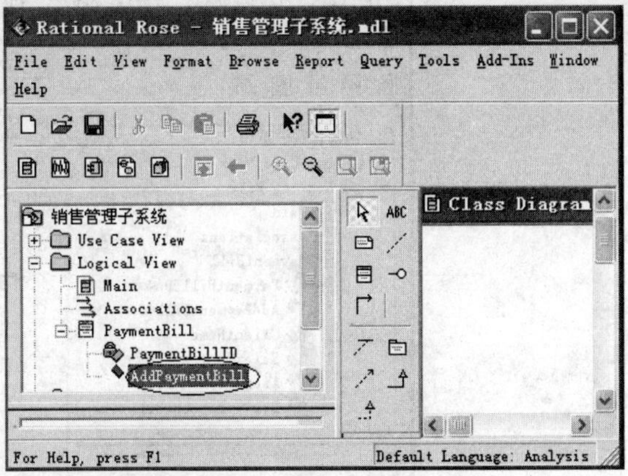

图5-13　添加AddPaymentBill操作的示意图

2）设置操作的特性。选择增加付款单操作“AddPaymentBill”，按下鼠标右键，选择【Open Specification...】，在弹出的对话框中可以设置操作的固有特性。系统弹出默认“General”选项卡，可以用鼠标左键点击存取控制“Export Control”下面的选项，设定操作的可见性，在“Documentation”文本框内，可以输入你要添加的文字描述，如图5-14所示。

3）在Specification对话框中，操作和属性都有存取控制的选项，操作的存取控制的选项默认值是公有的，属性的存取控制的选项默认值是私有的。不同的存取控制采用不同的标记表示，图5-15给出了付款单类PaymentBill属性或操作的不同存取控制设置。

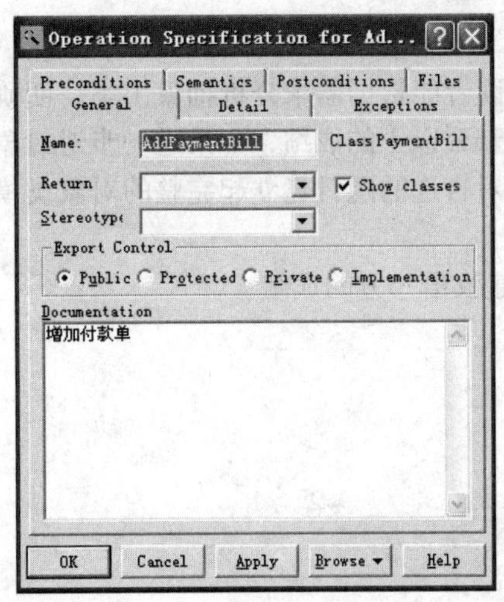

图5-14　设置操作的特性

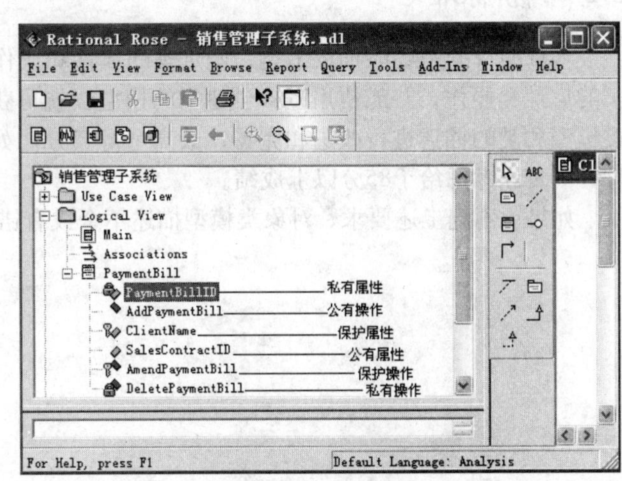

图5-15　属性和操作的不同的存取控制设置

4）重复以上步骤完成PaymentBill类的设计，这时，在浏览器窗口中，选择“Logical View”下的付款单类名“PaymentBill”，按住鼠标左键，将其拖住并拉至类图框窗口，PaymentBill类（省略部分属性和操作）的建模结果如图5-16所示。

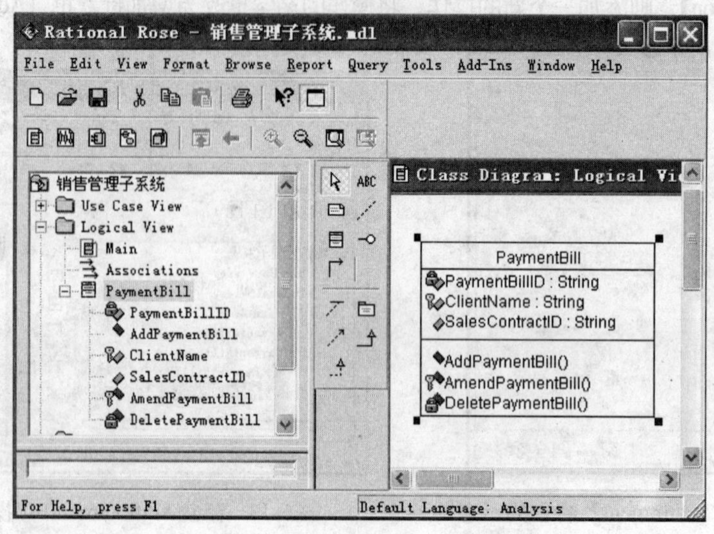

图5-16 建模后的PaymentBill类

5.4 小结

类能实现对象的封装，是面向对象的特征。通过本章的学习，应该能够了解类、类的属性和操作的概念，掌握抽象类的两种方法，学会怎样根据需求分析和用例图抽象出类，并依据实际要求，设计出类的属性和操作。

5.5 评价标准

本章的目的是要能抽象出类，确定类的属性和操作，读者能根据需求分析抽象出类、明确类的属性和操作，并能使用Rose创建类的模型，就可获得75分以上的成绩，如果进一步对对象类模型和类的描述进行改进和完善，最高可得85分。如果对自选的题目建立起完整的对象类模型，则可以考虑给予85分以上成绩。

如果达不到上述要求，对象类模型描述不全或有错，建议给75分的成绩。

第6章　类的继承建模

关系（Relationship）是指事物之间的联系。在面向对象的系统中，对象类之间的重要的关系可分为：继承 、一般关联、聚合、组合、依赖等。继承（Generalization）是指子类（派生类、特化类）可以自动拥有其父类（基类、泛化类、超类）的全部属性，即一个类可以定义为另一个更一般的类的特殊情况。

本章目的

- 理解类之间的继承关系
- 了解和掌握分析类之间继承关系的方法
- 了解和掌握销售管理子系统中类之间的继承关系
- 掌握使用Rational Rose建立类之间继承关系模型的过程

本章介绍对象类建模中的继承关系——泛化关系。

6.1　基本概念

继承指出类之间的“一般——特殊”关系，它模拟了客观世界中存在的特殊和一般之间的关系。在面向对象的机制中，利用继承关系可以很容易在原有类上增加新的东西。

6.1.1　继承

在对象类建模过程中，人们将具有共同特性的对象抽象成类，并通过增加其内涵而进一步分类。例如，动物可分为飞鸟和走兽，人可分为男人和女人，在面向对象方法中将前者称为一般元素、基类元素或父元素，将后者称为特殊元素或子元素。继承定义了一般元素和特殊元素之间的分类关系。在UML中，继承表示为一头为空心三角形的连线。在图6-1中，将公司职员进一步分类成销售人员和公司经理，使用的就是继承关系。

面向对象方法中的继承机制使子类可以自动地拥有（复制）父类的全部属性和操作。定义子类时不必重复定义那些已在父类中定义过的属性和操作，只要声名自己是某个父类的子类即可，可以把主要精力集中在如何定义自己特有的属性和操作上。继承简化了对现实世界的描述，大大提高了软件的复用性。

继承具有传递性。在多层继承关系中，如图6-2所示，“销售员”类不但继承了“销售人员”类的属性和操作，而且还继承了“公司职员”类的属性和操作。如果一个子类只有唯一的一个父类，这种继承称为单一继承。

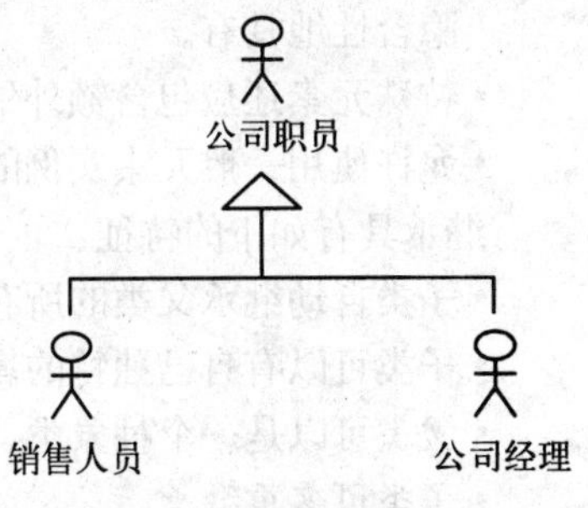

图6-1　继承关系的示例

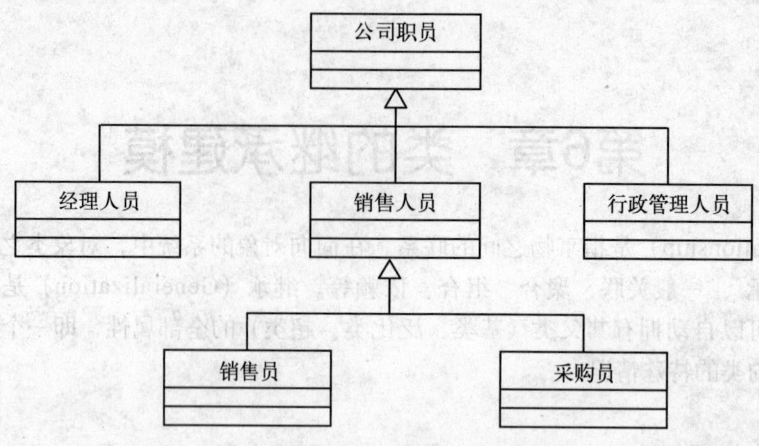

图6-2 父类与子类的继承关系

6.1.2 多重继承

如果一个子类有两个以上的父类，这种继承称为多重继承。例如，“销售经理”既继承了“销售人员”的特征，又继承了“经理人员”和“行政管理人员”的特征，如图6-3所示。

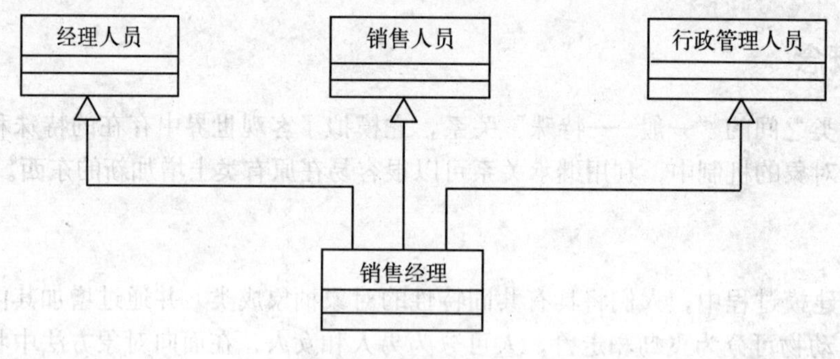

图6-3 多重继承

在UML定义中对继承有三个要求：

- 特殊元素应与一般元素完全一致，一般元素所具有的关联、属性和操作，特殊元素也都隐含性地具有。
- 特殊元素还应包含额外信息。
- 允许使用一般元素实例的地方，也应能使用特殊元素。

继承具有如下的特征：

- 子类自动继承父类的所有属性和操作。
- 子类可以有自己独特的属性和操作。
- 父类可以是一个抽象类，抽象类不能有实例。
- 子类可多重继承。
- 继承具有传递性。

6.1.3 多态性

多态性是继承的一种方法，使在多个类中可以定义同一个操作或属性名，并在每一个类中有不同的实现。多态性是指同一个消息被不同的对象接收时，可产生不同的动作或执行结果，即每个对象将根据自己所属类中定义的操作执行。即基类中定义的属性和操作由其子类继承后，可以具有不同的数据类型或表现不同的动作。我们以在屏幕上作图的画图系统为例为说明多态性的概念。

这个系统可以在屏幕上画各种几何图形，包括矩形（Rectangle）、圆（Circle）、三角形（Triangle），各种图形具有某些共同的属性和操作。系统向不同的对象发布同样的一个消息——“画”操作，当消息接收方是“矩形”对象时，在屏幕上将出现一个矩形图元；而当消息接收方是“圆形”对象时，则在屏幕上再现的是一个圆。多态性机制不但为软件的结构设计提供了灵活性、减少信息冗余，而且显著提高了软件的可复用性和可扩充性。

在图6-4中有一个多边形（Polygon）类及其3个子类：矩形类、圆类、三角形类。在父类中有属性面积（Area）和求面积（GetArea）操作；其中3个子类继承了父类的属性和操作，并且有各自独立的求面积操作。当分别向3个子类的对象发布同一个消息——求图形的面积时，3个子类将执行不同的操作：矩形对象计算矩形面积，圆形对象计算圆面积，而三角形对象计算三角形面积。

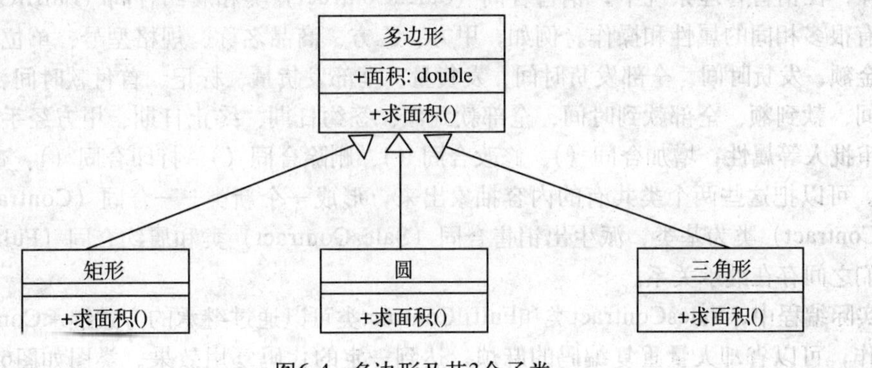

图6-4 多边形及其3个子类

多态性支持“同一接口，多种方法”的面向对象原则，使高层代码只写一次而在低层可多次复用。多态性是一种特性，它使得一个属性在不同时间表示不同类的对象。

6.2 案例分析

下面，我们来分析销售管理系统中对象类之间存在的继承关系。

在第5章的销售管理子系统中创建了几个类：销售人员（SalesPerson）类、公司经理（Manager）类、客户（Client）类和大客户（VIPClient）类，这几个类都有一些相同的属性和操作。例如，每个类都有姓名（Name）、性别（Sex）、电话（Telephone）、邮箱（E-mail）等属性，我们可以把这些具有共同属性的内容抽象出来，再定义一个人（Person）类，称其为基类。而销售人员类、公司经理类、客户类和大客户类由其派生，它们与“人”类之间存在继承关系。

在实际编程过程中，销售人员（SalesPerson）类、公司经理（Manager）类、客户（Client）类和VIP客户（VIPClient）类可以通过继承的方式继承Person类的姓名（Name）、性别（Sex）、电话（Telephone）、邮箱（E-mail）等属性。这样就可以省却大量重复编码的麻烦，达到一定的代码复用效果。类图如图6-5所示。

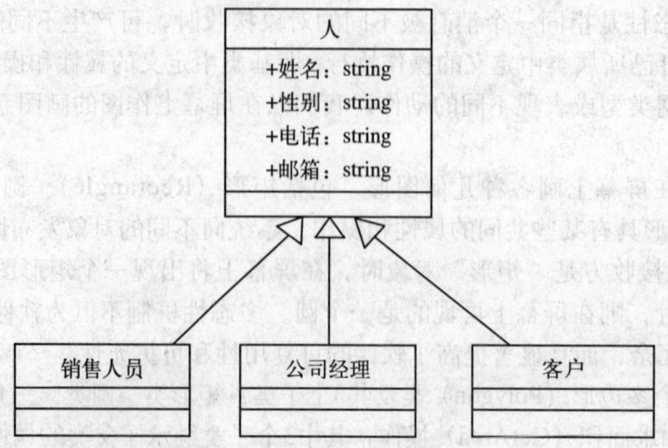

图6-5 人员类的继承关系图

另外，在销售管理系统中，销售合同（SalesContract）类和履约合同（FulfilContract）类之间也有很多相同的属性和操作。例如，甲方、乙方、商品名称、规格型号、单位、单价、数量、总金额、发货时间、全部发货时间、发货量、全部发货量、标记、首付款时间、首付款额、款到时间、款到额、全部款到时间、全部款到额、签约日期、终止日期、甲方经手人、乙方经手人、审批人等属性；增加合同（）、修改合同（）、删除合同（）、打印合同（）、查询合同（）等操作。可以把这些两个类共有的内容抽象出来，形成一个新类——合同（Contract）类。以合同（Contract）类为基类，派生出销售合同（SalesContract）类和履约合同（FulfilContract）类，它们之间存在继承关系。

在实际编程中，SalesContract类和FulfilContract类可以通过继承的方式继承Contract类的属性和操作，可以省却大量重复编码的麻烦，达到一定的代码复用效果。类图如图6-6所示（部分省略）。

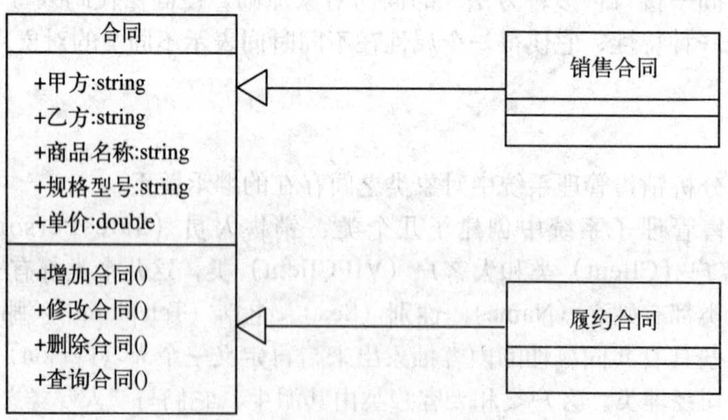

图6-6 合同类的继承关系图

注意，在类的继承和派生关系中，继承方式分为私有继承、公有继承和保护继承。如果在类图的继承关系中没有说明继承方式，表示默认为是公有继承。

如果读者感兴趣的话，可以对进销存管理子系统中的类之间的继承关系进行进一步抽象，画出自己需要的继承图。

6.3 系统建模过程

下面以销售管理子系统中类的继承关系为例，介绍这些关系在基于UML的可视化建模工具Rational Rose中的表示方法。

在销售管理子系统中，销售合同SalesContract类和履约合同FulfilContract类都具有合同Contract类的共同特征，SalesContract类和FulfilContract类之间的共同部分可以从Contract类中继承。它们之间的继承关系可以用以下步骤来创建。

6.3.1 类的图符建模

1）从“开始”菜单的程序里，打开Rational Rose应用程序，选择“File”菜单下的【Open...】选项，打开事先创建好的Rose模型文件“销售管理子系统.mdl”，选择浏览器中的逻辑视图“Logical View”，单击鼠标右键，在弹出的菜单中选择【New→Class】，创建一个新的类，然后将类名更改为合同（Contract），用同样的方法创建SalesContract类和FulfilContract类。

2）按照5.3节中系统建模过程的操作步骤，将Contract类的甲方（TheFirstParty）、乙方（TheSecondParty）、商品名称（ProductName）、商品规格型号（ProductModel）、标记（Marker）、签约日期（SignDate）、审批人（AuthorizePeople）等属性（省略部分属性）和增加合同（AddContract）、修改合同（AmendContract）、删除合同（DeleteContract）、打印合同（PrintContract）、查询合同（GetContract）等操作添加完全，属性的可见性设置为保护类型，操作的可见性设置为公有类型。用同样的方法将SalesContract类的销售合同编号（SalesContractID）属性以及FulfilContract类的履约合同编号（FulfilContractID）、履约标志（FulfilMarker）等属性添加完全，其可见性设置为私有类型。其图符如图6-7所示。

6.3.2 类之间继承关系建模

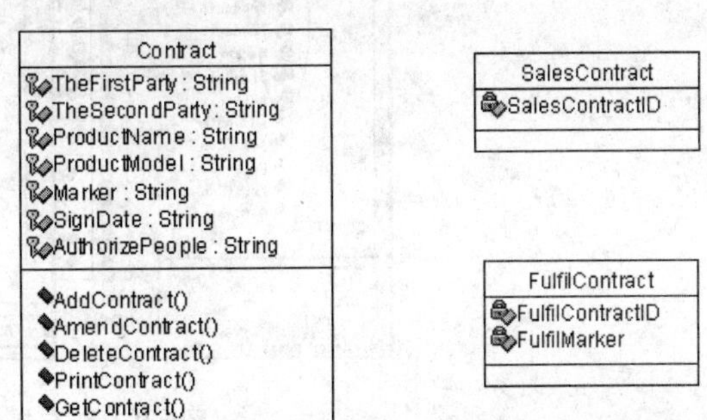

图6-7 创建合同、销售合同和履约合同类

(1) 双击浏览器中“Logical View”下的Main图标，弹出类图绘制窗口（Class Diagram），用鼠标左键从浏览器中将事先创建好的类Contract类（省略部分属性和操作）、SalesContract类和FulfilContract类拖到类图绘制窗口中。

(2) 选择类图工具栏的继承“Generalization”图标，在类图窗口中，按下鼠标左键，将光标从SalesContract类移动到Contract类，如图6-8所示，在二者之间出现一个表示继承关系的空心箭头标志。同理添加FulfilContract类与Contract类之间的继承关系，结果如图6-8所示。

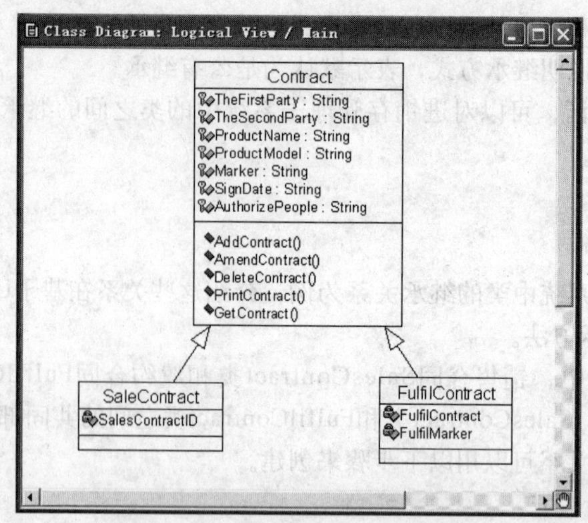

图6-8 销售管理系统中的继承关系

6.3.3 类的继承方式建模

在Rational Rose中，类的继承方式有三种：私有继承、保护继承和公有继承。下面分别介绍这三种继承方式的建模过程。

(1) 私有继承方式

将Contract类的属性均设置为私有。在类图中双击SalesContract类图标，弹出“Class Specification for saleContract”对话框，单击Attributes选项，注意这时显示继承“Show inherite”复选框被选择，从图6-9中可以看出，在Attributes列表中，父类中的私有属性没有被继承。

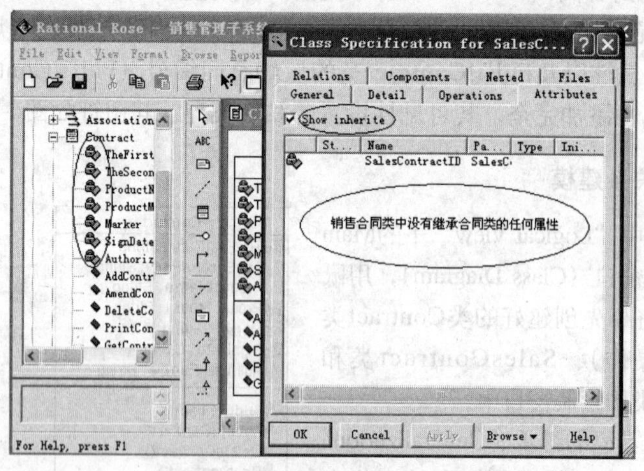

图6-9 私有属性的继承性示意图

(2) 保护继承方式

将Contract类的TheFirstParty、TheSecondParty和ProductName属性设置成保护属性，可以

看到“Show inherite”被选择时，Attributes列表中继承了父类中的三个属性TheFirstParty、TheSecondParty和ProductName。如图6-10所示。

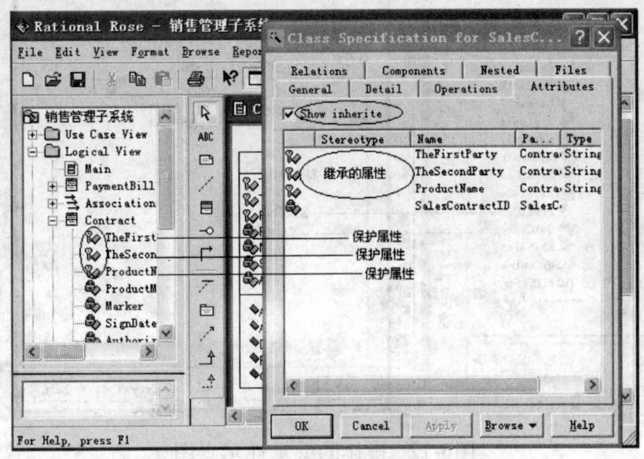

图6-10　保护属性的继承性示意图

(3) 公有继承方式

将Contract类的ProductModel和Marker属性设置成公有属性，可以看到Show inherite被选择时，Attributes列表中继承了父类中的两个属性ProductModel和Marker。如图6-11所示。

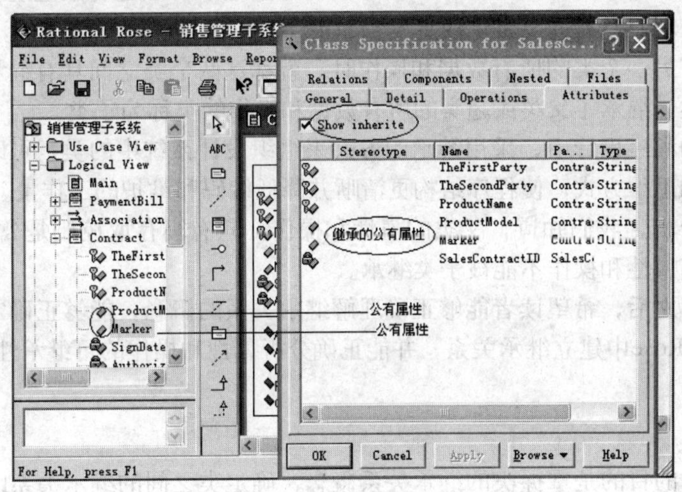

图6-11　公有属性的继承性示意图

(4) 操作的继承方式

操作的继承性质和属性的继承性质是一样的，只有当设为公有操作或保护操作时，子类才能继承。如图6-12所示，将Contract类的AddContract、AmendContract、DeleteContract操作设为私有操作，GetContract设为保护操作，PrintContract设为公有操作，那么在SalesContract类中，只继承了Contract类的保护操作GetContract和公有操作PrintContract，私有操作

AddContract、AmendContract、DeleteContract没有被继承。

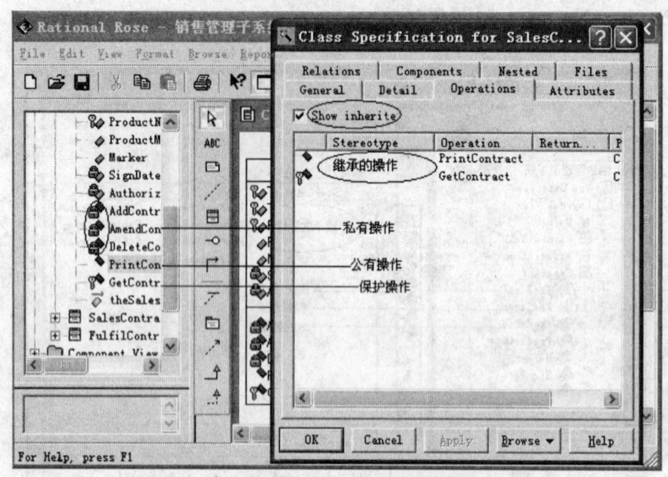

图6-12 操作的继承性示意图

6.4 小结

继承是面向对象的特征之一，它实际上是存在于面向对象程序设计中的两个类之间的一种关系，是面向对象程序设计方法的一个重要手段，通过继承可以更有效地组织程序结构，明确类间的关系，充分利用已有的类来完成更复杂、更深入的开发。

当一个类拥有另一个类的所有数据和操作时，就称这两个类之间具有继承关系。被继承的类称为父类或超类，继承了父类或超类的所有数据和操作的类称为子类。

在面向对象的程序设计中，采用继承的方式来组织设计系统中的类，可以提高程序的抽象程度，更接近人的思维方式，使程序结构更清晰并降低编码和维护的工作量。

通过前面的分析，我们知道，父类的属性和操作，只有当存取控制是公有和保护控制时，才能被继承。私有属性和操作不能被子类继承。

在本章的学习之后，希望读者能够正确理解继承关系的概念，能够正确定义继承关系，懂得如何在Rational Rose中建立继承关系，并能正确分析属性和操作的可继承性。

6.5 评价标准

本章课程设计的目的是掌握类的继承关系概念，确定类之间的继承关系以及创建类之间的继承关系模型。从系统中具有相同特征的对象类中分析出具有继承关系的类，并能使用Rational Rose正确画出继承关系的可获得75分以上的成绩。如果进一步对继承关系模型和继承关系描述进行改进和完善，最高可得85分。如果对自选的题目建立起完整的继承关系模型，则可以考虑给予85分以上。

如果不能掌握继承关系的概念，难以分析出具有继承关系的类，分数应该在75分。

第7章 对象类关联关系建模

关联关系描绘了给定类的对象个体之间的语义连接，是类与类之间的连接。关联可以分为一般关联、聚合关联、组合关联和依赖关联等。一般关联包括一对类的二元关联及多个类之间的多元关联。聚合（Aggregation）表示整体和部分之间较强的关联关系，聚合关系的多重性大于1，则称为共享聚合。组合（Composition）关系表示整体和部分之间有比聚合关系更强的关系，它们之间是一对一的关系，即同生死共存亡，组合关系不能共享。依赖关系是一种使用关系，表现为一个对象仅仅调用了另一个对象的服务。

本章目的

- 理解面向对象类之间关联关系的概念
- 了解和掌握分析类之间的关联关系的方法
- 了解和掌握待开发系统中类之间关联关系的分析方法
- 掌握使用Rational Rose如何对关联关系进行建模的过程

7.1 基本概念

关联关系和依赖关系是对象类之间的两种主要关系，这里简单介绍它们的基本概念。

7.1.1 类的关联关系

关联关系是类之间的语义联系，代表类的对象之间的一组连接。两个类之间的关联，在具体程序编码的实施中，可以通过在一个类的属性和操作定义中将相关联类的对象作为对象成员或操作的对象参数而体现出来。

1. 简单关联

关联存在多重性用来描述一个关联的实例中有多少个相互连接的对象。关联的多重性是一个取值范围的表达式或者一个具体值，可以精确地表示多重性为0或1个（0…1）、0或多个（0…n）、1或多个（1…n）、多个（*），如果需要还可以标明精确的数值。在UML中，二元关联（简单关联）的标记是一条连接参与类的直线。线段附近显示关联的名称和重数。

图7-1的类图给出教学管理系统中开设的“课程”类和学生“选课注册”类之间的简单关联，这个关联表示学生可以对开设的选修课程进行选课注册。该类图表示一名学生可以选修多门课程，而一个待选修课程也可以被多名学生所选修。当然，一名学生也可以一门课程都不选修，而一个待选修课程也可以没有学生选修，所以两个关联类的重数都是“0…n”。

在“课程”类中，有9个私有属性，定义了该类的特性。还定义了4个公有操作，描述了该类的功能和提供的服务。

两个类之间有关联，在具体程序编码的实施中，可以通过在自己类的属性和操作定义中将相关联类的对象作为对象成员或操作的对象参数使用而体现出来。

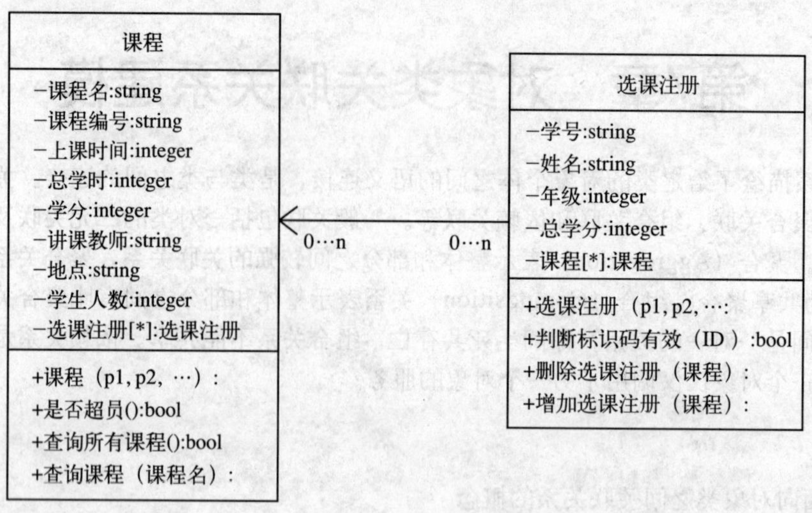

图7-1　两个有选课关联的类

例如：在图7-1中“课程”类的属性定义中最后一个属性“选课注册[*]：选课注册”，就是将相关联的“选课注册”类的对象作为对象成员定义的。“选课注册”指明该对象成员被定义为可变长度阵列（数组），用来存放选修某一门课程的所有学生信息。该可变长度阵列的每个元素描述一个学生选课注册的基本信息，包括学生姓名、学号、年级等。

同样的道理，在“选课注册”类的属性定义中最后一个属性“课程[*]：课程”，也是将相关联的“课程”类的对象作为对象成员定义的，“课程”指明该对象成员被定义为可变长度阵列（数组），用来存放某一个学生选修的所有课程的信息。该可变长度阵列的每个元素描述一门课程的全部信息，包括课程名、课程编号、总学时、学分、上课地点、讲课教师等。

在操作的定义中也体现了关联关系。例如，在“选课注册”类的操作定义中最后两个操作“增加选课注册(课程)”和“删除选课注册(课程)”，将相关联类的“课程”对象作为参数成员使用。

2. 多重关联

两个以上的类之间也可以互相关联。图7-2给出一个三元关联的例子，它描述了开发商、建筑商和商品楼之间的关系。图中还可以加上重数和角色名等。在图中多重性标志“*”表示可以有多个对象出现。

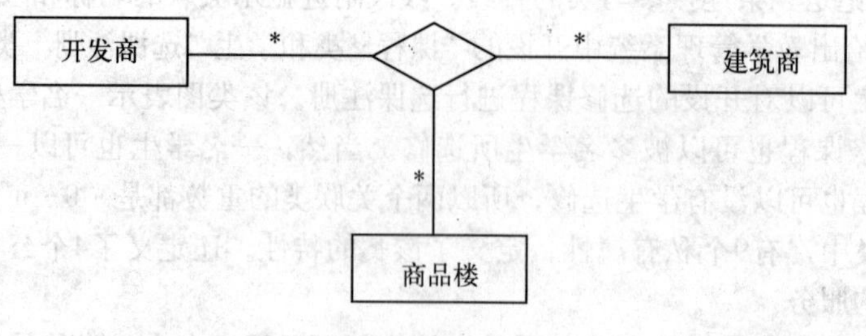

图7-2　三元关联

图7-2的类图描述一个开发商可以与多个建筑商签定合同，开发多个商品楼；一个建筑商也可以与多个开发商签定合同，开发多个商品楼。同样，一个商品楼也可以被多个开发商和建筑商开发。

3. 聚合关联

聚合（Aggregation）关系是关联关系的一种，是强的关联关系。聚合是整体和部分之间的关系。与关联关系一样，聚合关系也是通过类的实例来实现的。但是，关联关系所涉及的两个类是处在同一个层次上的，而在聚合关系中，两个类是处在不平等的层次上，一个代表整体，另一个代表部分。

聚合关系是一种特殊的关联关系，它用于对聚合关系体与其组成部分之间的关系进行建模。聚合关系有许多组成关系的示例：图书馆珍藏大量的书籍，公司由雇员组成，计算机由许多配件组成等等。如果对此进行建模，那么聚合关系体（如，公司）与其组成部分（如，雇员）之间就存在聚合关联关系。在关联关系路径上，用位于聚合关系体端的空心菱形来表示聚合。如图7-3所示，每台计算机由多种配件组成，每种配件可用于多台计算机上。表示一个类是另一个更大整体类的一部分，这就是聚合关系。聚合关系可分为两类：共享聚合和组合聚合。

（1）共享聚合

如果为聚合关系体确定的多重性大于1，那么该聚合关系就称为共享聚合。即使破坏了聚合关系体，也不一定会破坏其中的各个组成部分。这意味着，一个共享聚合关系会形成一个图，或形成一个具有许多根的“树”。共享聚合关系通常用于两个类之间有着较强联系的场合。

共享聚集的“部分”对象可以是任意“整体”对象的一部分，表示事物的整体/部分关系较弱的情况。如果“整体”端的重数不是1，那么这种聚集是共享的。空心菱形表示共享聚集，它画在代表事物整体一端。如图7-3中代表事物整体的计算机类的多重性为*，表明某一配件的设计可用于多种不同型号的计算机上。

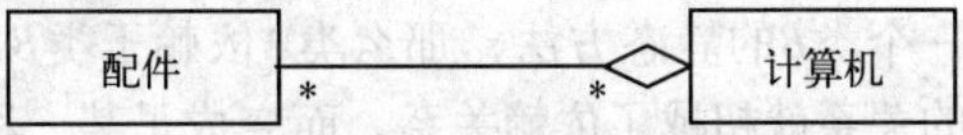

图7-3 共享聚集的例子

（2）组合聚合

组合（Composition）关系是关联的一种，是整体与部分的关系比共享聚合更强的关联关系。它要求普通的聚合关系中代表整体的对象负责代表部分的对象的生命周期，组合关系是不能共享的。代表整体的对象需要负责和保持部分对象的存活，在一些情况下负责将代表部分的对象湮灭掉。代表整体的对象可以将代表部分的对象传递给另一个对象，由后者负责此对象的生命周期。换言之，代表部分的对象在每一个时刻只能与一个对象发生组合关系，由后者排他地负责其生命周期。

组合关联也是一种聚合关联，它具有很强的归属关系，而且部分与聚合关系体的生存期恰巧相同。聚合关系体一端（在图7-4中为订单）的多重性数量可能不会超过1（即它无法被共享）。这种聚合关系也是不可变更的。也就是说，一旦建立组合关系，就无法更改它的链接。这意味着，组合关系会形成一个具有很多部分的“树”，“树根”为聚合关系体，“树枝”为各个组成部分。

如果聚合关系体和各个组成部分之间存在很强的依赖关系，或者如果没有各组成部分，聚合关系体的定义就不完整，则应该使用组合关系，而不应该使用简单的聚合关系。在图7-4示例中，如果订单没有预订任何东西（即产品的明细分类项），订单就没有意义。在某些情况下，这种互相依赖的关系可能在分析阶段就被确定（此示例就是一例），但更多的情况是，直到设计阶段才能很有把握地确定这种关系。

如图7-4所示，关联关系路径的末端有一个实心菱形，用来表示组合聚合关系。

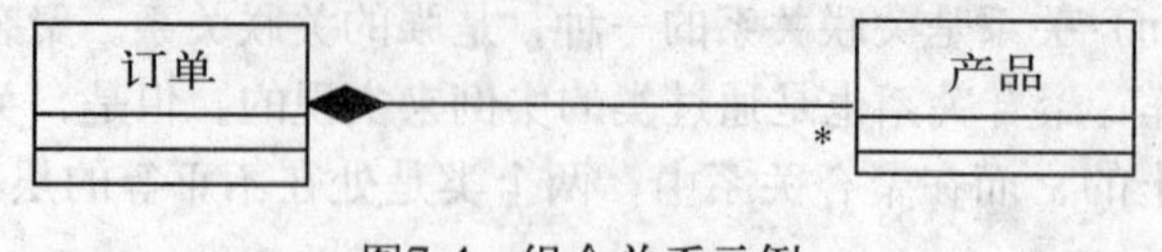

图7-4 组合关系示例

7.1.2 依赖关系

关联的主要目的是要得知外部对象的属性和方法，而依赖的主要目的是将对象或类信息作为外部状态传进类中形成外蕴。

依赖关系是一种使用关系，表现为一个对象仅仅是调用了另一个对象的服务。如有两个元素*X*、*Y*，如果修改元素*X*的定义可能会引起对另一个元素*Y*的定义的修改，则称元素*Y*依赖于元素*X*。在类中，依赖由各种原因引起，如：一个类向另一个类发消息；一个类是另一个类的数据成员；一个类是另一个类的某个操作参数。如果一个类的界面改变，它发出的任何消息可能不再合法。

依赖（Dependency）也是类与类之间的连接，依赖总是单向的，表示一个类依赖于另一个类的定义。一般而言，依赖关系在语言中体现为局域变量、方法的参量，以及对静态方法的调用。换言之，一个类*A*的某一个局域变量的类型是另一个类*B*，那么类*A*就依赖于类*B*。如果一个方法的参量是另一个类*B*的实例，那么这个方法所在的类*A*依赖于类*B*。如果一个类*A*调用另一个类*B*的静态方法，那么类*A*依赖于类*B*。如果类*B*出现在类*A*的实例变量中，那么类*A*与类B的关系就超越了依赖关系，而变成了某一种关联关系。

依赖用一个从客户指向提供者的虚箭头表示，用一个构造型的关键字来区分它的种类。如图7-5所示。

图7-5 类*A*依赖类*B*

7.1.3 关联和依赖关系的区别

关联和依赖的区别在于它们表达模型的时候描述的是两个不同的方面。依赖描述的是类发生改变引起其他类相应变化，它不仅可以由类之间的关联引起，也可以由类中操作的参数变化（该参数是类的对象）以及类之间消息传递机制引起。只要一个类发生的变化会引起另一个类变化就可说它们之间存在依赖。关联表达的是类之间的包含关系，类实体之间的数量关系，比如车和车主，定单和商品等。关联不一定必须是依赖的，尽管车主和车之间存在包含关系，但车的操作流程变了并不一定必须要车主类也发生相应变化。

7.2 案例分析

可以使用下列的指导方针列出暂时性的关系：

1）存在两个或两个以上的类相互之间就可能有关联。

2）类的操作（成员函数）的参数列表里出现其他类的对象。

3）一个类包含另一个类的对象（对象成员）。

4）根据一般常识可能会出现的关联。

下面我们以进销存管理子系统的销售管理子系统为例，分析该系统中存在的关联和依赖关系。

7.2.1 销售管理子系统中的关联

在销售管理子系统中，定义的各个类之间一般都有关系发生。销售人员和客户（大客户）共同签署销售合同，销售合同中涉及到多种可以销售的产品，合同经公司经理审查并签字后该合同才能生效，付款单需要客户付款，销售人员签发催款单向客户催缴欠款，销售人员制定销售计划，销售人员要检查督促执行期合同按合同执行、履约，履约后的合同转到履约合同数据库存档备查等等。

这些类之间的关系可以分为一般关联、聚合组合关联和依赖等关系。销售人员类与客户（大客户）类之间的关联关系如图7-6所示。

从图中的描述可以看出，一个销售人员可以同多个客户签订销售合同，而一个客户也可以同不同的多个销售人员签订销售合同。销售人员同客户之间是多（*）对多（*）的关系。

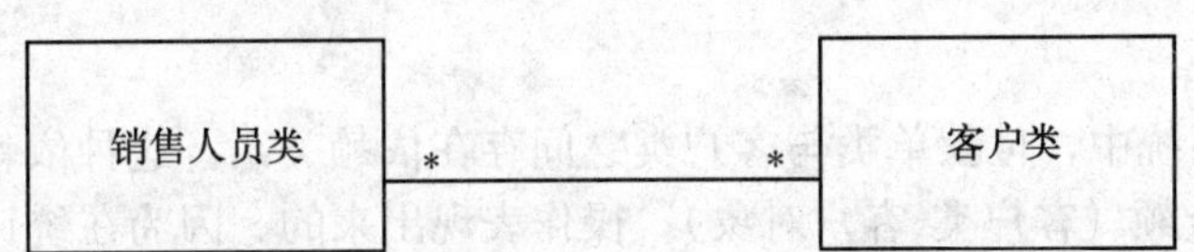

图7-6 销售人员类与客户类之间的一般关联关系（短式表示）

7.2.2 销售合同类中的对象成员与组合关联

在销售管理子系统中，考察销售合同（SalesContract）类、销售计划（SalesProject）类和产品（Product）类，我们会发现，在销售合同类的属性中，属性“销售产品”就是将销售产品作为合同的一个对象成员来定义的，“销售产品”是“产品”类的对象，指明该对象成员定义为可变长度阵列，用来存放某一个合同的所有销售产品的信息。该可变长度阵列的每个元素都描述一个销售产品的信息，包括销售产品编号（ProductID）、产品名称（ProductName）、规格（Specification）、单位（Unit）、单价（UnitPrice）等。如图7-7所示。

读者从图7-7中可以看出，一个销售合同可以拥有多个销售的产品，而这些销售的产品是专门为销售合同的签订而准备的。它们之间有着同生死共存亡的极强共生关系。

同样的道理，在销售计划类的属性中，属性“销售产品”也是作为销售计划的一个对象成员定义的。该对象成员描述一个销售产品的信息，包括销售产品编号、产品名称、规格、单位、单价等。如图7-8所示。

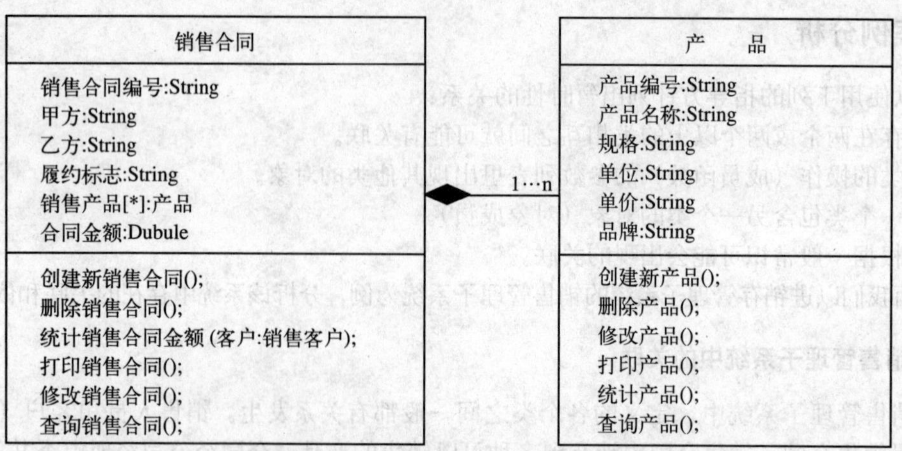

图7-7 销售合同类与产品类之间的组合关联（长式表示）

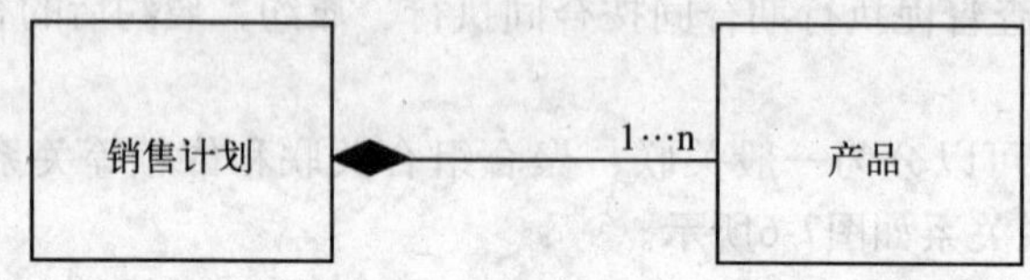

图7-8 销售计划类与产品类之间的组合聚集关系（短式表示）

7.2.3 依赖关系

在销售管理子系统中，付款单类与客户类之间存在依赖关系，这种依赖关系是通过付款单类中的“统计付款金额（客户类 客户对象）”操作表现出来的。因为在统计付款金额函数的参数中出现了另一个类的对象（客户类 客户对象），这就使这两个类产生依赖关系。在这个依赖关系中，付款单类依赖客户类。所以，表示依赖的虚线箭头从付款单类指向客户类。

据此可以画出付款单类与客户类之间的依赖关系的类图，如图7-9所示。

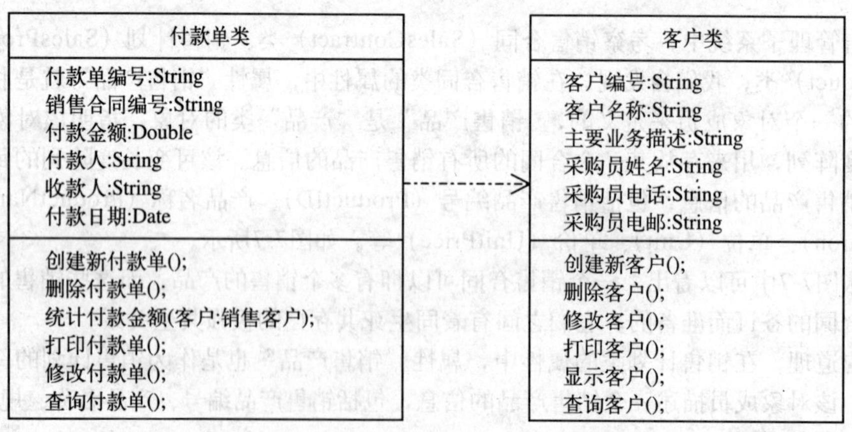

图7-9 付款单类与客户类之间的依赖关系的类图

7.3 系统建模过程

本节分别介绍如何使用Rational Rose对销售管理子系统中的类进行一般关联、聚合关联、组合关联、依赖关联关系建模。

7.3.1 销售管理子系统中一般关联关系的创建

1）确定关联关系类。按照5.3节的方法，打开“销售管理子系统.mdl”模型文件，在逻辑视图（Logical View）中，双击主窗口（Main），打开类图窗口（Class Diagram），按住鼠标左键，将事先定义好的销售人员（SalesPerson）类、客户（Client）类从浏览器中拖至类图窗口，如图7-10所示。

图7-10 类图中的几个类

2）添加关联。在添加关联前还必须先做一项工作，就是在工具栏中添加关联 图标。Rose中系统默认的类图工具栏中没有关联 图标，如图7-10中工具栏所示，对于新学者来讲，没有关联图标，下面的工作将很难展开。

在工具栏中用鼠标右键单击选择工具“Selection Tool”按钮，在弹出的菜单中选择【Customize...】选项，将弹出自定义工具栏对话框，如图7-11所示。

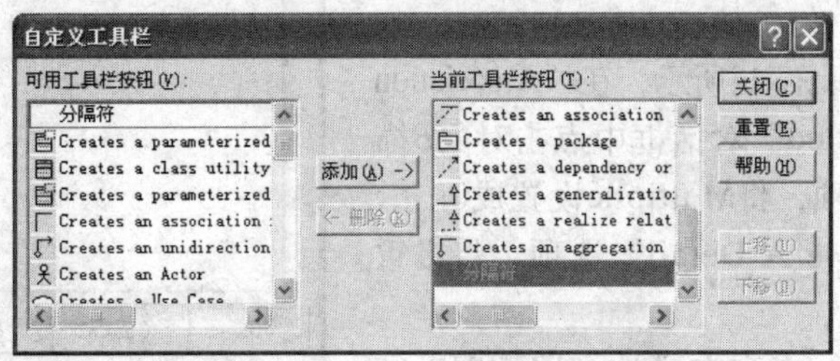

图7-11 自定义工具栏对话框

在自定义工具栏对话框的左边“可用工具栏按钮”框内选择需要的工具，在这里我们选择建立关联关系“Creates an association relationship”工具，然后按下位于中间位置的“添加”按钮，此时关联按钮将出现在右边的“当前工具栏按钮”框中，选择“关闭”按钮关闭对话框，关联按钮将出现在工具栏中，如图7-12所示。

在类图的工具栏中，用鼠标左键选择关联 图标，在类图窗口中，按下鼠标左键，从SalesPerson类指向Client类，则在它们之间添加了关联。如图7-12所示。

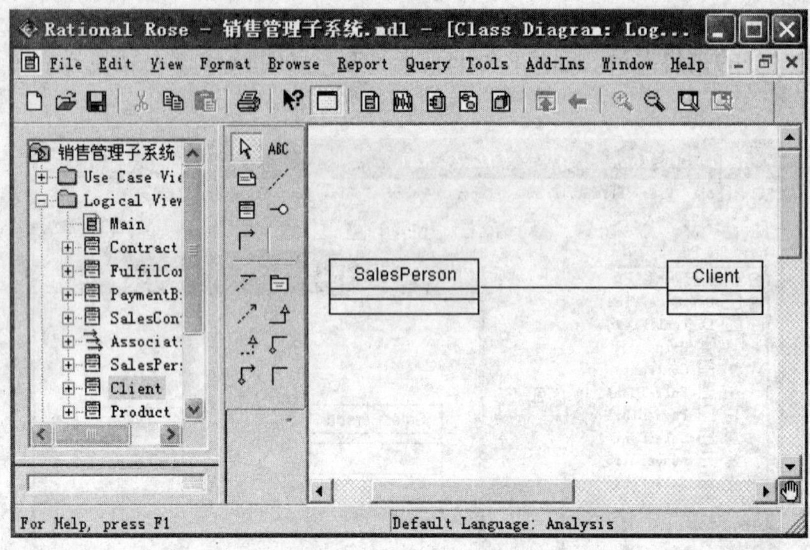

图7-12 添加关联关系

3）给新添加的关联命名。在类图窗口中，用左键选择类之间的关联线，按下鼠标右键，在弹出的菜单中选择“Open Specification...”选项，弹出未命名的关联规格说明（Association Specification for Untitled），如图7-13所示。在该对话框中可以设置关联的属性。关联两端的对象，直线的一端称为对象A（Role A），另一端称为对象B（Role B）。在这里，我们将Role A记为客户（TheClient）。

4）设置多重性。如图7-14所示，在“Association Specification For Untitled”对话框中点击对象*B*描述“Role B Detail”选项，将Multiplic设置成0…n，再点击对象*A*描述“Role A Detail”选项，将多重性Multiplic设置成0…n。

5）重复以上操作，直到完成该类图。图7-15为设置完成后的结果。

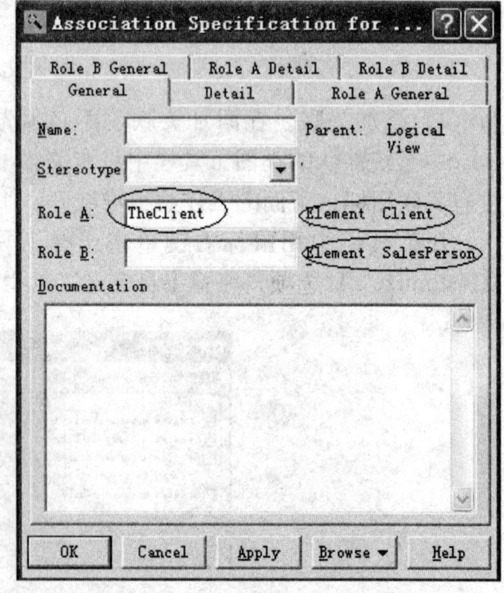

图7-13 关联规格说明对话框

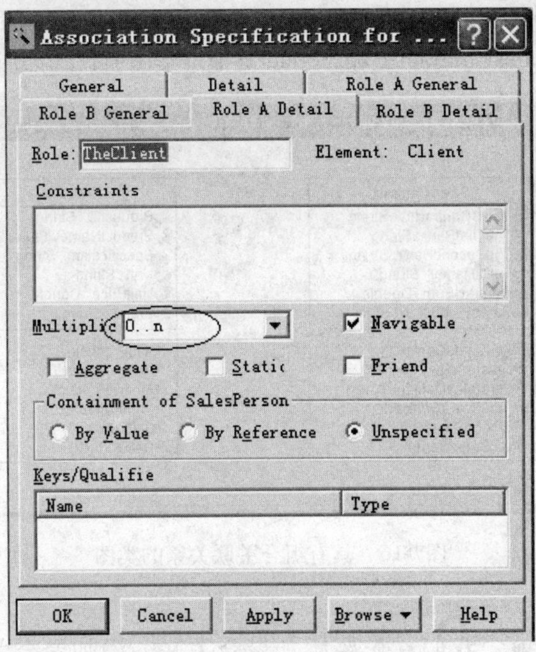

图7-14 设置关联的角色的重数

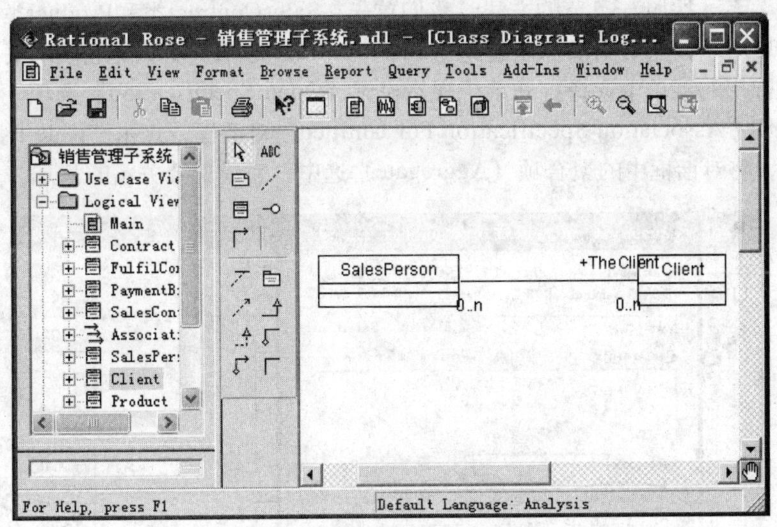

图7-15 设置了关联重数的类图

7.3.2 销售管理子系统中组合关联的创建

下面介绍在进销存管理子系统的销售管理子系统中如何创建组合关联。

(1) 确定组合关联的类

按照5.3节的方法，打开“销售管理子系统.mdl”模型文件，在逻辑视图（Logical View）

中，双击主窗口（Main），打开类图窗口（Class Diagram），按住鼠标左键不放，从浏览器中，将存在组合关联关系的SalesContract类和Product类拖进类图窗口。如图7-16所示。

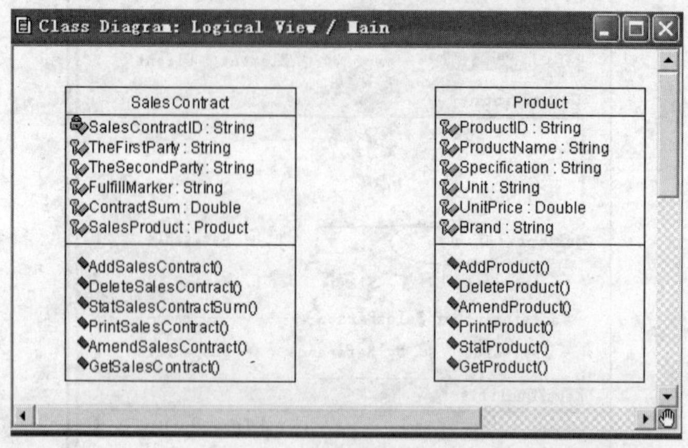

图7-16　具有组合关联关系的类图

（2）添加聚合关联

在添加组合关联之前，我们首先要添加聚合关联。添加聚合关联时，我们既可以在“Logical View”的工具栏里选择关联 图标用来直接添加聚合关联，也可以在关联关系的基础上添加聚合关系。按照7.3.1节的方法，我们首先在SalesContract类和Product类之间添加关联关系，如图7-17所示，然后用鼠标左键选中SalesContract类和Product类之间的关联关系，点击鼠标右键，在弹出的菜单中选择打开系统规格设置【Open Specification】选项，则弹出未命名的关联规格说明“Association Specification For Untitled”对话框，点击“Role B Detail”选项，如图7-17所示，将对话框中的聚合项（Aggregate）选中，完成聚合关系的添加。

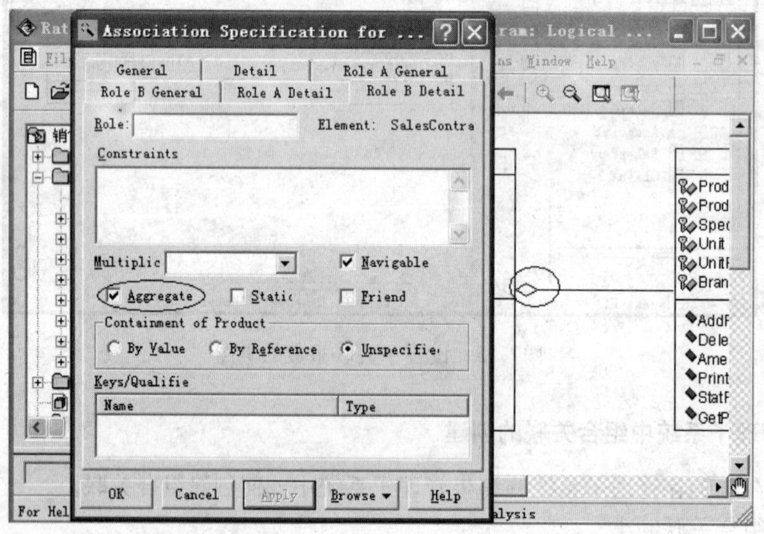

图7-17　聚合关系的建立

(3) 添加组合关联

将图7-17"Association Specification For Untitled"对话框中产品类的函数参数传递方式(Containment of Product)设置为传值(By Value),按下应用(Apply)按钮,类图中的聚合标记变成图7-18所示的组合关系的标记。

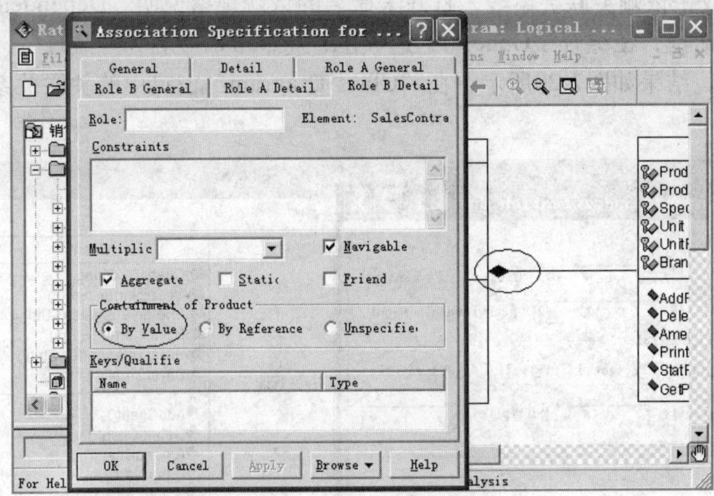

图7-18 组合关系的建立

7.3.3 销售管理子系统中依赖关联的创建

在进销存管理子系统的销售管理子系统中,PaymentBill类和Client类之间存在依赖关系。下面介绍它们之间的依赖关联关系创建。

(1) 确定依赖关联的类

按照5.3节的方法,打开"销售管理子系统.mdl"模型文件,在逻辑视图(Logical View)中,双击主窗口(Main),打开类图窗口(Class Diagram),按住鼠标左键不放,从浏览器中,将存在依赖关联关系的PaymentBill类和Client类拖进类图窗口。如图7-19所示。

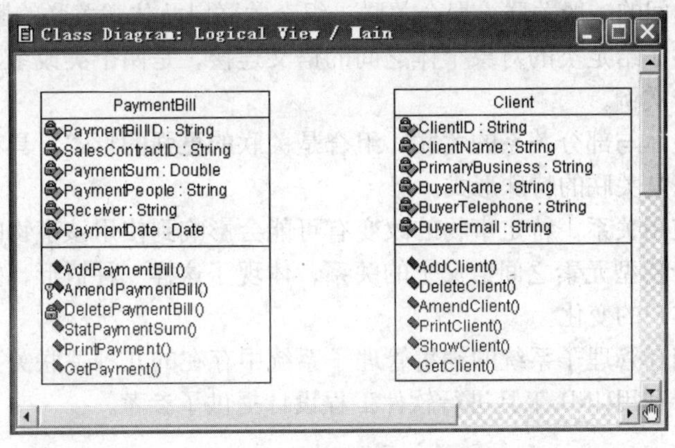

图7-19 存在依赖关联的两个类

（2）添加依赖关联

在类图“Logical View”的工具栏里，用鼠标左键选中依赖（Dependency）↗图标。在类图窗口中，将依赖图标从PaymentBill类拉至Client类，进而完成依赖关系的添加。

（3）给依赖关联命名

用鼠标左键双击依赖关联关系线，打开未命名的依赖规格说明“Dependency Specification for Untitled”对话框，在综合“General”选项中，将Name 命名为“统计”，鼠标左键单击应用按钮“Apply”。结果如图7-20所示，在“Class Diagram”窗口中的关联关系将出现“统计”字样。

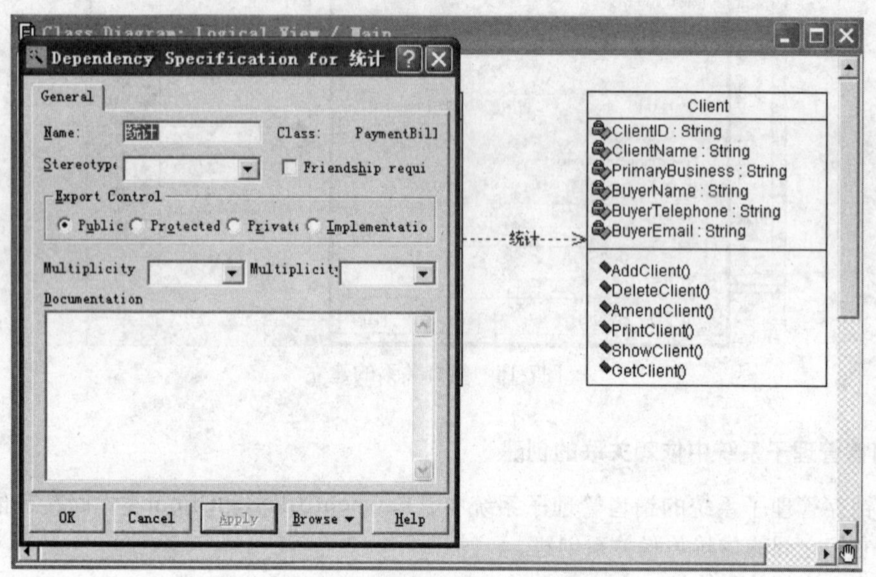

图7-20 依赖关联的添加

7.4 小结

本节介绍了对象类间的一般关联、聚合关联、组合关联以及依赖关联的概念。

一般关联关系描述了给定类的对象个体之间的语义连接，是两个类或多个类之间的一个关系。连接是关联的一个实例。

聚合关联是表达主体与部分关系的关联，组合是关联的更强的形式，具有管理组成部分的特有责任。聚合和组合是关联的特殊形式。

依赖关联是一种使用关系，特定事物的改变有可能会影响到使用该事物的事物，反之不成立。它表示两个或多个模型元素之间语义上的关系，体现了这样一种情形，提供者的某些变化会要求或依赖关系中客户的变化。

本节还分析了进销存管理子系统的销售管理子系统中存在的几种关联关系，并一一作图进行了说明描述，为读者利用UML工具进行软件工程设计提供了参考。

7.5 评价标准

本章的目的是要能掌握对象类之间几种关联关系的概念，读者能根据关联关系的概念对案例进行分析，就可获得80分以上的成绩；要是能熟练使用Rational Rose创建对象类的关联关系，就可以获得85分的成绩；如果对自选的题目建立起完整的继承关系模型，则可以考虑给予85分以上。

如果达不到上述要求，只是对概念有更深的了解，建议给75分的成绩。

第8章 顺序图建模

顺序图（Sequence Diagram）是交互图的一种，它强调的是消息发送的时间先后顺序，是描述系统中类和类之间的交互，它将这些交互建模成消息交换，也就是说，顺序图描述了类相互协作完成预期行为的动态过程，它利用对象的“生命线”和它们之间传递的消息来显示对象如何参与交互。

本章目的

- 理解顺序图的基本概念
- 了解和掌握软件工程中用例逻辑时序的分析方法
- 了解和掌握销售管理子系统中顺序图的设计和实现
- 掌握使用统一建模语言Rational Rose 创建顺序图的方法

8.1 基本概念

顺序图用来描述对象间的交互行为。它注重消息的时间顺序，即对象间消息的发送和接收的顺序。顺序图还揭示了一个特定场景的交互，即系统执行期间发生在某个时间点的对象之间的特定交互，它适合于描述实时系统中的时间特性和时间约束。

8.1.1 交互图

在面向对象系统分析与设计中，动态建模用来描述系统的动态行为，显示对象在系统运行期间不同时刻的动态交互。在UML中，动态模型主要是通过交互图和行为图来描述。对象之间的合作在UML里被称为交互，交互是为达某一目的而在一组对象之间进行消息交换的行为，交互可以对软件系统为实现某一任务而必须实施的动态行为进行建模。交互所包含的UML建模元素包括对象和消息，它们必须通过某种载体表现出来，在UML中，此载体就是交互图。交互图描述对象间的交互，其中包括了一系列的对象及其关系以及通过这些关系在对象之间传递的消息。

交互图可分为两类：顺序图（sequence diagram）、合作图（collaboration diagram），它们在语义上是等价的，这意味着顺序图和合作图内部包含的信息是相同的，通过工具，两图可以互相自动转换。

8.1.2 顺序图

顺序图用于为使用方案的逻辑建模，使用方案的逻辑可以是用例的一部分，可以是备选过程，也可以是整个用例过程，还可以是几个用例中包含的逻辑。顺序图以可视方式为系统中逻辑的流程建模，能够让您记载和验证逻辑，这通常用于分析和设计目的。

顺序图属于行为化的类元中的某个交互。默认情况下，类元是一个协作，一个协作可能具有多个交互，但一个交互仅能包含一个顺序图。我们不能在项目中移动顺序图，不能仅从顺序图中删除一个图元素，因为顺序图是规范的并表示项目或源代码本身，必须从整个项目中删除顺序图。

顺序图的组成：顺序图由执行者（Actor）、对象（Object）、消息（Message）、生命线（Lifeline）和控制焦点（Focus of Control）组成。在UML中对象表示为一个矩形（短式），其中对象名称标有下划线，消息在顺序图中用带标记的箭头表示，生命线用虚线表示，当对象处于激活状态时，生命线是一个双道实线，控制焦点由薄薄的矩形表示。

顺序图的构成：顺序图将交互关系表示为一个二维图，参加交互的各对象在顺序图的顶端沿水平方向排列，对象之间传递的消息，用箭头表示，水平放置，沿垂直方向排列，在垂直方向上越靠近序列图顶端的消息，其执行顺序越靠前。

如图8-1所示为订房系统中顾客通过前台系统订房的顺序图。客户首先插入信用卡发出订房请求，输入订房的日期，前台系统提供给客户可选择的房间号，由客户自己选择房间，前台系统将订房信息提交给订房服务系统，服务系统与网上信用卡服务系统通信，网上信用卡服务系统完成交易授权，订房服务系统确认客户订房成功，返回给前台系统订房成功信息，前台系统打印报告，过程结束。

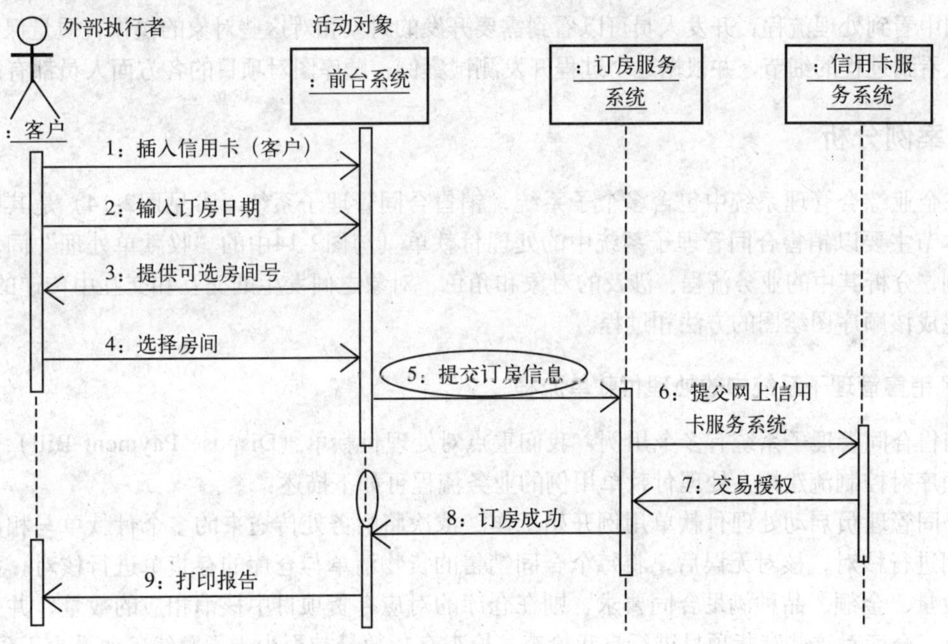

图8-1　前台系统订房顺序图

从上图中可以看到，交互中涉及的类元角色显示在图的顶部，但没有显示关联角色。顺序图中的垂直深度代表时间，交互中的消息按照它们被发送的次序从图的顶部画到底部。

每个角色下面都有一条延伸的虚线，称为角色的生命线（lifeline）。生命线表示充当该角色的对象实际存在的一段时间。

消息被表示为箭头线，从消息发送者的生命线指向接收者的生命线。当消息被发送时，控制从消息的发送者传递给接收者。对象处理消息的一段时间被称为一次激活，表示为生命线上的一个拉长的矩形，其顶端连接一个消息。

当对象完成一个消息的处理时，控制返回到该消息的发送者。这标志着对应于该消息的激活结束，用一个从该激活矩形底部返回到发送该消息角色生命线的虚箭头线标记，这个激活就是由该角色发送的消息引起的。

上图所示的消息具有实心的箭头线，表示同步消息，在过程调用中这种消息的特征表现为发送消息的对象中的处理被挂起，直到被调用对象结束了对该消息的处理并将控制返回调用者。

在处理消息期间，一个对象可能向其他对象发送消息。这些消息表示为从第一个消息对应的激活出发，到接收者生命线为止的箭头线，在那里它们引起第二个激活。

在顺序图中是否显示激活和返回消息是可选的，随消息传递的参数以传统函数的形式表示，返回给消息发送者的数据值显示在激活结束时的返回消息上。

在顺序图中，先从左到右按交互发生的先后顺序放置交互中的实例对象，然后从顶部到底部按发送时间的先后顺序在实例之间放置消息。执行发生在生命线上并显示控制流的开始和结束。

顺序图供不同种类的用户使用。用户可以从顺序图中看到业务过程的细节；分析人员可以从顺序图中看到处理流程；开发人员可以看到需要开发的对象和对这些对象的操作；质量保证工程师可以看到过程的细节，并根据这个过程开发测试案例；顺序图对项目的各方面人员都有用。

8.2 案例分析

在企业综合管理系统中包含多个子系统，销售合同管理子系统（参见图2-14）是其中的一个，本节主要以销售合同管理子系统中的处理付款单（与图2-14中的“收款单处理”同名）用例为例，分析其中的业务流程、涉及的对象和角色、对象之间发生的交互和交互中传递的消息，最后完成该顺序图绘图的方法和过程。

8.2.1 销售管理子系统中的处理付款单流程

销售合同管理子系统有多个用例，我们重点对处理付款单（Dispose Payment Bill）用例按时间顺序对控制流建模。处理付款单用例的业务流程可如下描述：

合同管理员启动处理付款单用例开始工作。依次将财务处传送来的多个付款单与相应的销售合同进行核对，核对无误后，将每个合同销售的货物清单与仓库的存货单进行核对，如果货物的数量、金额、品种满足合同要求，则在仓库的对应存货项目中核消相应的数量，并且在核消同时，仓库对这些存货项目进行自我检查，检查存货数量是否少于预警线，如果少于预警线，打印预警货物清单。然后仓库管理员根据销售合同核消货物的数量、金额、品种打印出库单，客户可以持出库单到仓库提取货物。

8.2.2 处理付款单流程涉及的对象

根据对付款单流程的描述可以找到该用例所涵盖的对象，运用5.1.1节的名词/动词法，从事件流程中发现和筛选出来的各类对象有：

（1）实体类对象

合同管理员（ContractManager）、付款单（PaymentBill）、销售合同（SalesContract）、销售货物清单（SalesGoodsBill）、存货项目（InventoryItem）、库存预警清单（StorageAlertBill）、出库单（OutWarehouseBill）。

（2）边界类对象

销售合同管理界面（SalesContractManageForm）。供销售人员完成增加合同、修改合同等操作使用。

8.2.3 处理付款单流程中对象之间的交互

以上我们对核对付款单（Dispose Payment Bill）的流程有了一个清晰的了解，对核对付款单顺序图中涉及的对象也明确了，现在就来分析这些对象之间的交互以及这些交互涉及的对象和传递的消息。

【交互1】启动系统

功能：合同管理员启动"：销售合同管理窗口"，对财务处发来的"付款单"进行处理。

涉及的对象："：合同管理员"对象向"：销售合同管理窗口"对象发送消息。

消息的类型：简单消息。

传递的消息：口令密码()。

返回的消息："口令密码正确"或"口令密码出错"信息。

【交互2】处理付款单

功能：通过"：销售合同管理窗口"对财务处发来的所有的付款单依次进行循环处理。

涉及的对象："：销售合同管理窗口"对象向"：付款单"对象发送消息。

消息的类型：循环消息。

传递的消息：*[直到无付款单]处理()。

返回的消息：无返回消息。

【交互3】核对合同

功能：通过循环依次对每个付款单与所有的销售合同进行核对处理，找到相应的合同。

涉及的对象："：付款单"对象向"：销售合同"对象发送消息。

消息的类型：循环消息。

传递的消息：*[直到无合同] 核对销售合同()。

返回的消息：返回"合同核对完毕"或"合同核对出错"消息。

【交互4】核对销售货物清单

功能：通过循环依次对每个销售合同进行核对销售货物清单处理，判定仓库里是否有合同要求的货物。

涉及的对象："：销售合同"对象向"：销售货物清单"对象发送消息。

消息的类型：循环消息。

传递的消息：*[合同中所有销售货物]核对()。

返回的消息：返回"合同货物清单核对完毕"或"合同货物清单核对出错"消息。

【交互5】核查/核消货物清单

功能：仓库里如果有合同要求的货物，则核消库房清单中相应货物的数量。

涉及的对象："：销售货物清单"对象向"：存货项目"对象发送消息。

消息的类型：简单条件消息。

传递的消息：1、[有存货]：= 核查()；2、[有存货]：=核消()

返回的消息：返回"货物核对、核消完毕"或"货物核对、核消出错"消息。

【交互6】自查核消后的货物存储量（自调用）

功能："：存货项目"对象自调用核查库房中被核销后的货物存储量是否小于最小预警量。

涉及的对象："：存货项目"对象自已向自己发送消息。

消息的类型：简单自调用消息。

传递的消息：[小于预警量]检查()。

返回的消息：返回"该存货项目大于最小预警量"或"该存货项目小于最小预警量"。

【交互7】创建预警清单

功能：对"该存货项目小于最小预警量"的存货项目创建小于最小预警量库存货物清单。

涉及的对象："：存货项目"对象向新创建的"：库存预警货物清单"对象发送消息。

消息的类型：简单消息。

传递的消息：创建库存预警货物清单()。

返回的消息：返回"库存预警货物清单创建成功"或"库存预警货物清单创建失败"。

【交互8】打印预警清单

功能：打印创建的小于最小预警量库存货物清单，送采购部门或生产调度部门。

涉及的对象："：存货项目"对象向新创建的"：库存预警货物清单"对象发送消息。

消息的类型：简单消息。

传递的消息：打印库存预警货物清单()。

返回的消息：返回"打印库存预警货物清单成功"或"打印库存预警货物清单失败"。

销毁的对象：库存预警货物清单打印完毕，销毁"：库存预警货物清单"对象。

【交互9】创建出库单

功能："：库存预警货物清单"对象为已经核销过的存货项目创建出库单。

涉及的对象："：库存预警货物清单"对象向新创建的"出库单"对象发送消息。

消息的类型：简单消息。

传递的消息：创建出库单()。

返回的消息：返回"创建出库单成功"或"创建出库单失败"。

【交互10】打印出库单

功能：打印创建的"：出库单"，供客户提货。

涉及的对象："：库存预警货物清单"对象向新创建的"出库单"对象发送消息。

消息的类型：简单消息。

传递的消息：打印出库单()。

返回的消息：返回"打印出库单成功"或"打印出库单失败"。

销毁的对象：出库单打印完毕，销毁"：出库单"对象。

通过以上分析知道，销售合同管理子系统中的处理付款单用例中共有10个交互，交互的消息类型有循环、条件、自调用等。涉及的对象有8个，其中在交互中创建和销毁的对象2个。根据以上分析整理得到处理付款单顺序图如图8-2所示。

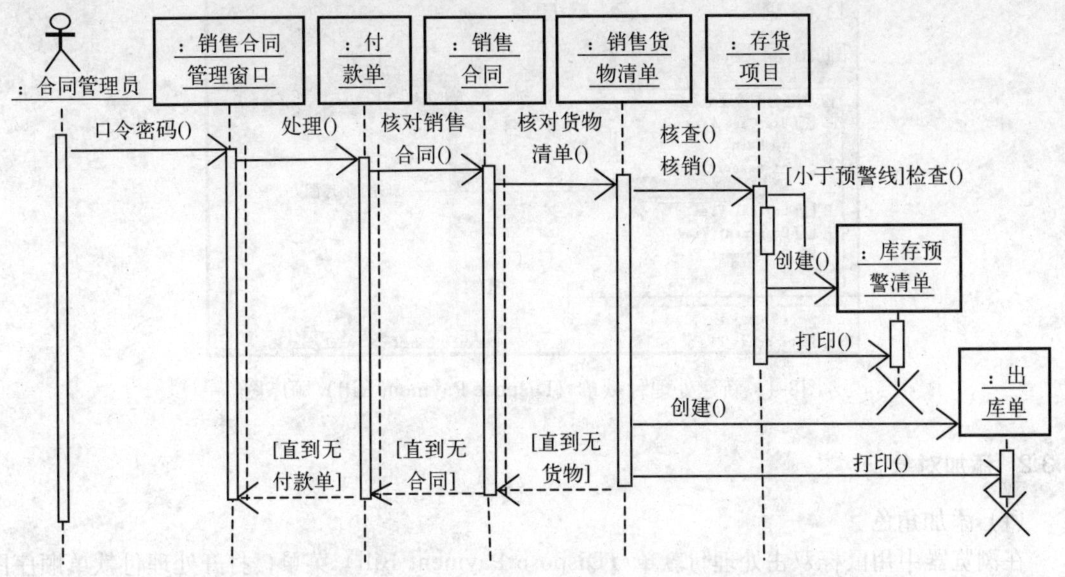

图8-2 处理付款单顺序图

8.3 处理付款单顺序图的创建

接下来，我们介绍如何使用统一建模语言Rational Rose来创建处理付款单（Dispose Payment Bill）顺序图。

8.3.1 创建顺序图

（1）新建模型文件

打开Rational Rose应用程序，单击菜单栏的文件“File”下拉菜单，单击存盘“Save”，将新建文件保存为“销售合同管理子系统”模型文件。

（2）新建顺序图

在浏览器中右键点击用例视图“Use Case View”，在弹出的菜单中选择新建“New”，再在下一级菜单中选择顺序图“Sequence Diagram”，过程如图8-3所示。在“Use Case View”中将显示一个新创建的顺序图的图标，默认名字是新图“New Diagram”，如图8-4所

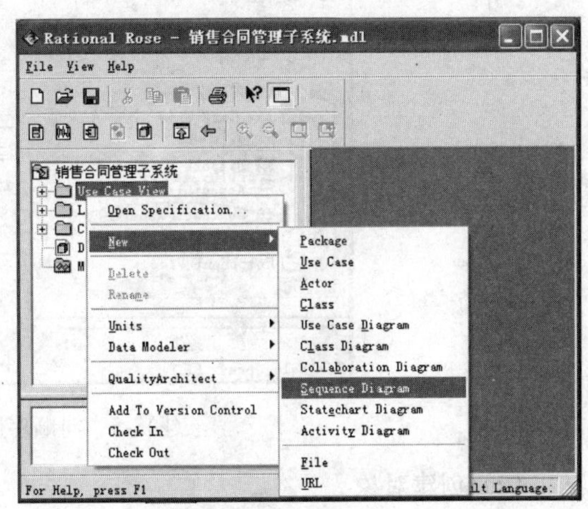

图8-3 新建顺序图

示，我们将该图的名字修改为处理付款单（Dispose Payment Bill）。

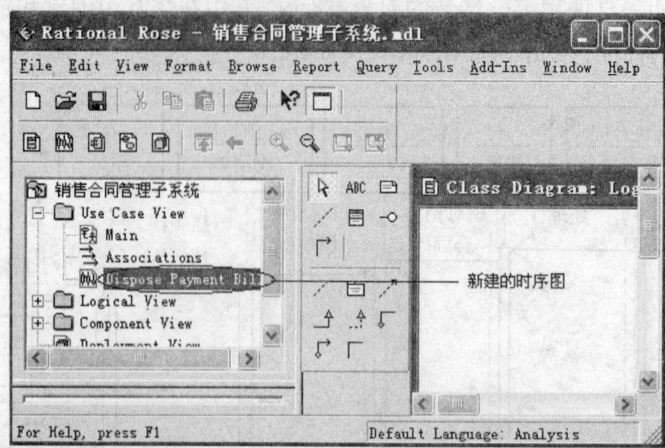

图8-4 新建处理付款单（Dispose Payment Bill）顺序图

8.3.2 添加对象

（1）添加角色

在浏览器中用鼠标双击处理付款单（Dispose Payment Bill）菜单，打开处理付款单顺序图对话窗，在浏览器中用鼠标左键选择角色合同管理员（Contract Manager，合同管理员的角色创建已经在用例分析的相关章节已经有过详细介绍，这里就不再重复），将其从浏览器中拖到顺序图中，如图8-5所示，顺序图窗口中显示角色“：Contract Manager”和泳道“：Contract Manager”，“：Contract Manager”对象下有虚线条（生命线）。

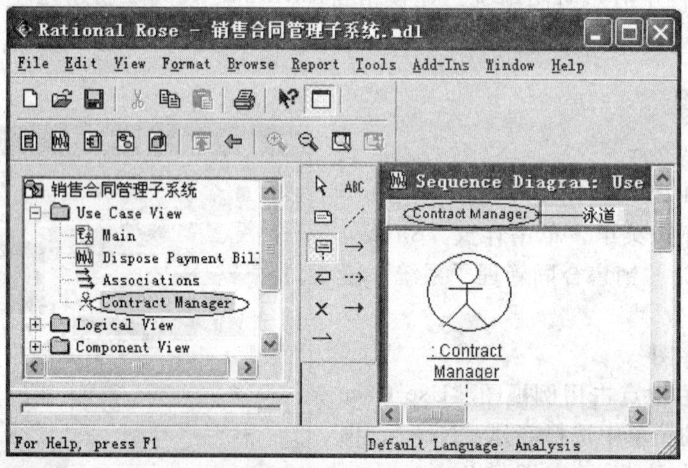

图8-5 向顺序图窗口中添加角色

（2）创建对象

在工具栏中，选择创建一个对象Create a Object按钮，待光标变成十字形状后，将光标移到绘制顺序图窗口中，按下鼠标左键，则顺序图窗口中添加了一个无名对象，窗口的顶部也出现了一个未命名的泳道，如图8-6所示。

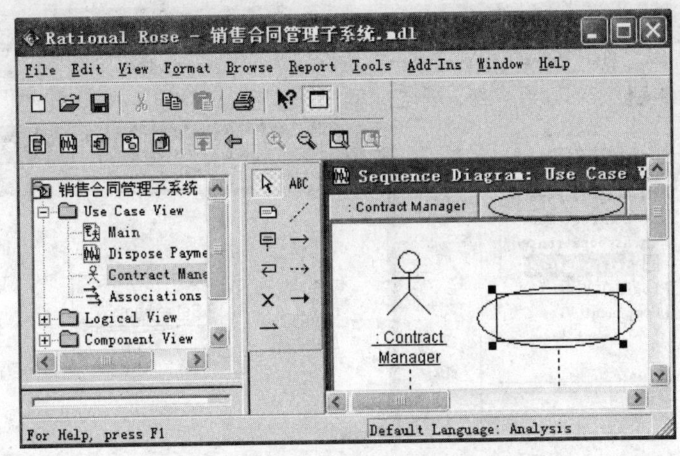

图8-6 向顺序图窗口中添加无名对象

(3) 给对象类命名

选择新创建的无名对象，双击鼠标左键，在弹出的未命名的对象规格说明“Object Specification for Untitled”对话框中，选择类“Class”，在下拉选项中选择<new>，如图8-7所示。

弹出未命名的类规格说明“Class Specification for Untitled”对话框，在General选项卡中，将类名“Name”命名为销售合同管理窗口“SalesContractManageWindow”，如图8-8所示。

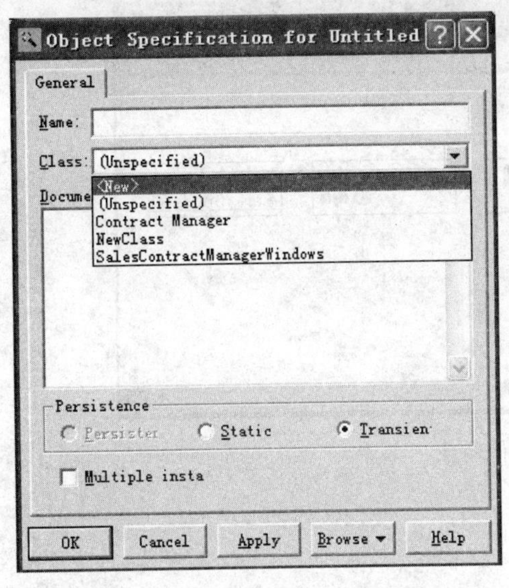

图8-7 选择<new>新建对象的类

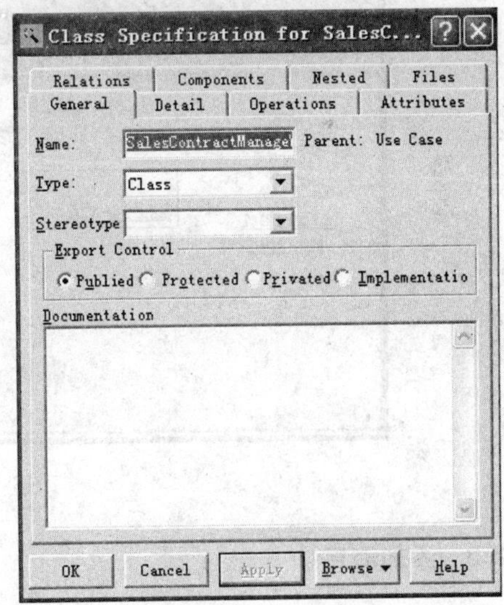

图8-8 命名对象类

(4) 完成类名的添加

点击“OK”按钮返回“Object Specification for Untitled”对话框，再单击“OK”按钮，

完成对象类名的添加。顺序图窗口中显示已经命名为SalesContractManageWindow类（型）的对象，结果如图8-9所示。

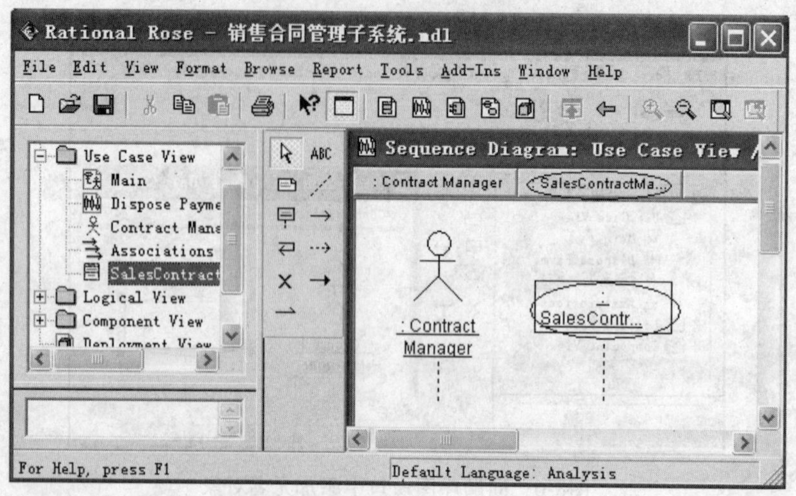

图8-9 对象被命名的顺序图

(5) 添加其它对象

用同样的方法在顺序图中添加对象付款单（PaymentBill）、销售合同（SalesContract）、销售货物清单（SalesGoodsBill）、存货项目（InventoryItem）、库存预警清单（StorageAlertBill）、出库单（OutWarehouseBill）。添加后的结果如图8-10所示（只显示部分对象）。

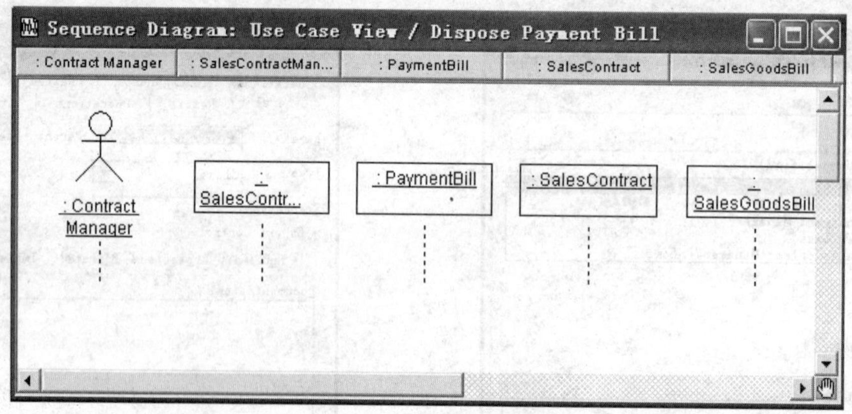

图8-10 添加其他对象

8.3.3 添加消息

(1) 添加消息

选择工具栏中的对象信息Object Message图标→，在顺序图中按住鼠标左键，将光标从角色ContractManager的生命线指向对象SalesContractManageWindow的生命线，释放鼠标左键，则ContractManager和SalesContractManageWindow之间添加了一个标有序号“1:”的消息箭线。

如图8-11所示。

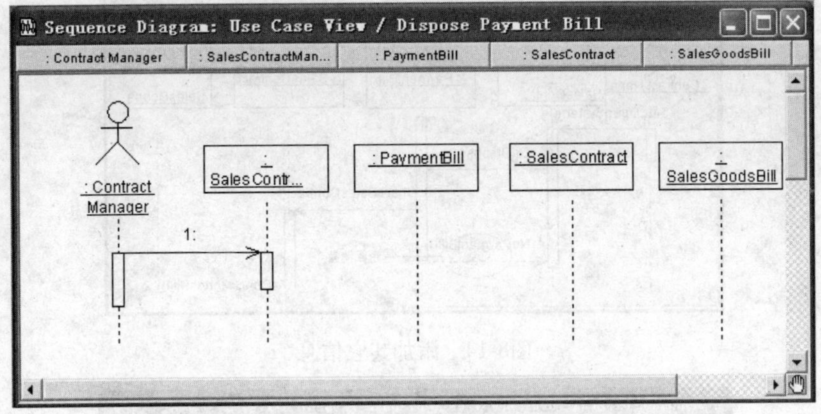

图8-11 添加消息箭线

双击序号“1:”，打开如图8-12所示的未命名的信息规格“Message Specification for Untitled”对话框，在综合“General”选项卡中，我们将信息的名字“Name”命名为“OpenSystem()”，结果如图8-13所示。

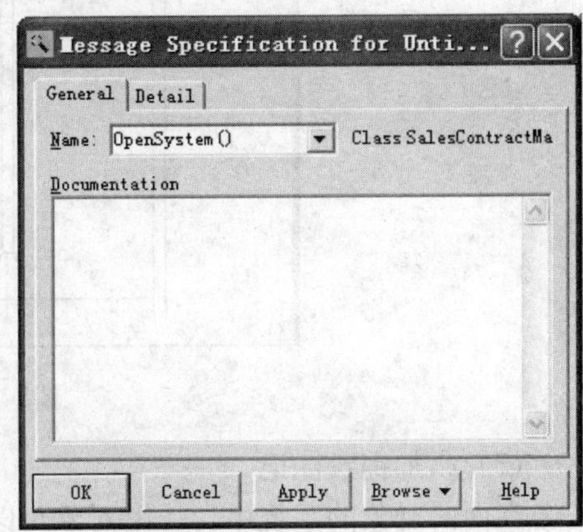

图8-12 信息名称说明对话框

（2）添加其他信息

重复上一步骤，继续添加其他信息，当添加返回消息时，选择工具栏的返回信息Return Message图标⇢，在两条生命线之间进行添加，如图8-14所示；当添加自调用消息时，选择自返信息Message to self图标⇄，单击需要添加的消息，一条生命即可完成添加，如图8-15所示。

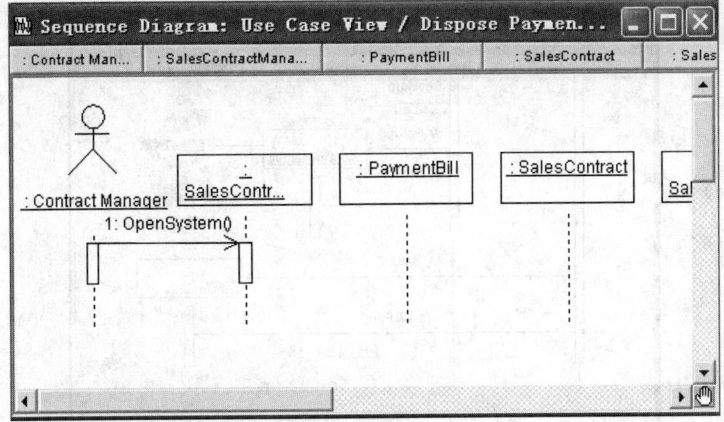

图8-13 命名消息名称

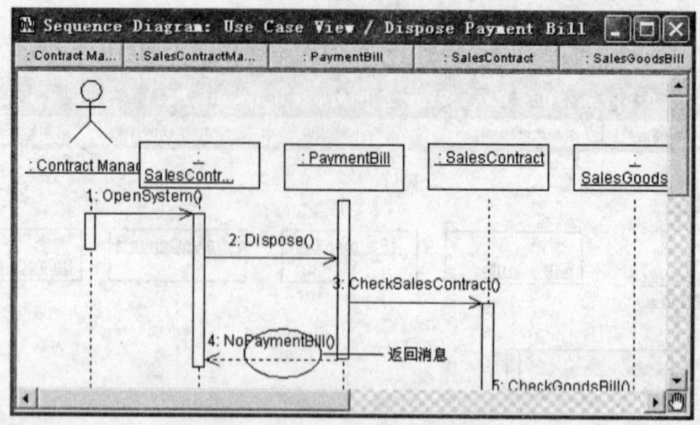

图8-14 添加其它信息

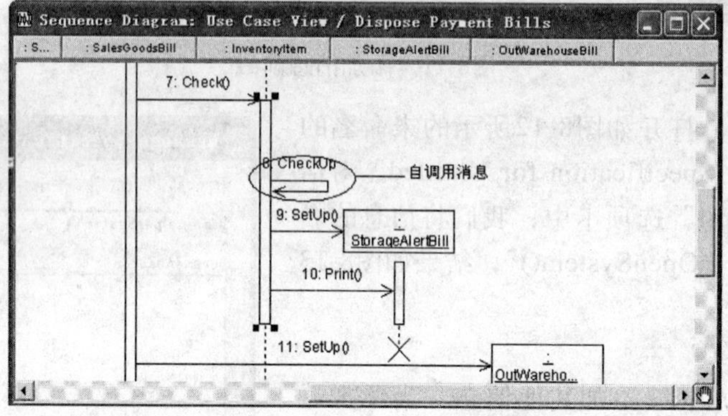

图8-15 添加自调用消息

（3）添加销毁标记

在面向对象的系统中，一个对象可以被创建。等到完成使命后，该对象也可以被销毁。用鼠标左键选取工具栏中的销毁标记“Destruction Marker”图标 ✕，然后放置在销毁对象的生命线上，这个位置就称为消亡点，表示生命线到此结束，如图8-16所示。

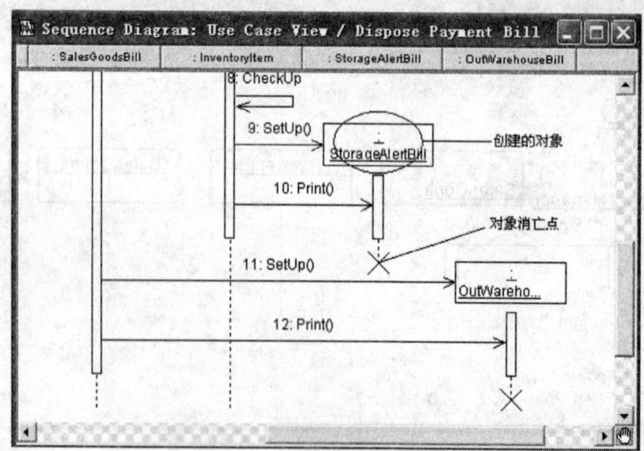

图8-16 添加销毁标记

到此，我们完成了整个处理付款单顺序图的创建。

顺序图是交互图的一种，在实际应用中，只要画出了其中一种形式的图，另一种形式的图可以通过转化得到。本章我们画出了顺序图后，点击菜单中的浏览“Browse”按钮，在弹出的列表中，选择转化成合作图“Go to Collaboration Diagram”子项（或者按F5快捷键），即可将作出的顺序图转化成合作图。

8.4 撰写系统分析规格说明书

根据客户需求分析规格说明书提出的系统功能要求，结合待开发系统所处环境及资源配置情况，对系统进行面向对象的分析后，剩下的最后一项任务就是撰写系统分析规格说明书文档。系统分析规格说明书文档的格式与客户需求分析规格说明书类似，只不过前者更加侧重于计算机系统的软、硬件环境以及算法模型的逻辑分析与实现。客户需求分析规格说明与系统分析规格说明的最重要的区别是：客户需求分析规格说明必须要由用户参加制定，而系统分析规格说明主要供系统开发人员使用，是为下一步的系统设计进行的准备工作。

现行的系统分析规格说明书有多种格式，只要能满足开发人员的要求就可以了，图8-17给出了一种面向对象的系统分析规格说明书格式，仅供读者参考。

1. 引言
   1.1 编写系统分析规格说明书的目的
   1.2 项目背景（软件产品的作用范围。）
   1.3 定义（术语的定义和缩写词的原文。）
   1.4 参考资料
2. 软件产品的一般性描述
   2.1 运行环境与资源
   2.2 软件产品的功能（用例模型）
   2.3 用户特征
   2.4 限制与约束
3. 系统功能行为分析
   3.1 引言
   3.2 系统功能模型——系统用例模型
   3.3 相关用例的展开——活动图
   3.4 系统静态模型——对象类模型
   3.5 系统动态模型
   3.6 系统体系结构模型
   3.7 输出结果
4. 系统性能分析
   4.1 数据精确度
   4.2 时间特性（响应、传输、运行时间等。）
   4.3 适应性（运行环境、计划发生变化等应具有的适应能力。）
   4.4 故障处理
5. 系统运行要求分析
   5.1 用户界面（屏幕、报表格式等。）
   5.2 硬件界面
   5.3 软件界面
6. 其他要求（可使用性、安全保密、可维护）
7. 附录

图8-17 系统分析规格说明书参考格式

下面我们以“企业综合信息管理系统”为例，按图8-17的参考格式撰写该系统的系统分析规格说明书。

8.4.1 引言

1. 编写系统分析规格说明书的目的

“企业综合信息管理系统”的系统分析规格说明书，是软件开发者及分析人员根据用户提出的需求对系统加以描述，同时建立特定领域模型。它说明了本产品的各项功能需求、性能需求和数据要求，明确标识各功能的实现过程，阐述实用背景及范围，提供客户解决问题或达到目标所需的条件，提供一个度量和遵循的基准。

本系统分析规格说明书的预期读者包括：

1）系统分析人员

2）软件设计人员

3）软件实现人员

4）软件测试人员

2. 项目背景（软件产品的作用范围）

略（见2.2.1节中的1. 企业总体业务需求分析和2. 确定系统边界两小节内容）。

3. 定义（术语的定义和缩写词的原文）

1）分析：面向对象的分析是对软件开发过程框架中所有活动的分析，用做对系统要求的确定、澄清和描述。

2）抽象：抽象是一种方法，是以特殊的视角选定一个对象或概念的基本特征。

3）公司经理："企业综合信息管理系统"的用户。

4）客户："企业综合信息管理系统"的客户，可以成为系统的用户。

5）系统管理人员："企业综合信息管理系统"进销存管理系统中销售系统的管理者、维护者，拥有所有的权限。

6）操作人员：只拥有部分权限的"企业综合信息管理系统"的工作人员。

7）应用服务器：负责整个系统的总体协调工作的服务器。

8）进销存管理系统：进销存管理系统是一款适用商业单位的物资、货物等日常采购、销售、库存管理及财务核算的管理软件。

9）订单：……

余略。

4. 参考资料

萨师煊、王珊编著的《数据库系统概论》，高等教育出版社出版。

张海藩编著的《软件工程导论》，清华大学出版社出版。

朱时银编著的《C++ Builder 5编程实例与技巧》，机械工业出版社出版。

刁成嘉主编的《UML系统建模与分析设计》，机械工业出版社出版。

8.4.2 软件产品的一般性描述

1. 系统软件运行环境

1）系统建模采用支持UML的CASE工具Rose 2004开发环境。

2）本系统实现语言采用Microsoft　VC++ 6.0和Java混合编程。

3）数据管理采用Microsoft SQL Server 2000数据库管理系统。

4）系统操作平台采用微软操作系统Windows XP。

5）采用×× . ××网络操作系统。

6）服务器端系统的运行软件要求：Windows 2000 Server。

7）客户机运行环境：Windows 2000。

2. 系统硬件运行环境

“企业综合信息管理系统”共有3台服务器，28台用户终端机。

1）用户终端机：采用联想PC-100，内存512MB，硬盘80GB，大屏幕液晶显示器。

2）服务器：联想PC-1000，内存1GB，高速硬盘组200GB，高速缓存，液晶显示器。

3）网络：采用××.××网络建立的局域网。

4）后台服务器支持系统硬件要求：CPU Pentium Ⅳ 3.0以上，内存容量2GB以上，硬盘500G以上。

该系统是一个包括10个子系统的三级网络综合信息管理系统。所有需要子系统共享的数据信息全部存放在数据库服务器中，各子系统之间依靠网络进行信息传送。本系统网络体系结构采用客户/服务器模式工作方式。

3. 软件产品的功能（用例模型）

略（见第2章图2-6、图2-8、图2-12、图2-14等所示）。

4. 用户特征

企业员工素质高。使用该系统的操作人员都是企业的业务骨干，基本都具有本科以上学历。具有一定的电脑操作知识和经验，同时也具有相关的业务专业知识，只要进行一定的培训，就能很快地掌握本系统的使用方法。

系统用户操作界面要求友好、易操作。

5. 限制与约束

此系统必须满足以下限制：

1）系统中所有账户能够供用户随时使用，完成各自授权的活动。

2）安全可靠。

3）该系统必须确保对数据进行完全保护，以避免未经授权的访问，所有的远程访问都要登录，并且每个登录用户只能访问其角色所授的权限。

4）界面友好、操作简便。

5）软件系统开放性好，结构灵活，可扩充，易于维护。

6）遵循客户/服务器结构总体设计方案对它的约束，在系统实施的各个阶段都要服从它的一些规划，包括功能设计、系统配置和计划。

7）本项目的开发经费不超过150万元。

8）完成时限：截止××××年××月底。

9）在管理方针，硬件的限制，并行操作安全方面无约束。

8.4.3 系统功能行为分析

1. 引言

“企业综合信息管理系统”是一个包括10个子系统的三级网络综合信息管理系统。下面就这个系统的功能行为进行分析。

2. 系统功能模型——系统用例模型

略（见第2章图2-6、图2-8、图2-12、图2-14等用例图模型所示）。

3. 相关用例的展开——活动图

略（见第3章图3-8、图3-9、图3-10、图3-11等活动图模型所示）。

4. 系统静态模型——对象类模型

略（见第5章图5-2、图5-3、图6-7，及第7章图7-9等对象类图模型所示）。

5. 系统动态模型

略（见第3章图3-8、图3-9、图3-10、图3-11等活动图，第8章图8-2顺序图所示）。

6. 系统体系结构模型

略（见第4章图4-3、图4-4等图示内容）。

7. 输出结果

略（见4.2.2和4.2.3小节中的图示内容）。

8.4.4 系统性能分析

为了保证系统能够长期、安全、稳定、可靠、高效地运行，“企业综合信息管理系统”应该满足以下的性能需求。

1. 数据精度要求

系统对数据处理的准确性和精度要求应当满足：

1）系统产生的货币金额数据保留到小数点后2位。

2）为了保证产生的结果误差最小，市场预测系统用到的数据应保留到小数点后6位。

3）没有特殊要求的实型数据一般保留到小数点后2位。

4）整数保留到个数位。

2. 时间特性（响应、传输、运行时间等）

系统处理的准确性和及时性是系统的必要性能。在系统设计和开发过程中，要充分考虑系统当前和将来可能承受的工作量，使系统的处理能力和响应时间能够满足用客户对信息处理的需求。

“企业综合信息管理系统”在日常处理中的响应速度为< 1秒级，以及时反馈信息。在进行统计、分析和市场预测时，根据所需数据量的不同而从秒级到分钟级。原则是保证操作人员不会因为速度问题而影响工作效率。当日销售统计要求有即时性，马上能反应出存货的问题，同时财务管理数据计算当前存货情况，并对进货情况进行估算。

3. 适应性（运行环境、计划发生变化等应具有的适应能力）

“企业综合信息管理系统”在开发过程中，应该充分考虑以后的可扩充性。例如：系统管理的方式的改变，用户查询的需求也要不断地完善等。所有这些，都要求系统提供足够的手段进行功能的调整和扩充。而要实现这一点，应通过系统的开放性来完成，即系统应是一个开放系统，只要符合一定的规范，可以简单地加入和减少系统的模块，配置系统的硬件。通过软件的修补、替换完成系统的升级和更新换代。

系统的易用性和易维护性保证。“企业综合信息管理系统”直接面对的用户并不是计算机专业人员，这就要求系统能够提供良好的用户接口，友好的人机交互界面。要实现这一点，就要求系统应该尽量使用用户熟悉的术语和中文信息的界面；针对用户可能出现的使用问题，要提供足够的帮助，缩短用户对系统熟悉的过程。

4. 故障处理

“企业综合信息管理系统”中涉及到的数据是企业相当重要的信息，系统要提供方便的手段供系统维护人员进行日常的安全管理、数据的备份，以及系统意外崩溃时数据的恢复等工作。其具体要求如下：

1）在开发阶段可以随即修改数据库里的相应内容。

2）对编辑的程序进行重装载时，第一次装载认为错，修改。第二次运行，在需求调用时出错，有错误提示，重试。

3）所有的客户机及服务器都必须安装不间断电源以防止停电或电压不稳造成的数据丢失的损失。若真断电时，客户机上将不会有太大的影响，主要是服务器上：在断电后恢复过程可采用Microsoft SQL Server 2000的日志文件，对其进行ROLLBACK 处理，以恢复数据。

4）在网络传输方面，可考虑建立一条成本较低的后备网络，以保证当主网络断路时数据的通信。

5）在硬件方面要选择较可靠、稳定的服务器机种，保证系统运行时的可靠性。

8.4.5 系统运行要求分析

1. 用户界面（屏幕、报表格式等）

屏幕格式：

1）要求有菜单及工具栏以方便操作。

2）各数据库信息可在屏幕上直接修改。

3）各数据统计结果可在屏幕上显示。

4）进行系统分析后的结果在另一窗口中显示。

报表格式：

1）人事管理报表只要求有个人的普通数据。

2）销售统计报表要求可分别打印当日统计或之前的统计。

3）财务统计报表要求打印出存货及公司账务详表。

4）技术管理报表要求可以分别打印技术档案总表和任一技术档案文档内容菜单格，要求菜单项大致与Windows XP标准相同，另外附加的功能做到新的单项中输入输出时间：年份以4位数字表示。

部分屏幕和报表格式见4.2.2和4.2.3节内容。

2. 硬件界面

略。

3. 软件界面

部分界面如图8-18、8-19所示。

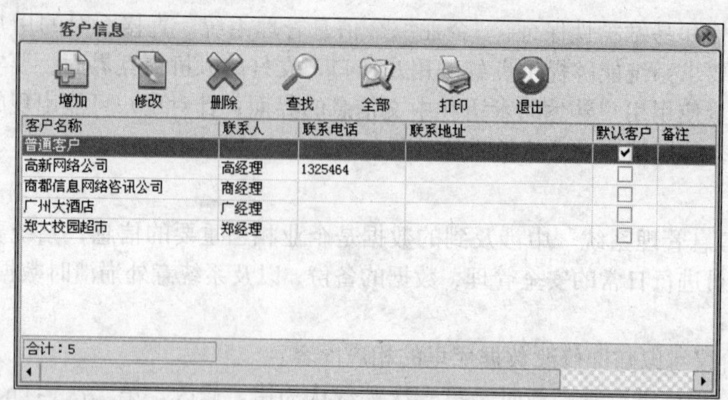

图8-18　客户信息界面

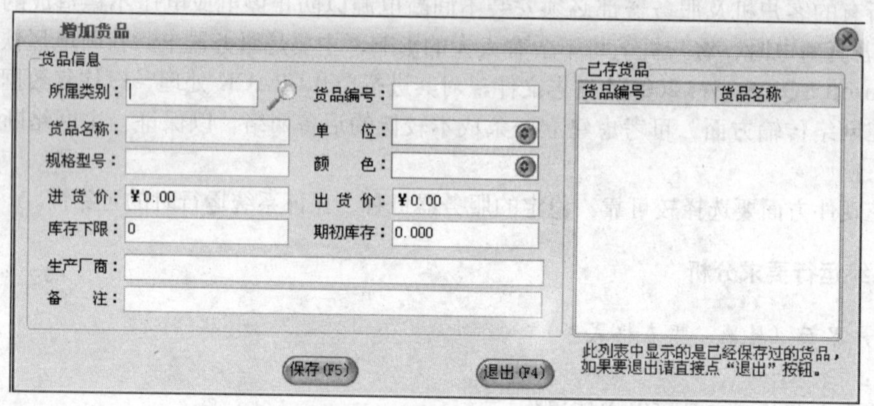

图8-19　增加货品界面

4. 其他要求（可使用性、安全保密、可维护）

- 可用性：要求易于使用，界面友好。
- 安全保密性：因本数据属于公司内部管理用关键数据，因此除公司管理人员外，其他人员不得访问。要求设有登录密码检验功能，每个用户在第一次登录后，必须更改他的最初登录密码。最初的登录密码不能重用。由于数据的传输上需要通过网络传输，为了对客户资料进行保密，需要在网络的传输过程中对数据进行加密。这个工作主要是在准备网络包和解开网络包这两个模块中完成，它们各对数据进行加密及解密还原工作。在加密算法选择上将使用DES加密算法。
- 可维护性：维护方面主要为对服务器上的数据库数据进行维护。使用Oracle的数据库维护功能机制，定期为数据库进行备份，维护数据库内数据的一致性等。要求本软件的维护文档齐全，便于维护。

8.4.6　附录

略。

8.5 小结

本章分析了销售合同管理子系统中处理付款单（Dispose Payment Bill）用例的时序，介绍了顺序图的基本概念，详细描述了使用UML工具Rational Rose 创建Dispose Payment Bill顺序图的过程。还介绍了系统分析的参考格式和案例。

通过本章的学习，希望读者能够掌握：

1）交互图的基本概念和组成。

2）在面向对象软件工程中，如何对时序进行分析。

3）使用Rational Rose创建顺序图的过程。

4）掌握系统分析报告的撰写格式。

8.6 评价标准

本章课程设计的目的是理解顺序图的基本概念，了解和掌握具体案例中用例时序的分析方法，掌握使用Rational Rose创建顺序图的方法。

能分析出具体用例中时序的实现过程，就可获得80分以上的成绩，能熟悉使用Rational Rose正确画出顺序图的，建议给出85分的成绩。如果对自选的题目建立起完整的顺序图模型，则可以考虑给予85分以上。

如果能掌握时序的概念，但难以分析出用例时序的控制流，分数应该在75分。

第9章　合作图建模

在面向对象系统分析与设计中，合作图和顺序图同属于交互视图。交互视图描述了执行系统功能的各个角色（对象）之间相互传递消息的顺序关系，显示了跨越多个对象的系统控制流程，是对系统的动态特性的建模。本章进行合作图建模。

本章目的

- 了解合作图的概念及其在系统设计中的作用
- 掌握两种交互图（顺序图和合作图）的差别
- 熟悉和掌握合作图案例的分析方法
- 掌握使用Rational Rose依据用例绘制合作图

一个项目的客户业务需求用例模型定义之后，就可以依照定义好的用例对系统进一步开发。用例的实现描述了相互影响的对象的集合，这些对象对用例所要求的功能提供支持，给出系统用例的实现。

合作图和顺序图同属于交互视图。交互视图描述了执行系统功能的各个角色之间相互传递消息的顺序关系，显示了跨越多个对象的系统控制流程，是对系统的动态特性的建模。

9.1　基本概念

一个协作描述了系统中为实现某些服务所涉及对象扮演的角色及其之间的交互。合作图着重于有协作关系的对象之间的交互和链接（指对象实例之间的物理或概念上的连接，一个链接是某关联的一个实例）。它可用于图示系统中的操作执行、用例执行或一个简单的交互场景。合作图描述了对象及其之间的链接，还描述了链接的对象之间如何发送消息。

组成一个合作图的图形元素包括：对象、链接和消息。

1. 对象

与顺序图一样，合作图中的对象也用短式标记，即在一个方框内标识对象名。对象一般在合作图中担当一个具体的角色，可以把对象名写为对象的角色名。如果不标明角色名，则说明该对象角色为匿名对象。

2. 链接

在合作图中，对象之间的链接用连接两个对象的实线表示。在连接线上可以标明角色名。链接角色名用来说明链接路径，规定在交互中对象之间链接的角色类型。

3. 消息流

合作图画成对象图，图中的消息箭头表示对象之间的消息流，消息上可标以序号，说明消息发送的顺序，还可指明条件、重复和回送值等。一个合作图从一个引起整个系统交互或协作的消息开始，例如调用某一个操作。

消息的种类有：

1）嵌套消息。合作图中的消息必须以整数指定消息发送的顺序号。消息序列从消息1开始，消息1.1是消息1处理中第1个嵌套消息；消息1.2是消息1处理中的第2个嵌套消息，依此类推。这种顺序号描绘了消息的发送顺序和嵌套关系。如果是同步消息，则嵌套地调用操作并等待返回。

2）并发消息。相同的顺序号后面的不同名字表示并行的控制线程。例如1.2a 和1.2b是并行发送的两条并发的消息。

3）循环发送消息。表示有条件地重复地的执行，它的形式如下：

*[循环执行条件]

例如：消息 1.1：*[收款单！=NULL]：打印出库单() 表达的意思是：消息序列1中的第1个嵌套消息要求根据收款单的个数依次循环顺序打印出库单，直到收款单为空才停止打印。

4）条件发送消息。表示当满足条件时发送该消息，它的形式如下：

[执行条件]

例如："消息 1.2：[已收款总额 == 合同总金额]设置合同履约标志()"表达的意思是，消息序列1中的第2个嵌套消息要求检查合同中已收款总额是否等于合同总金额，如果满足条件，证明该合同已经执行完毕，调用操作：设置合同履约标志()。如果不满足条件，则不调用该操作。

顺序号可以包括线程的名字（可选）：同一个线程内的所有消息按照执行的先后顺序进行排列，不同线程内的消息允许并发执行。还可以通过不同的箭头表示来区别同步与异步消息(半箭头表示异步消息，全箭头表示同步消息)。

图9-1是业务员查询数据库信息的简单的合作图。其中业务员（执行者）、用户界面和数据库属于对象，在业务员和用户界面之间以及用户界面和数据库之间的连线属于链接，依附在链接上的带有文字的箭头就是消息，箭头的方向就是消息传递的方向，而消息前的序号则表明消息传送的先后顺序。首先，业务员向用户界面发送查询数据库的指令消息（选择用户界面中的相应菜单项），用户界面接收消息之后向数据库管理系统（DBMS）发送查询消息进行信息查询。

图9-1 典型的合作图

9.2 案例分析

本案例以"企业综合信息管理系统"的"进销存管理子系统"中的"库存管理子系统"为例，分析和介绍创建其合作图的方法和过程。

创建合作图和创建顺序图一样，首先要确定一个用例中要描述的业务流程，然后根据业务流程寻找涉及的对象和角色，再根据对象之间发生的交互添加链接，并把交互中传递的消息添加到图中的各个链接上。

下面以库存管理子系统中通过采购部门采购的货物（原材料、零部件）入库用例为例，分析其中的业务流程、涉及的对象和角色、对象之间发生的交互和交互中传递的消息，最后完成该用例合作图的设计和实现。

9.2.1 库存管理子系统中的货物入库流程

根据生产调度部门提供的生产计划和库存管理部门提供的超出预警线货物清单，采购部门与客户签订采购合同订购生产所需要的原材料、零部件。当客户发送的货物送达仓库时，就启动了库存管理子系统中的货物（原材料、零部件）入库用例的业务流程。

为使问题便于表达，可以将入库用例的业务流程简化成如下几个步骤：

（1）验收货物

仓库管理人员通知采购部门所订购的货物已经到达，请采购部门派人来验收货物。采购部门根据采购合同核对送货单，再根据送货单验收货物并填写验货单。首先检查货物外包装是否完好。若出现破损、原装短少、邻近失效期等情况，收货人必须拒绝收货，并及时上报采购部门。再对进货货物品名、等级、数量、规格、金额、单价、有效期进行核实，若单据与货物实物不相符，应及时上报采购部。验货单要长期保留并录入到数据库中备查。

（2）填写入库单

采购部门验收货物准确无误后，转送仓库管理部门进行确认交接。仓库管理员验货确认后填写入库单，并确定货物存储的库位。入库单要长期保留并录入到数据库中备查。

（3）货物入库

按照入库单确定的库存位置，将入库货物存放在指定库位。

（4）货物入账

货物入库定位后，库存管理员依据入库单及时在库存账目清单上记账并存放到数据库中。要在库存账目清单上详细记录货物的名称、产地、数量、规格、单价、入库时间、存储库位等，做到账货相符。

9.2.2 货物入库流程涉及的对象

根据对货物入库流程的描述可以找到该用例所涵盖的对象，其中的名词可能就是待选的对象。从事件流程中发现和筛选出来的各类对象有：

（1）实体类对象

采购人员、客户、仓库管理员、采购合同、送货单、验货单、入库单、库存账目清单。

（2）系统边界类对象

库存管理用户界面。供仓库管理员填写入库单等操作。

（3）控制类对象

库存管理用户界面。通过用户界面上的选择菜单项和快捷按钮控制事件流的进程和发展。

在筛选对象时要注意的是，在事件流程中出现的名词有可能只是对象的属性，不能作为单独的对象出现。此例中的“货物”没有出现在对象中，是因为货物的属性（即货物信息）分布在相关的单据中，系统运行依靠的也是各种单据。

9.2.3 货物入库流程中对象之间的交互

库存管理子系统中的货物入库操作流程涉及的对象已经确定，业务流程的执行步骤也已经清楚，现在来分析这些对象在业务流程各步骤的执行期间对象之间的交互过程和传递的消息。

1. 核对送货单

【交互1】调出采购合同

交互的对象：采购员，采购合同。

传递的消息：1：采购员调出采购合同。

【交互2】核对送货单

交互的对象：采购合同，送货单。

传递的消息：2：依据采购合同核对送货单、验收货物。

2. 填写验货单

【交互3】验收货物

交互的对象：送货单，库存管理员。

传递的消息：3：库存管理员依据送货单验收货物。

【交互4】入库操作

交互的对象：库存管理员，库存管理用户界面。

传递的消息：4：入库操作。

【交互5】建立验货单

交互的对象：库存管理用户界面，验货单。

传递的消息：5：依据验收结果，填写验货单。

【交互6】保存验货单

交互的对象：验货单，数据库。

传递的消息：6：验货单入数据库。

3. 填写入库单

【交互7】填写入库单

交互的对象：库存管理用户界面，入库单。

传递的消息：7：填写入库单。

【交互8】入库单入数据库

交互的对象：入库单，数据库。

传递的消息：8：入库单存入数据库。

4. 货物入账

【交互9】更新库存账目清单

交互的对象：库存管理用户界面，库存账目清单。

传递的消息：9：根据入库单更新库存账目清单。

【交互10】库存账目清单入数据库

交互的对象：库存账目清单，数据库。

传递的消息：10：库存账目清单入数据库。

注意：

1）边界类对象：仓库管理员通过库存管理用户界面完成填写入库单和库存账目清单等操作。

2）系统控制类对象：仓库管理员通过用户界面上的选择菜单项和快捷按钮控制事件流的进程和发展。例如将修改后的的库存账目清单存放到数据库的操作等。

3）此处列出的消息可能包含多条子消息以支持完成入库操作。

至此，货物入库操作完成。

9.2.4 货物入库流程的合作图

根据9.2.2节和9.2.3节对货物入库流程的对象交互描述，可以很容易地画出货物入库流程的合作图。货物入库流程的合作图如图9-2所示。

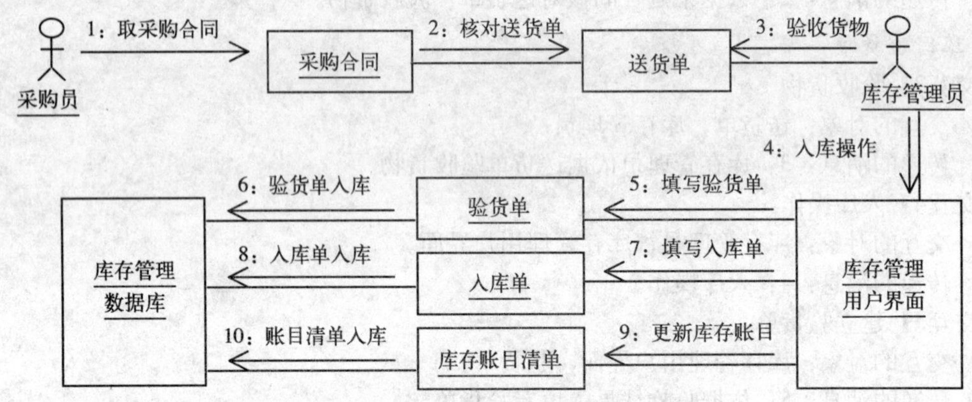

图9-2 货物入库流程的合作图

下面对图9-2做简单的说明：

1）采购员通过与采购管理系统即仓库管理系统外部交互得到采购合同信息，与客户的送货单核对。

2）验货单、入库单和库存账目清单的协作都要通过库存管理员操作库存管理用户界面向数据库发操作请求消息，数据库完成相应操作也会返回结果信息。为表达清晰，图中省略了返回结果消息。

3）更新库存的操作时，如库中没有该货物，则在库存账目清单中增加一条新货物明细信息；如库存账目清单中有该种货物，则与已有的货物明细信息合并。

9.3 合作图建模过程

由于合作图是在用例图的基础上创建的，此时假设相关的用例图已经设计完成。现在开始使用Rose建立仓库管理子系统的货物入库合作图。

9.3.1 创建合作图

（1）创建新合作图

在左侧浏览器的用例视图“Use Case View”中打开“企业综合信息管理系统”文件夹，选择“进销存管理系统“下的”“库存管理”，单击鼠标右键，在弹出的菜单中选择新建项“New”，然后选择子菜单中的合作图选项“Collaboration Diagram”，创建一个新的合作图，命名为“入库合作”。如图9-3所示。

(2) 打开合作图

双击“入库合作”合作图使该合作图窗口在右侧打开，合作图窗口对应的工具栏如图。各个图标按钮的作用可以通过鼠标悬停显示的提示了解。如图9-4所示。

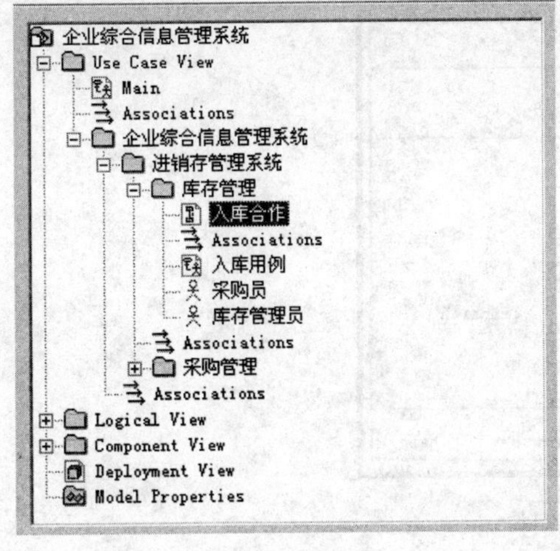

图9-3 新建“入库合作”合作图

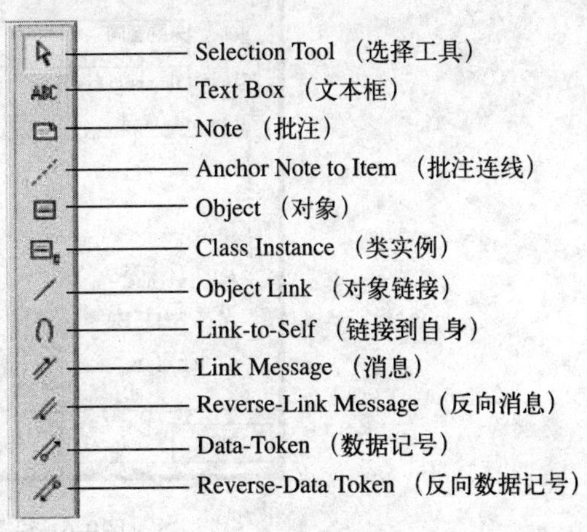

图9-4 合作图对应的工具栏

9.3.2 添加执行者和对象

1. 添加执行者

为合作图添加执行者的方法是：在Rose窗口界面左侧浏览器窗口树状列表中，选择采购员、库存管理员等执行者，将它们分别拖放到合作图窗口中。如图9-5所示。

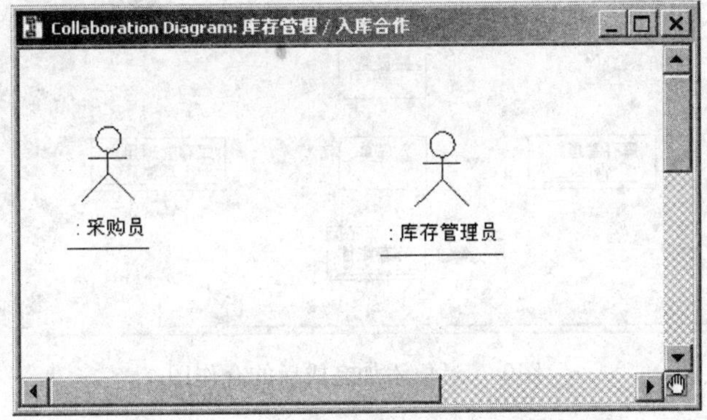

图9-5 在合作图中添加了执行者

2. 添加对象

单击选择合作图工具栏中的对象“Object”工具栏图标，然后在合作图窗口空白处单击鼠标左键，即可为合作图添加一个对象。

添加了一个对象之后，可以设置对象属性。双击添加的对象或选中对象后单击鼠标右键，在弹出菜单中选择设置属性对话框“Open Specification”，在弹出对话框中设置对象名称“Name”属性为“采购合同”，持久性“Persistence”属性为“Persistence”。如图9-6所示。

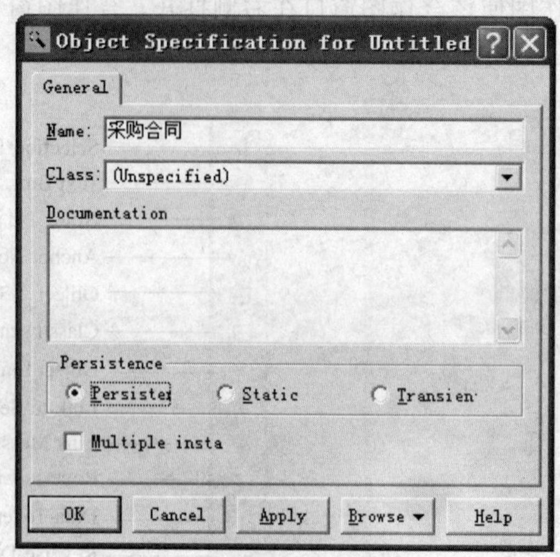

图9-6 设置对象属性

同样方法添加其他对象并进行属性设置。最后结果如图9-7所示。

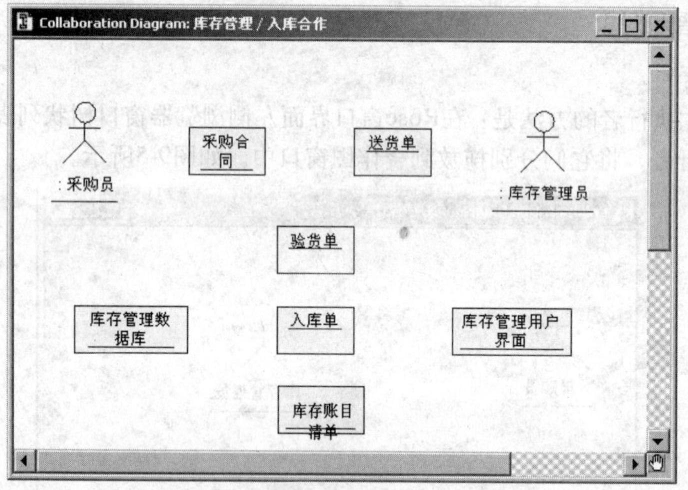

图9-7 对象添加完成后的合作图

9.3.3 添加链接和消息

（1）添加链接

在对象之间添加链接采用如下方法：选择对象链接“Object Link”工具栏图标，将光标移到合作图窗口，由采购员指向采购合同，建立采购员到采购合同的连接。如图9-8所示。

（2）添加消息

选择合作图工具栏中的链接消息“Link Message”图标，点击刚添加的连接，即可添加一条消息。如图9-8所示。

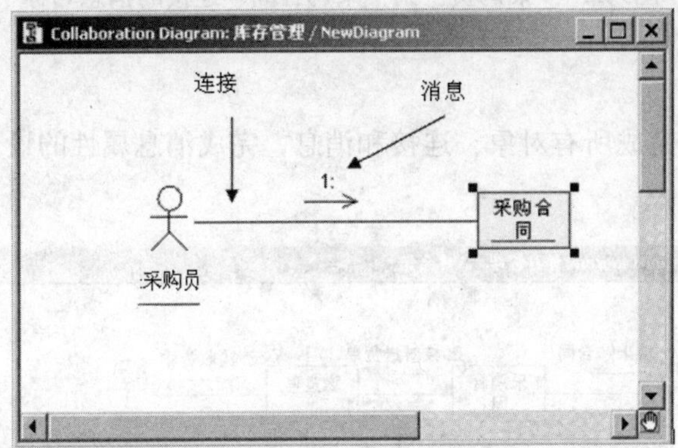

图9-8　添加从采购员到采购合同之间的连接及连接上的消息

另一种添加链接消息的方法是在链接上单击右键打开属性设置对话框“Link Specification for...”，选择消息“Message”页，在列表框中右键单击，在弹出的快捷菜单中选择插入项“Insert to ...”。

（3）编辑消息属性

鼠标双击或右键单击消息“1:”，选择弹出菜单的属性设置对话框“Open Specification”，弹出如图9-9和图9-10的对话框窗口，设置消息的Name属性为“取采购合同”，可以在Documentation处填写相应的描述信息，按下“OK”确认修改。完成后如图9-11所示。

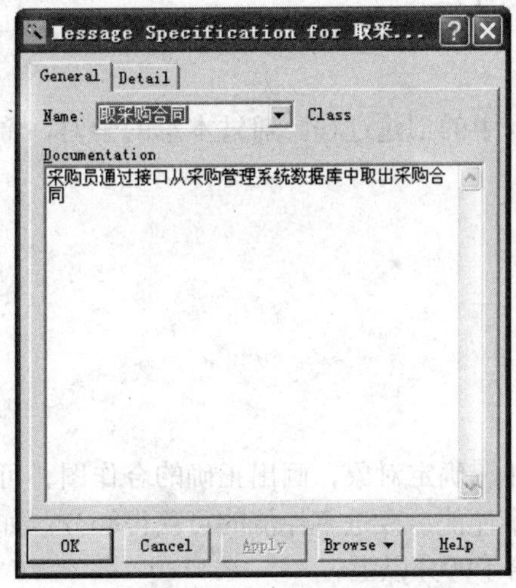

图9-9　设置消息的普通属性

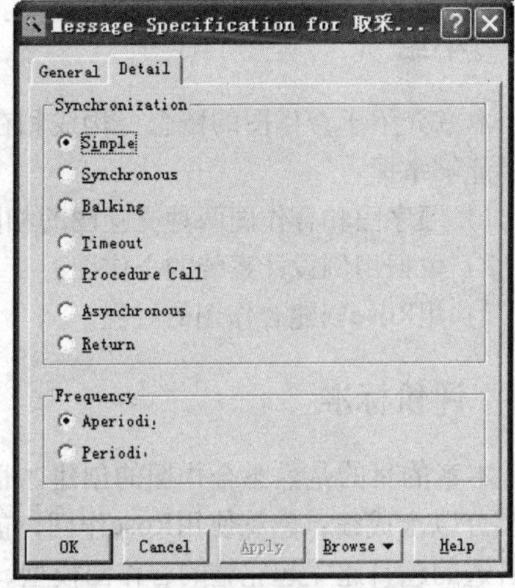

图9-10　设置消息的详细属性

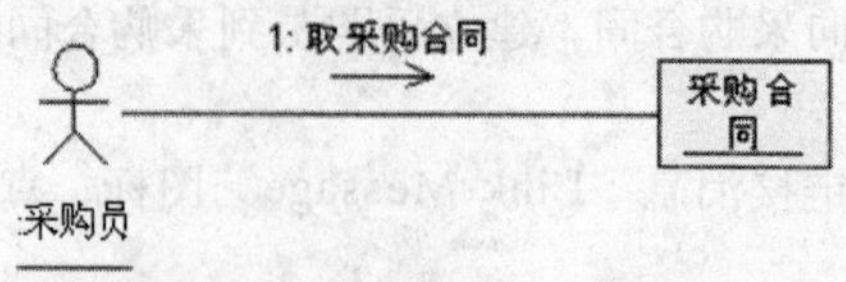

图9-11 “采购员”到“采购合同”连接的消息名称

9.3.4 完成合作图

依照以上方法添加完成所有对象、连接和消息，完成消息属性的设置，最终得到如图9-12所示的货物入库合作图。

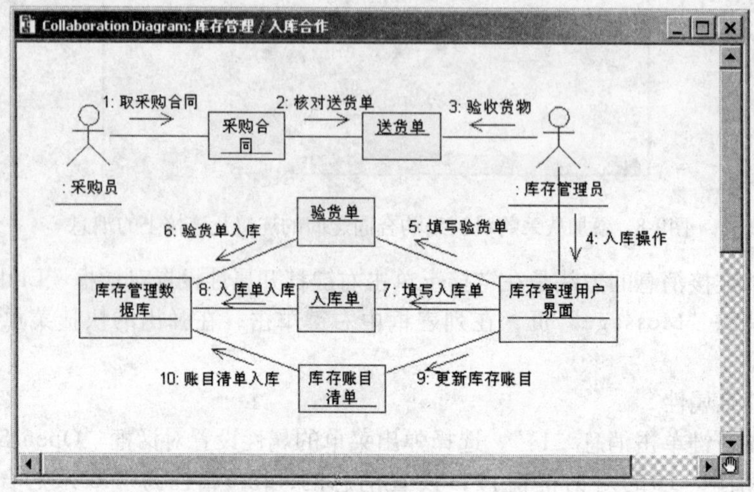

图9-12 完成后的货物入库合作图

9.4 小结

本章介绍了合作图的概念、构成和在Rational Rose中的创建过程。通过本章的学习，希望读者能够掌握：

1）顺序图和合作图两种交互图的相同点和差异。

2）依据用例设计系统的合作图。

3）用Rose创建合作图的过程。

9.5 评价标准

本章的目的是熟悉合作图的创建。根据用例的事件流确定对象，画出正确的合作图，可获得75分以上成绩；熟练使用Rose作图，能够自己提炼事件流、改进事件流的可获得85分。如果对自选的题目建立起完整的合作图模型，则可以考虑给予90分以上。

能通过分析用例得出事件流，但不能正确作图的，按错误数量酌情给分，一般75分。

第10章　状态图建模

无论是对象图、类图还是顺序图和合作图，都无法用来详细说明系统所有可能的状态。首先是系统的状态很多，不能用文档穷举；其次是系统要求我们不但要知道什么状态是可能的，还要知道什么状态是不可能或者说不合法的。UML引入表示法的更抽象的形式来详细说明系统，即状态机。状态机说明了对象对在其生命周期期间可能检测到的事件的响应。在UML中，状态机是使用状态图来文档化的。

本章目的

- 了解状态图的概念及其在系统设计中的作用
- 掌握使用Rational Rose依据用例绘制对象的状态图

10.1　基本概念

一个对象从产生到结束，基本都会处于一系列不同的状态。状态影响对象的行为。当对象的状态有限时，就可以用状态图来建模对象的行为。状态图显示了单个对象的生命周期。状态图是状态节点通过转移连接的图，描述了一个对象在其生命周期中所有可能的状态，以及由于各种事件发生而引起的状态之间的转移。

在这里需要引入一些相关的概念。

状态（State）。对象的状态是对象在生命周期中的条件或情况，由对象的结构功能值定义。表10-1列出了常见的状态的分类。

表10-1　状态的分类

状态种类	描　述	表示法
简单状态	没有子结构的状态	
并发组成状态	被分成两个或多个并发子状态的状态，当组成状态被激活时，所有的子状态均被并发激活	
顺序组成状态	包含一个或多个不连接的子状态的状态，特别是当组成状态被激活时，子状态也被激活	
初始状态	伪状态，仅表明这是进入状态机真实状态的起点	●
终止状态	特殊状态，进入此状态表明完成了状态机的状态迁移历程中的所有活动	◉
结合状态	将两个迁移连接成一次就可以完成的迁移	○
历史状态	伪状态，它的激活保存了组成状态中先前被激活的状态	Ⓗ
子机器引用状态	引用子机器的状态，该子机器被隐式地插入子机器引用状态的位置	include S
桩状态	伪状态，用来在子机器引用状态中标识状态	→T

状态的描述图符是一个圆角矩形。

迁移（Transition）。从状态出发的迁移定义了处于此状态的对象对外界发生的事件所做出的反应。通常，定义一个迁移要有引起迁移的触发器事件、监护条件、迁移的动作和迁移的目标状态。表10-2列出了几种迁移及其描述和语法。

表10-2 迁移的种类

迁移的种类	描 述	语 法
入口动作	进入某一状态时执行的动作	entry/action
出口动作	离开某一状态时执行的动作	exit/action
内部迁移	引起一个动作的执行但不改变状态或不引起入口动作或出口动作的执行	e(a:T) [e x p] /action
外部迁移	引起状态改变的迁移或自身迁移，同时执行一个具体的动作，包括引起入口动作和出口动作被执行的迁移	e(a:T) [e x p] /action

触发器事件（Trigger Event）。触发器事件是引起迁移的事件。事件可以有参数，以供迁移的动作使用。

监护条件（Guard Condition）。迁移可能具有一个监护条件，监护条件是一个布尔表达式。监护条件可以引用对象的属性值和触发事件的参数。当一个触发器事件被触发时，监护条件被赋值。如果布尔表达式的值为“真”，那么触发事件，即使迁移有效。如果布尔表达式的值为“假”，则不会引起迁移。从一个状态引出的多个迁移可以有同样的触发器事件，但是每个迁移必须具有不同的监护条件。当其中一个监护条件满足时，触发器事件会引起相应的迁移。通常，监护条件的设置要考虑到各种可能的情况以确保一个触发器事件的发生应该能够引起某些迁移。

动作（Action）。当迁移被触发时，它对应的动作被执行。动作是原子性的，一般是一个简短的计算处理过程，通常是一个赋值操作或算术计算。另外还有一些动作，包括给另一个对象发送消息、调用一个操作、设置返回值、创建和销毁对象，没有被定义的控制动作用外部语言来进行详细说明。动作也可以是一个动作序列，即一系列简单的动作。

状态图用初始状态（Initial State）表示对象创建时的状态，每个状态图只有一个初始状态，用实心圆点表示。每个状态图可能有多个终止状态（Final State），表示对象生命期结束，由实心圆点外加一个圆圈表示。如图10-1所示。

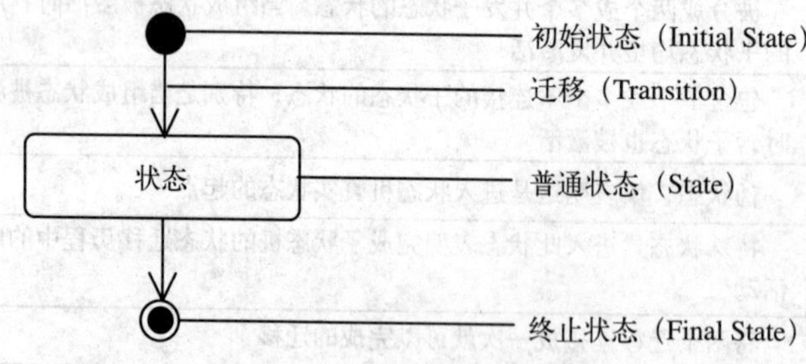

图10-1 初始状态和终止状态

状态图中可以有多个状态框，每个状态框有上下两格：上格放置名称，下格说明处于该状态时系统或对象要进行的活动（Activity）。动作和活动的区别在于动作被认为是瞬时的，活动则是发生在一段延续的时期之内。当状态成为激活状态时，它的入口动作执行，然后开始它的活动，并且在状态处于激活的整个期间该活动都持续运行。活动可以被任何引起激发离开包含该活动的状态的迁移事件所中断，而动作则是具有原子性的。

一般系统设计中会有多个对象，并不需要给出每个对象的状态图，实际是把注意力放在整体系统或少数关键对象上。图10-2显示了状态图的主要组成。

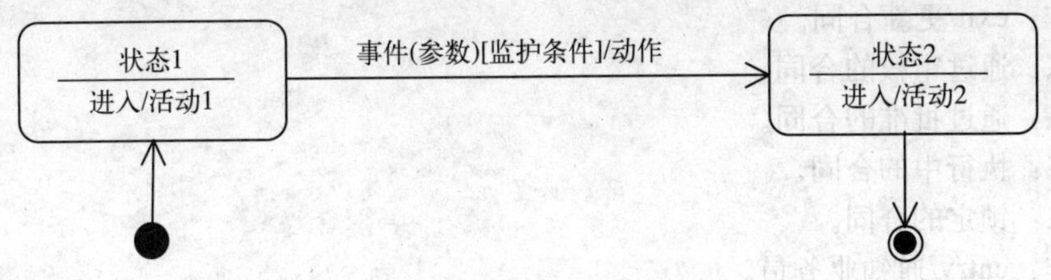

图10-2 状态图的主要组成

10.2 案例分析

本案例以“企业综合信息管理系统”中“进销存管理子系统”里的“销售管理子系统”的销售合同类SalesContract为例，分析和介绍创建该类对象状态图的方法和过程。

创建一个类对象的状态图，首先要在相关用例所描述的业务流程中寻找类对象涉及的所有状态和状态迁移，根据迁移把各个状态连接起来，并把触发迁移的触发器事件、动作、监护条件等消息添加到状态图中对应的迁移之上。

下面以“进销存管理”子系统中的销售合同类SalesContract为例，分析该类对象在业务流程中的状态、状态之间的迁移以及监护条件等，最后完成该用例状态图的设计和实现。

10.2.1 销售合同的生命周期

要提取销售管理子系统中销售合同类SalesContract对应对象的状态及其状态转移。首先考察和分析一个销售合同对象在系统中完整的生命周期：

1）开始状态。签订销售合同。转2。

2）已签订的销售合同。需要修改合同内容，转9；审核销售合同，通过审核，转3，未通过审核，转8。

3）对于通过审核的销售合同，批准销售合同。通过批准后，转4，若没有通过批准，转8。

4）通过批准的销售合同。执行销售合同。转5。

5）执行中的销售合同。未执行完成，转5；执行完成，转6；执行发生异常，转7。

6）履约的销售合同，进入终结状态。

7）锁定的销售合同。排除异常可继续执行合同，转5，若合同失效，转10。

8）被否决的销售合同，进入终结状态。

9）修改的销售合同。修改完成，转2。

10）未履约的销售合同。进入终结状态。

10.2.2 销售合同产生的状态和动作

通过以上的分析，可以提取出销售合同在系统中完整生命周期中的状态和动作。

1）状态：已签订的合同。
动作：entry/生成合同。

2）状态：修改的合同。
动作：exit/更新合同。

3）状态：通过审核的合同。

4）状态：通过批准的合同。

5）状态：执行中的合同。

6）状态：锁定的合同。
动作：entry/通知业务员。

7）状态：履约合同。
动作：eixt/存入历年库。

8）状态：未履约的合同。

9）状态：被否决的合同。
动作：entry/通知业务员。

10.2.3 销售合同的状态迁移及触发迁移的事件

综合以上分析，再考虑状态迁移以及引起状态迁移的事件，可以将销售合同对象的各种状态迁移描述如下：

【迁移1】签订合同
迁移：从“初始”状态迁移到“已签订的合同”状态。
事件：与客户签订销售合同。
动作：生成新合同对象。

【迁移2】审核合同1
迁移：从“已签订的合同”状态迁移到“通过审核的合同”状态。
事件：审核。
监护条件：通过审核。

【迁移3】审核合同2
迁移：从“已签订的合同”状态迁移到“被否决的合同”状态。
事件：审核。
监护条件：未通过审核。

【迁移4】修改合同
迁移：从“已签订的合同”状态迁移到“被修改的合同”状态。
事件：修改合同内容。

【迁移5】批准合同1
迁移：从“通过审核的合同”状态迁移到“通过批准的合同”状态。
事件：批准。

监护条件：获得批准。

【迁移6】批准合同2

迁移：从“通过审核的合同”状态迁移到“被否决的合同”状态。

事件：批准。

监护条件：未批准。

【迁移7】执行合同

迁移：从“通过批准的合同”状态迁移到“执行中的合同”状态。

事件：激活执行。

【迁移8】执行合同1

迁移：从“执行中的合同”状态迁移到“执行中的合同”状态（自迁移）。

事件：执行合同。

监护条件：未完成。

【迁移9】执行合同2

迁移：从“执行中的合同”状态迁移到“履约合同”状态。

事件：执行合同。

监护条件：完成。

【迁移10】出现异常

迁移：从“执行中的合同”状态迁移到“锁定的合同”状态。

事件：执行合同。

监护条件：出现异常情况。

【迁移11】解除异常

迁移：从“锁定的合同”状态迁移到“执行中的合同”状态。

事件：解除异常。

【迁移12】执行失效

迁移：从“锁定的合同”状态迁移到“未履约合同”状态。

事件：失效。

【迁移13】执行失效

迁移：从“修改的合同”状态迁移到“已签订的合同”状态。

事件：无。

【迁移14】执行失效

迁移：从“被否决的合同”状态迁移到“终止”状态。

事件：无。

【迁移15】执行失效

迁移：从“未履约合同”状态迁移到“终止”状态。

事件：无。

【迁移16】执行失效

迁移：从“履约合同”状态迁移到“终止”状态。

事件：无。

10.2.4 销售合同类的状态图

根据10.2.2节和10.2.3节对销售合同类对象的分析，可以很容易地画出关于销售合同类的状态图，如图10-3所示。

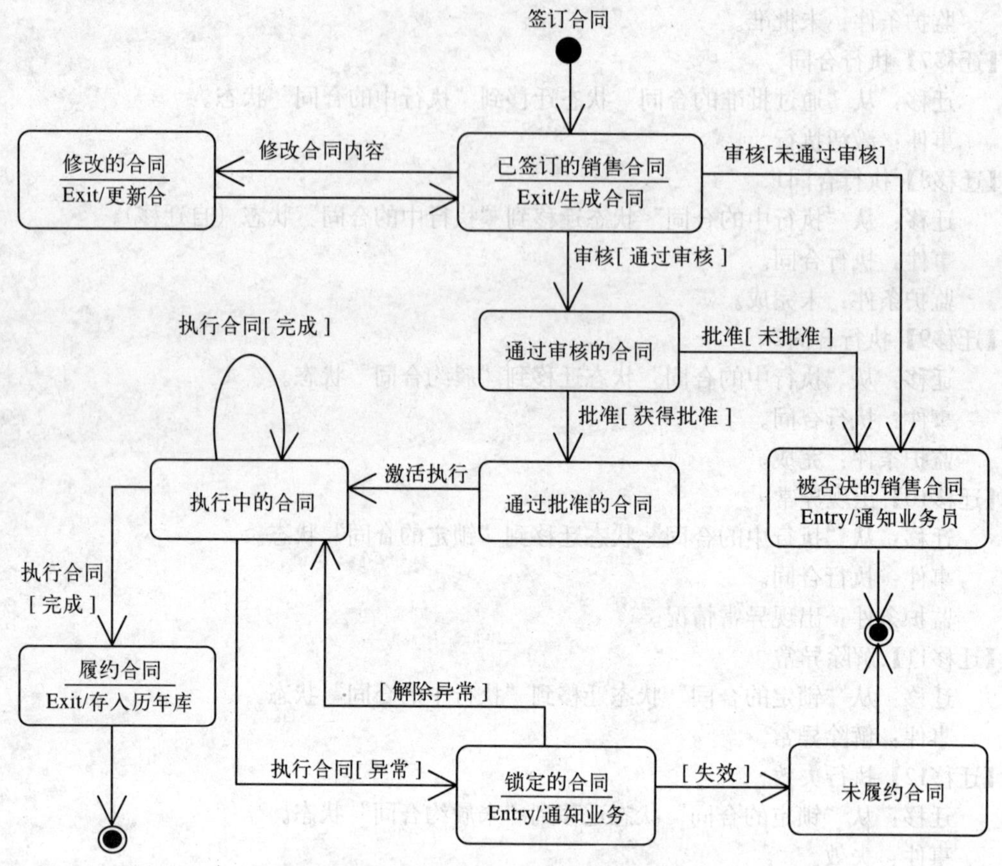

图10-3 销售合同类SalesContract对象的状态图

10.3 系统建模过程

下面开始在Rose中完成销售合同类状态图建模的过程，具体步骤如下。

10.3.1 创建状态图

(1) 创建新状态图

在左侧浏览器的逻辑视图“Logical View”中打开“企业综合信息管理系统”目录，选择“进销存管理系统下的“销售管理”，按下鼠标右键，在弹出菜单中选择“New”，然后选择子菜单中的状态图项【StateChart Diagram】，即可创建一个空白的状态图。把状态图命名为“销售合同状态图”。

(2) 打开状态图

双击“销售合同状态图”图标，打开新生成的状态图窗口。此时工具栏图标变成了状态图工具栏。可将光标悬停在图标上察看相关提示信息。图10-4列出了状态图工具栏各个工具栏按钮的名称。

10.3.2 添加状态

单击选择工具栏中的初始状态（Start State）图标，再在右侧状态图窗口中单击鼠标，为状态图添加一个初始状态；单击选择工具栏中的终止状态（End State）图标，再在右侧状态图窗口中单击鼠标，为状态图添加一个终止状态；分别两次单击选择状态框（State）图标并再在右侧状态图窗口中单击鼠标，为状态图添加两个状态。完成后的状态图如图10-5所示。

图10-4 状态图工具栏及其按钮名称

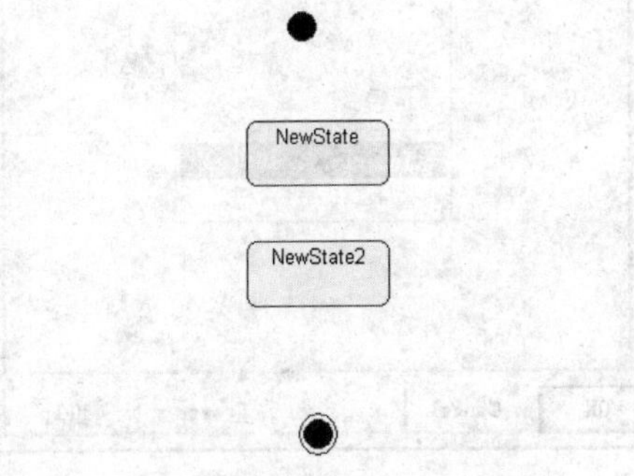

图10-5 添加了部分状态的状态图

10.3.3 编辑状态属性

(1) 修改状态的名称

选择新状态“NewState”状态框，鼠标左键双击或右键单击选中弹出菜单中的打开属性说明“Open Specification”项，出现图10-6所示的对话框。可以在不同页次修改该状态的相关属性，如“Stereotype”、“Documentation”等。我们这里把“Name”改为“已签订的销售合同”，把“NewState2”状态框的“Name”项改为“被否决的销售合同”。

(2) 为状态添加活动（activity）

双击打开“已签订销售合同”状态框的属性“State Specification”对话框，打开活动页Actions，设置该状态的活动Activity。在列表框空白处单击鼠标右键，选择弹出菜单中的插入项Insert，可为该状态添加一个活动，如图10-7所示。

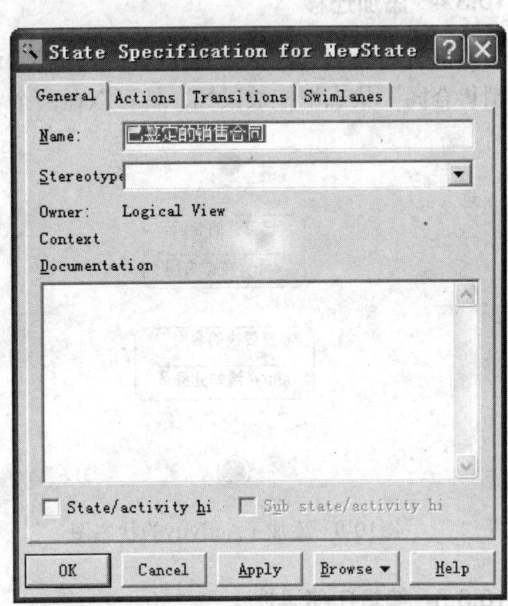

图10-6 状态属性说明State Specification对话框

（3）修改活动的属性

双击刚添加的活动，打开活动属性“Action Specification”对话框，在Name框中键入“生成合同”，如图10-8所示。按同样方法，为状态“被否决的合同”添加名字为“通知业务员”的活动。添加了状态活动之后的状态图如图10-9所示。

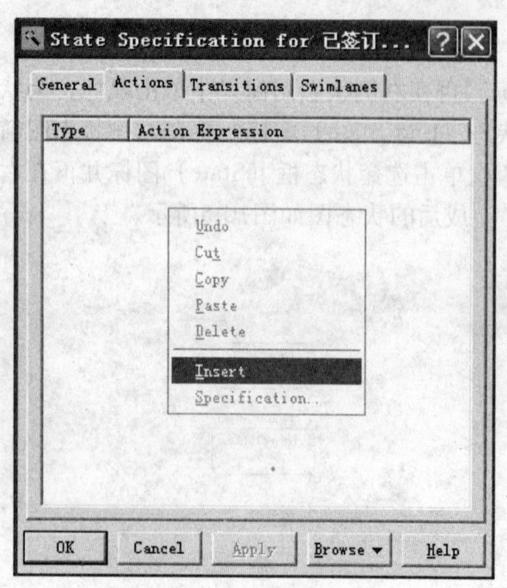

图10-7　为状态添加活动Activity

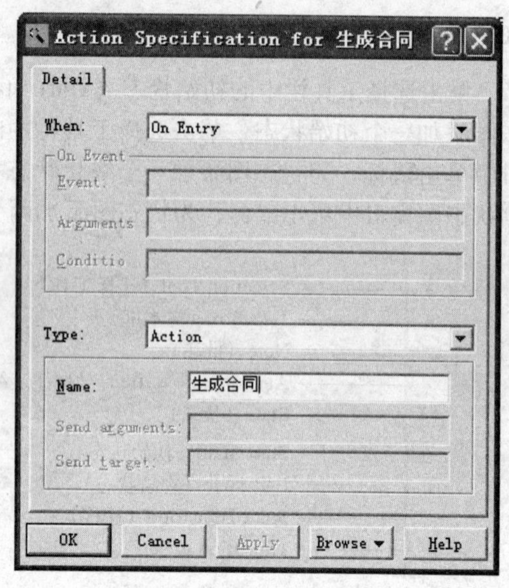

图10-8　编辑Activity属性

10.3.4　添加迁移

单击选择工具栏中状态迁移“State Transition”图标，然后从“初始状态”到“已签订的销售合同”状态框拖放鼠标，就可以在两个状态之间建立一个迁移。如图10-10所示。

图10-9　添加了Activity的状态图　　图10-10　添加了转移的状态图

10.3.5　编辑迁移属性

双击迁移线可打开设置迁移的属性对话框“State Transition Specification”，如图10-11所示。

在“Event”框中键入迁移的事件名称“签订销售合同”。如果需要还可以在“Arguments”框中设置事件的参数，本例中不设置参数。

打开属性对话框的Detail页，在监护条件“Guard Condition”框中键入“生成新合同对象”，可以为迁移添加守护条件。可以视需要填写其他项目。如图10-12所示。

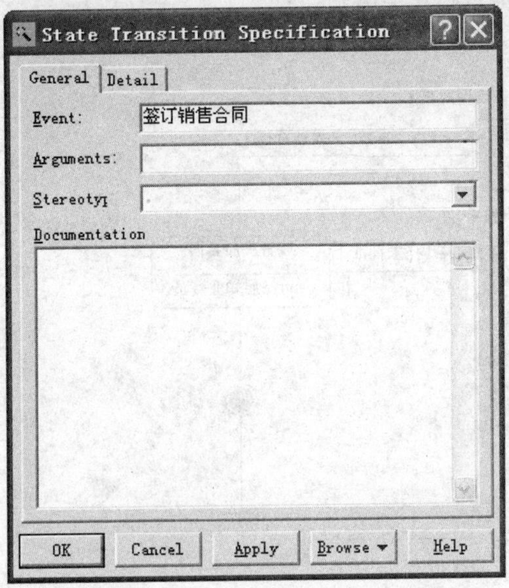

图10-11　转移属性设置对话框General页

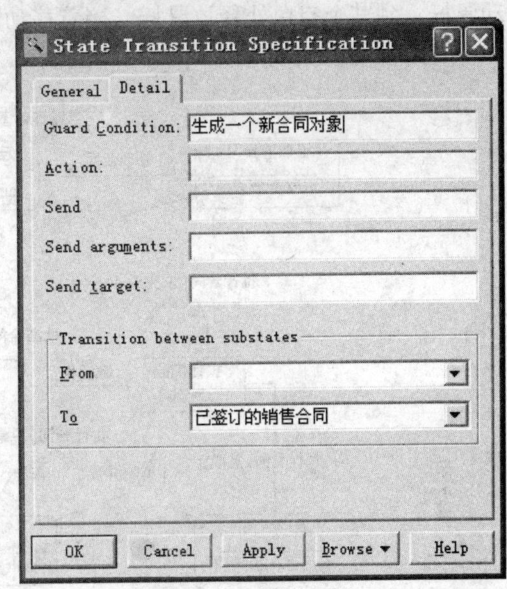

图10-12　转移属性设置对话框Detail页

添加完成后，状态图如图10-13所示。

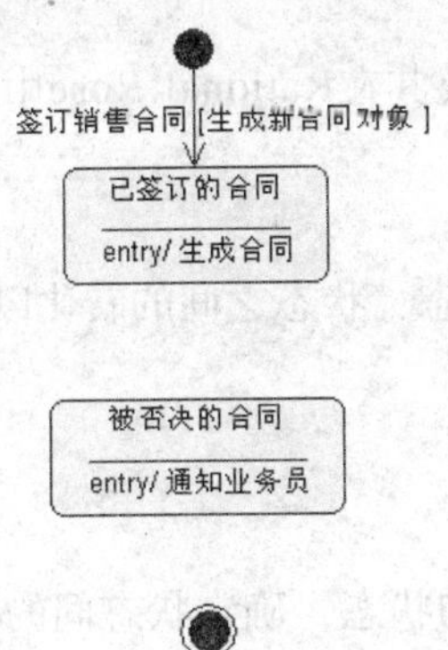

图10-13　对转移属性设置的结果

10.3.6　完成状态图

使用上述相同的方法，添加其他的状态和状态的活动（Activity），添加状态之间的迁移，并设置迁移的属性。完成后的状态图如图10-14所示。

注意：

1）图10-14中有的迁移指向自身，使用的是状态图工具栏的迁移到自身（“Transition to Self”）工具按钮。

2）有的迁移为了美观，使用了曲折的迁移线。绘制曲折迁移线的方法是：从起始状态拖动鼠标，到某个空白处释放鼠标，接着移动鼠标到末状态并单击它。

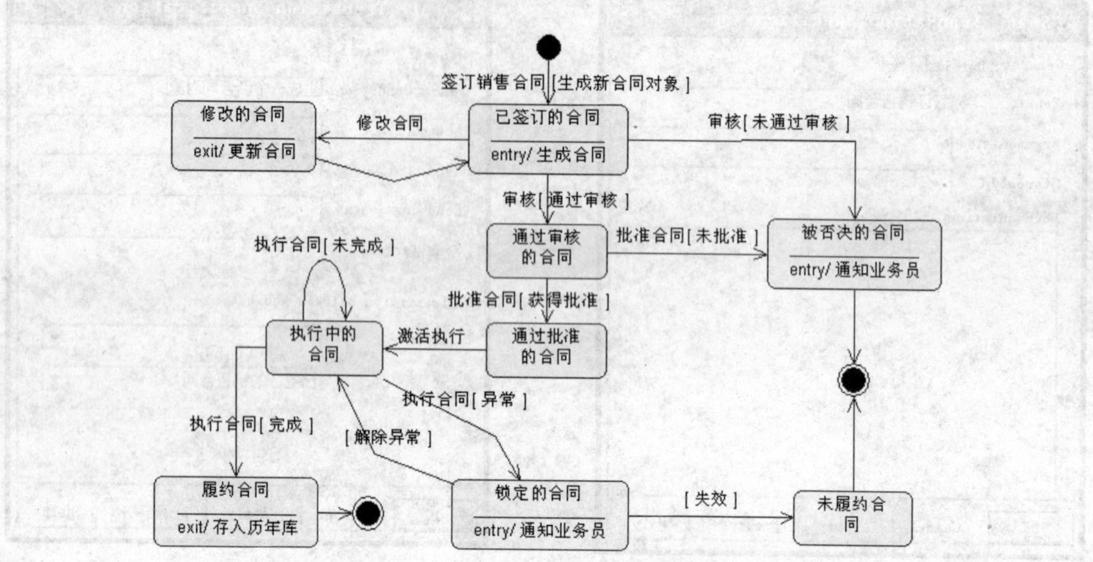

图10-14 完成后的销售合同状态图

10.4 小结

本章介绍了状态图的基本概念及其在Rational Rose中的创建过程。通过本章的学习，希望读者能够掌握：

1）状态图的基本概念和组成。

2）依据用例分析对象可能的状态、状态之间的转化以及转化条件。

3）使用Rose创建状态图的过程。

10.5 评价标准

本章的目的是确定一个类和它的状态、确定状态间的转移，并画出对象的状态图。根据分析确定的结果设计出正确的状态图，可获得75分以上成绩；熟练使用Rose作图可获得85分。如果对自选的题目建立起完整的状态图模型，则可以考虑给出90分以上的成绩。

能分析得出状态和转移，但不能正确作图的，按错误数量酌情给75分。

第11章　构件图建模

从逻辑设计的角度观察一个系统，可以认为系统主要是由一组用关联和泛化相关在一起的类组成，系统的功能和行为被封装在这些类定义的操作里边。系统模型的大部分内容反映了系统的逻辑和设计方面的信息，并且独立于系统的最终实现单元。然而，为了可重用性和可操作性的目的，系统物理实现方面的信息也很重要。构件图是UML用来表示物理实现单元的视图之一。构件图也称为组件图。

本章目的

- 了解系统物理体系结构模型和表示方法
- 了解构件图建模的概念及其在系统设计中的作用
- 掌握使用Rational Rose绘制构件图

11.1　基本概念

11.1.1　构件基本概念

构件将系统中可重用的块包装成具有可替代性的物理单元，这些单元被称为构件。构件图用构件及构件间的接口和依赖关系来表示设计元素（例如类）的具体实现。构件是系统高层的可重用的组成部件。

构件（Component）。构件是定义了良好接口的物理实现单元，它是系统中可替换的部分。每个构件体现了系统设计中特定类的实现。良好定义的构件不直接依赖于其他构件而依赖于构件所支持的接口。在这种情况下，系统中的一个构件可以被支持正确接口的其他构件所替代。在系统的物理结构建模中，构件是建模的基本单位。

接口（Interface）。接口是被软件或硬件所支持的一个操作集。通过使用命名的接口，可以避免在系统的各个构件之间直接发生依赖关系，有利于新构件的替换，使构件具有极好的封装性。构件具有自身支持的接口和需要从其他构件得到的接口。每个构件实现（支持）一些接口，并使用另一些接口。如果构件间的依赖关系与接口有关，那么构件可以被具有同样接口的其他构件替代。

依赖性（Dependency）。UML对于依赖性的定义是：依赖性描述的是模型元素之间不是关联、泛化或者实现关系的关系。实现图中的很多关系是应用依赖性来描述的。两个元素之间存在依赖就表明其中一个元素以某种方式要求另一个元素存在，否则这个元素就不能活动、不能被完整地定义或者实现。依赖性来自于系统的逻辑设计特性。

构件包（Package）。构件包是包含一组逻辑相关的构件或者系统的主要构件的包，其所扮演的角色和作用类似于类图中的逻辑包，是一种分组机制。在建模时利用构件包可把系统的物理模型分成几个便于组织管理的部分。构件包可以与其他构件包、构件以及接口有依赖关系。理论上，构件包可以有无限嵌套。

构件用一边有两个小矩形的一个长方形表示。一般来说，构件就是一个文件，这和实现的开发语言工具有一定关系。如图11-1所示是构件、接口和构件包。

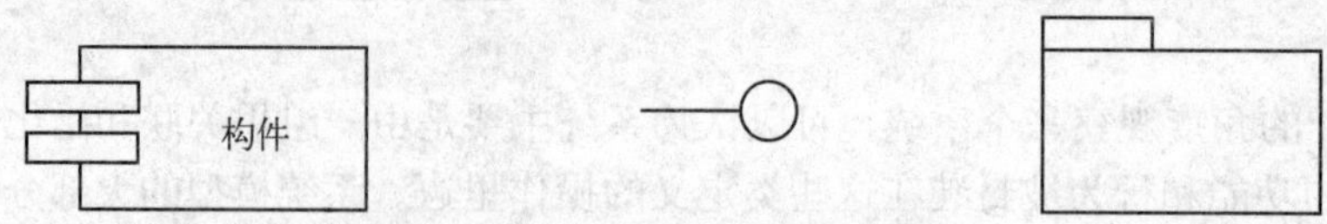

图11-1 构件、接口和构件包

构件图展示了构件和构件之间相互依赖的网络结构。构件图可以表示成两种形式，一种是含有依赖关系的可用构件的集合（构件库），它是构造系统的物理组织单元。它也可以表示为一个配置好的系统，用来建造它的构件已被选出。在这种形式中，每个构件与给它提供服务的其他构件连接，这些连接必须与构件的接口要求相符合。图11-2显示的就是使用Rose绘制的构件图。图中有三个构件，虚线箭头指示了它们之间的依赖关系。

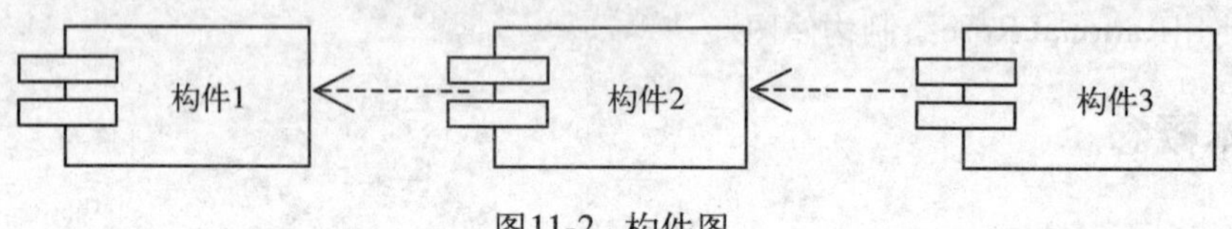

图11-2 构件图

构件图主要用于建立系统的静态实现视图模型，通过构件之间的依赖（虚箭线）关系描述系统软件的组织结构，展示了系统中的不同物理构件及其之间的联系。构件图中的构件没有实例，只有在部署图中才能标识构件的实例。构件图显示了代码本身的逻辑结构，与系统的实现相关。

在UML中，构件图可以用于建立以下模型：

1）系统业务模型：其构件是业务的过程和文档。

2）系统开发管理模型：根据系统开发期间的软件产物（源代码构件）之间的依赖关系，制定系统开发进度计划。

3）系统实现模型：对构成系统实现的实施构件建模，如可执行代码构件、相关的对象库等。

4）系统物理配置模型：如对数据文件构件、帮助文档构件、日志文件构件、初始化文件构件及安装/卸载文件构件建模。

5）集成系统模型：对应用程序编程接口（Application Programming Interface，简称API）建模，帮助软件构件集成工程师利用已有的构件组装（集成）一个完整的新系统。

一个大型复杂的软件系统，一般由多个可执行程序和相关的持久对象库构成。采用构件图建模，利用可视化图形来说明系统的构成，便于开发者对开发计划做出决策。

11.1.2 构件的设计原则

构件定义了软件系统的模块功能。构件的设计应充分体现软件的模块性和可复用性。设计时应遵循以下原则：

1）非循环依赖。构件之间不应有循环的依赖。

2）公共闭合。对于同一类的变动，构件中的类应一起关闭。影响构件内部类的变动不应影响构件外部的类。也就是说构件应该是内聚的，不需要进行若干个构件的一串变动。

3）公共复用。构件之间应彼此复用。如果复用构件中的一个类，那么就可以复用构件中所有类。这是内聚的另一个原则。

4）依赖的不可逆。抽象不应该依赖细节。反之，细节可以依赖抽象。

5）开放-封闭原则。软件元素对修改是封闭的，对扩展是开放的。

6）稳定的抽象。构件的抽象应该是稳定的。构件应足够抽象以便于扩展而不会影响其稳定。

7）依赖与稳定。依赖取决于稳定的方向。也就是说如果构件A依赖于构件B，那么B应该比A稳定，即B更少出现变动。

8）版本-复用等价。复用的粒度就是版本的粒度。也就是说不应复用已发布的软件元素的一部分。

11.2 案例分析

本案例以“企业综合信息管理系统”中“进销存管理子系统”的“仓库管理子系统”为例，介绍创建构件图的方法和建模过程。

创建构件图时应先找出系统中涉及的类和类之间的关系，然后参照构件设计原则设计出合理的构件以及构件间的依赖关系。

11.2.1 仓库管理子系统中涉及的类及其关系

进销存管理子系统中的类有：

1）仓库类（Warehouse）

2）库存账目清单类（GoodsBill）

3）验货单类（CheckGoodsBill）

4）入库单类（InWarehouseBill）

5）出库单类（OutWarehouseBill）

6）仓库管理员类（Warehouseman）

7）采购员类（PurchaseClerk）

8）客户类（Client）

9）货物类（Goods）

10）仓库管理用户界面类（Interface）

11）仓库管理子系统类（Sub-system）

12）角色类（people）

11.2.2 仓库管理子系统中类的关系

1）角色类是仓库管理员类、采购员类和客户类的基类，存在从派生类到基类的依赖关系。

2）仓库管理用户界面类要使用到仓库类、货物类、库存账目清单类、验货单类、入库单类和出库单类，仓库管理用户界面类依赖仓库类、货物类、库存账目清单类、验货单类、入库单类和出库单类。

3）货物类是仓库类的基类，所以仓库类依赖货物类。

4）主程序类要依赖仓库管理用户界面、仓库管理员类。

5）仓库类依赖库存账目清单类、验货单类、入库单类和出库单类。

6）库存账目清单类、验货单类、入库单类和出库单类依赖货物类。

11.2.3 设计构件

根据以上分析可以看出，所列出来的12个类可以分别映射到对应的12个构件。以下分别列出各构件的属性。

【构件1】仓库管理子系统

版式：Application

语言：VC++

映射的类：CWinApp

【构件2】角色

版式：无

语言：VC++

映射的类：People

【构件3】仓库管理员

版式：无

语言：VC++

映射的类：Warehouseman

【构件4】采购员

版式：无

语言：VC++

映射的类：PurchaseClerk

【构件5】客户

版式：无

语言：VC++

映射的类：Client

【构件6】仓库管理用户界面

版式：无

语言：VC++

映射的类：CView

【构件7】货物

版式：无

语言：VC++

映射的类：Goods

【构件8】仓库

版式：无

语言：VC++

映射的类：Warehouse

【构件9】验货单

版式：无

语言：VC++

映射的类：CheckGoodsBill

【构件10】入库单

版式：无

语言：VC++

映射的类：InWarehouseBill

【构件11】出库单

版式：无

语言：VC++

映射的类：OutWarehouseBill

【构件12】库存账目清单

版式：无

语言：VC++

映射的类：GoodsBill

构件间的依赖关系和类之间的依赖关系相同，此处不再列出。

11.2.4 仓库管理子系统的构件图

依据以上分析，可以画出如图11-3所示的仓库管理子系统构件图。

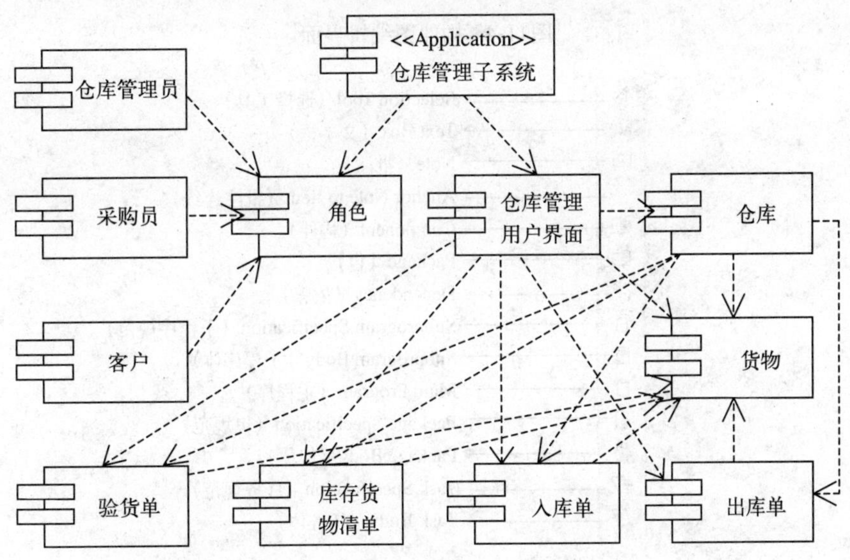

图11-3 仓库管理子系统构件图

11.3 系统建模过程

在Rational Rose中创建构件图的步骤如下：

11.3.1 打开构件图

1）打开Rose左侧的浏览器树状结构中选择构件视图“Component View”，双击“Main”图标，即可在右侧打开构件图的绘图窗口，如图11-4所示。为编辑构件图做好准备。

2）构件图对应的工具栏图标如图11-5所示，通过光标悬停可察看该图标的功能。

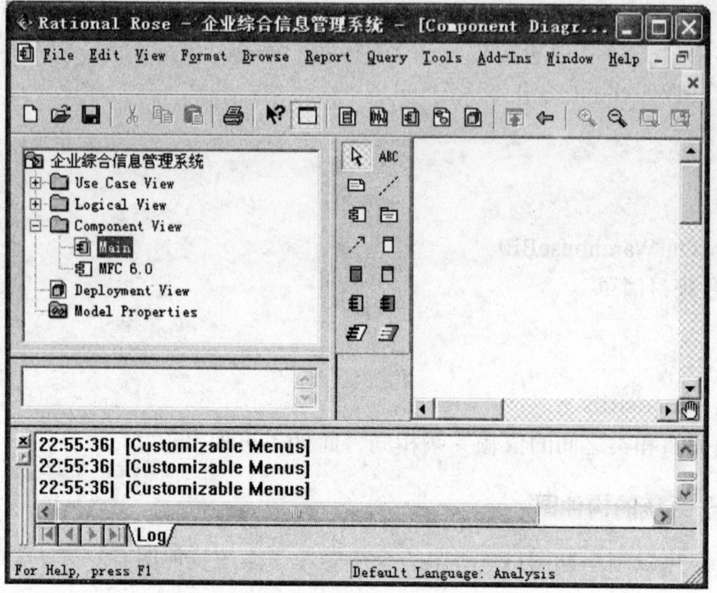

图11-4 构件图编辑界面

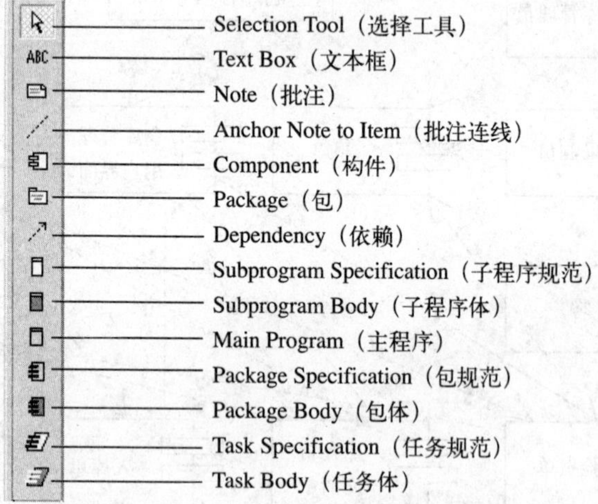

图11-5 构件图工具栏图标

11.3.2 添加构件

1）在工具栏中单击选择构件包“Package”图标，再单击右侧窗口中空白处，则向构件图中添加了一个构件包。如图11-6所示。

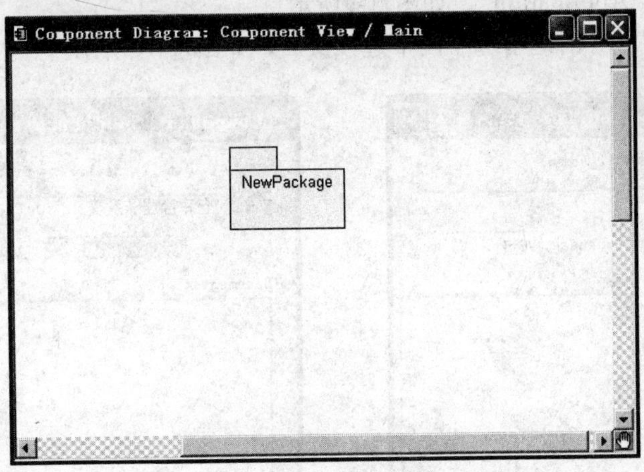

图11-6 向构件图中添加新构件

2）右键单击刚添加的构件包，在弹出菜单中选择“Open Specification”，弹出构件包属性对话框，如图11-7所示。更改该构件包的名“Name”为“仓库管理”。单击“OK”按钮确认返回。

3）双击该构件包，打开如图11-8所示的绘图窗口。

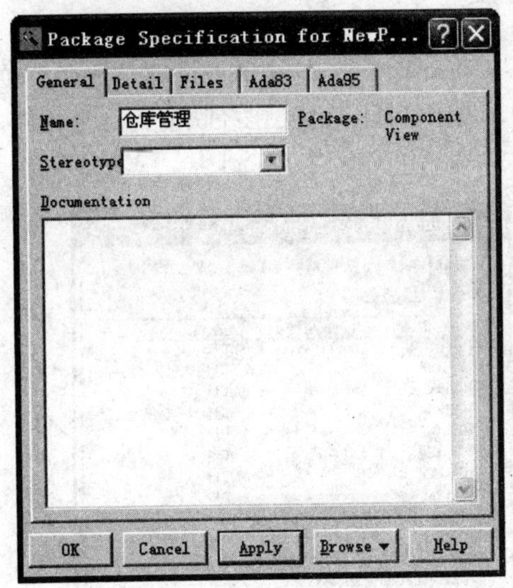

图11-7 Package Specification对话框

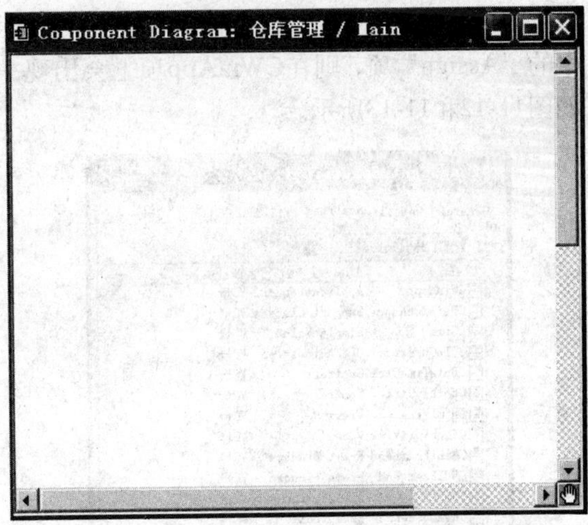

图11-8 Package Specification对话框

4）鼠标单击选择工具栏中构件图标“Component”，然后在包构件的绘图窗口适当的位置点击鼠标，为包添加一个构件。

11.3.3 编辑构件属性

1）右键单击该构件并选择“Open Specification”，打开构件属性对话框的“General”页，把该构件的名字“Name”改成“仓库管理子系统”，语言“Language”设置为“VC++”，版式“Stereotype”设置为“Application”。如图11-9所示。

2）点击“Apply”，对话框增加了两个选项页面，如图11-10所示。

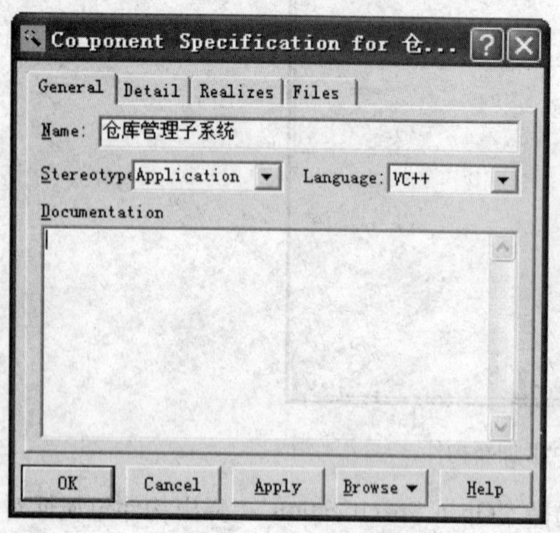

图11-9 更改构件名称、版式和实现语言

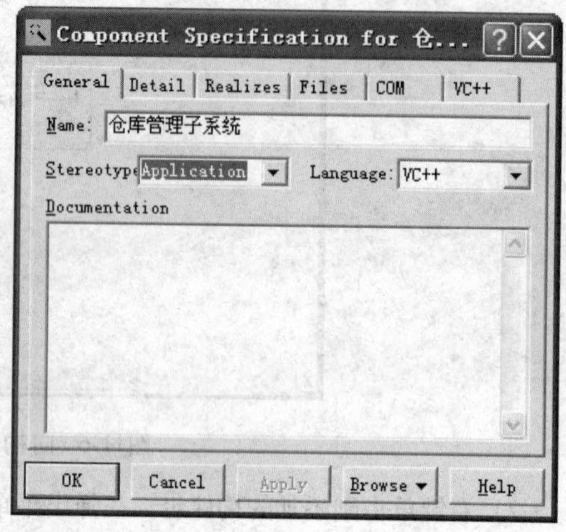

图11-10 更改设置后的Component Specification对话框

3）构件应至少包含一个类，通过“Component Specification for ...”对话框的“Realizes”页指派类映射到构件。如图11-11所示。

4）在图11-11所示的对话框下部的列表框中选择“CWinApp”，右键单击该项，选择菜单中的“Assign”项，则在CWinApp项上会出现一个红勾，表示CWinApp类已经映射到这个构件。如图11-12和11-13所示。

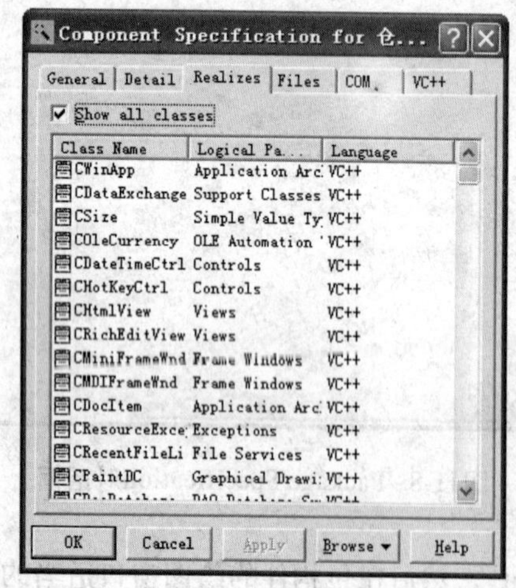

图11-11 Component Specification对话框Realizes页

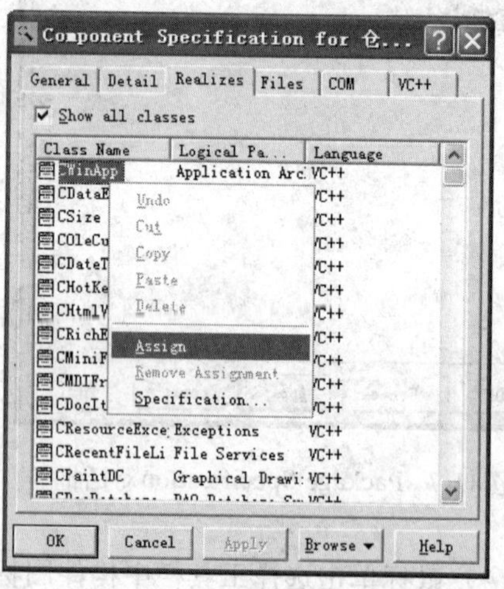

图11-12 Component Specification对话框Realizes页

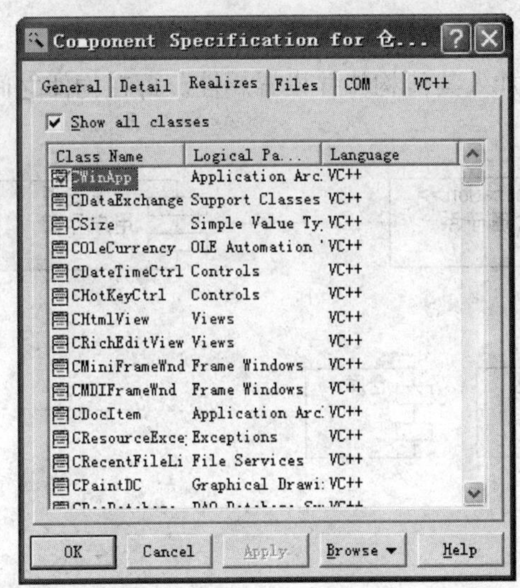

图11-13 类CWinApp映射到构件

5）在Rose左侧浏览器窗口把类拖动到对应的构件也可以完成类到构件的映射。删除映射可以打开前面讲到的Realizes页，在要删除的类上面单击鼠标右键，选择快捷菜单中的“Remove Assignment”即可删除映射。

6）可以通过构件属性对话框的“Files”页为构件指定实现的文件。

11.3.4 添加依赖

1）新添加一个构件，设置名字“Name”为“仓库管理用户界面”，设置其他属性。

2）选择工具栏中依赖“Dependency”图标，添加由仓库管理子系统到仓库管理用户界面的依赖。如图11-14所示。

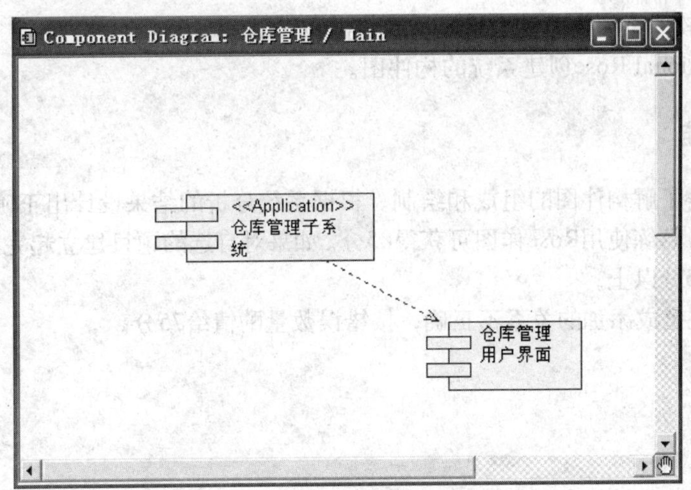

图11-14 添加依赖

11.3.5 完成构件图

重复以上过程向构件图加入其他构件并设置属性。再在构件之间添加依赖关系。完成的构件图如图11-15所示。

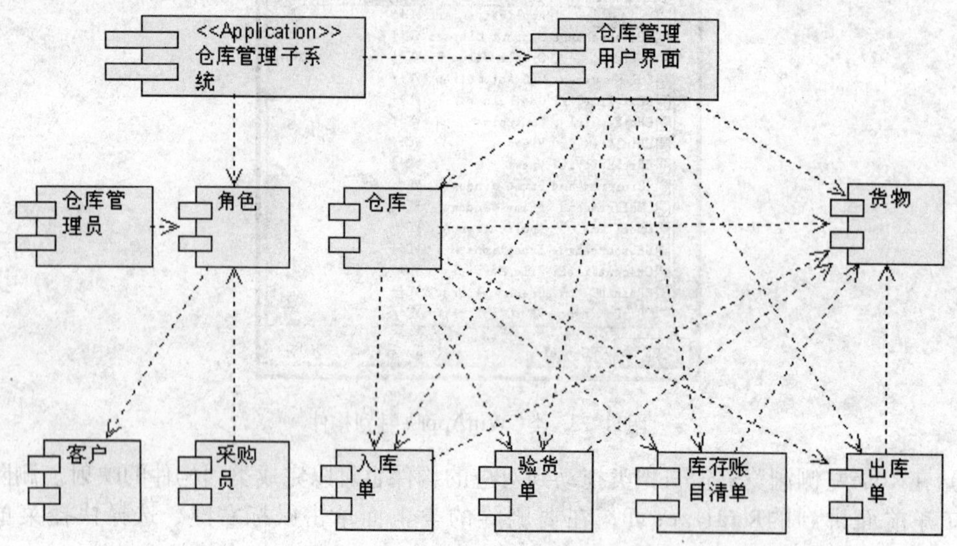

图11-15 仓库管理子系统构件图

11.4 小结

本章介绍了构件图的概念和在Rose中的创建步骤。通过本章的学习，希望读者能掌握：

1）构件的概念和分类。

2）构件间依赖性的含义。

3）构件图在软件系统物理模型建模中的地位和作用。

4）能使用Rational Rose创建系统的构件图。

11.5 评价标准

本章的目的是了解构件图的组成和绘制。根据系统分析的结果设计出正确的构件图，可获得75分以上成绩；熟练使用Rose作图可获得85分。如果对自选的题目建立起完整的构件图模型，则可以考虑给出85分以上。

系统构件不完整或添加的关系不正确，按错误数量酌情给75分。

第12章 部署图建模

一个系统包括软件和硬件两个方面，经过开发得到的软件系统的构件和模块必须部署到某些硬件上予以执行。部署图（也叫配置图）由节点和节点之间的联系构成，描述了系统硬件的物理拓扑结构以及部署在这些硬件上的可执行的软件。部署图可以显示计算节点的拓扑结构和通信路径、节点上部署的软件、软件的逻辑单元等。

本章目的

- 了解系统物理体系结构模型和表示方法
- 了解部署图的概念及其在系统设计中的作用
- 掌握使用Rational Rose绘制部署图的方法

12.1 基本概念

部署视图（Deployment View）表示运行时的计算资源（如计算机及它们之间的连接）的物理布置。这些运行资源称为节点。在运行时，节点包含构件和对象。构件和对象的分配可以是静态的，也可以是动态的，即它们可以在节点间迁移。如果含有依赖关系的构件实例放置在不同节点上，部署视图可以展示出执行过程中的瓶颈。一般部署图不显示运行时或编译时不存在的构件。下面引入一些基本概念：

(1) 节点

节点是表示计算资源运行时的物理对象，通常具有存储和处理能力。节点可能具有用来辨别各种资源的构造型，如C P U、设备和内存等。节点可以包含对象和构件实例。

节点用带有节点名称的立方体表示，可以具有分类（可选）。如图12-1所示。

(2) 连接

节点之间的连线表示系统之间的通信路径，在UML中称为连接。节点间的连接代表通信路径。通信类型放在连接上“<<”和“>>”符号之间，表示所用的通信协议或网络类型。连接仅表明节点之间存在关联，与节点实际部署的物理位置无关。图12-2表示了处理器与外部设备的连接。

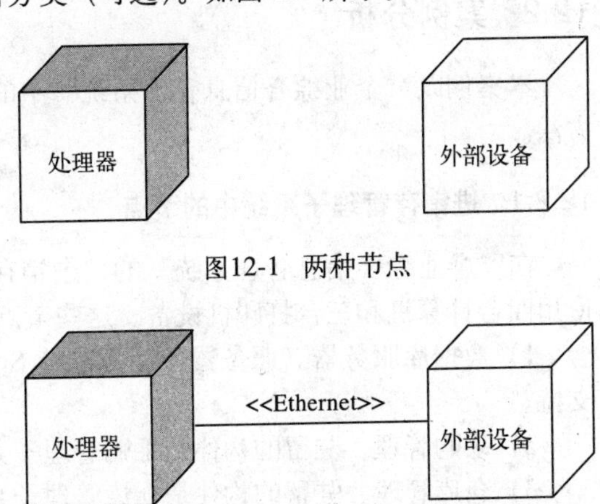

图12-1 两种节点

图12-2 节点间的连接

(3) 部署视图

部署视图描述位于节点实例上的运行构件实例的安排。这个视图允许评估分配结果和资源分配。部署视图用部署图来表达。在部署图中，节点有泛化关系，将节点的一般描述与具体的特例联系起来。对象在节点内的存在用嵌套在节点符号内的对象符号来表示。如果这样表示不方便，对象符号可以包含表示它所在节点名称的location标签。节点之间对象或构件实例的迁移也可以表示出来。

部署图包括以下要素：

1）进程。在自己内存空间执行的线程。

2）处理器。任何具有处理计算能力的机器。如服务器、客户端计算机、POS机等。

3）设备。没有处理功能的机器。如传感器、打印机。

利用节点可以对单机式、嵌入式、客户/服务器式和分布式网络系统的拓扑结构中的处理器和设备建模。建立一个局域网应用系统或Internet应用系统的部署图的一般步骤如下：

1）确定节点：根据硬件设备和软件体系结构的功能要求统一考虑系统的节点。

- 根据硬件设备的配置，如系统使用的服务器、工作站、交换机、网络设备和输入/输出设备等。因为计算机能处理信息和执行构件，一般将一台计算机作为一个节点，一个设备也看做一个节点，设备一般不能执行构件，但它是系统与外界交互的接口。
- 根据软件体系结构功能要求，确定网络服务器、应用服务器、数据库服务器、客户机、数据库等。
- 节点的大小。根据需要，节点大小以方便用户与开发人员交流为准。
- 描述属性。用以描述硬件节点的速度、容量等特性。

2）确定驻留构件：根据软件体系结构和系统功能要求分配相应构件驻留到节点上。

3）注明节点性质：用UML标准的或自定义的构造型描述节点的性质。

4）确定联系：如果是简单通信联系，用关联连接描述节点之间的联系，可在关联线上标明使用的通信协议或网络类型。对于分布式系统，应当注意各节点驻留的构件或对象之间迁移的依赖联系，以构造型<<becomes>>声明。

5）绘制部署图：对于一个复杂的大系统，可以采用打包的方式对系统的众多节点进行组织和分配，形成结构清晰、具有层次的部署图。注意，每个包中的节点名称要具有唯一性，还要注意包与包之间的联系。

12.2 案例分析

本案例以“企业综合信息管理系统”中的“进销存管理子系统”为例，介绍创建部署图的方法。

12.2.1 进销存管理子系统中的节点

在“企业综合信息管理系统”的“进销存管理子系统”中，依据用户需求，可以确定需要使用四台计算机和三台打印机设备。这些节点分别是：

1）数据库服务器。服务器上运行SQL Server 2000系统，为进销存管理子系统提供数据库支持。

2）采购管理。驻留的构件是采购管理子系统。

3）仓库管理。驻留的构件是仓库管理子系统。

4）销售管理。驻留的构件是销售管理子系统。

5）三台打印机。

12.2.2 进销存管理子系统中节点间的连接

1）打印机1通过Ethernet与采购管理节点连接。

2）打印机2通过Ethernet与仓库管理节点连接。

3）打印机3直接与销售管理节点连接。

4）采购管理节点、仓库管理节点和销售管理节点都是通过Ethernet方式与数据库服务器连接。

5）采购管理节点和仓库管理节点通过TCP/IP方式连接。

6）销售管理节点和仓库管理节点通过TCP/IP方式连接。

12.2.3 进销存管理子系统部署图

图12-3显示了“企业综合信息管理系统”的“进销存管理子系统”的部署图。

12.3 系统建模过程

下面讲述在Rose中绘制如图12-3所示的部署图的具体操作步骤。

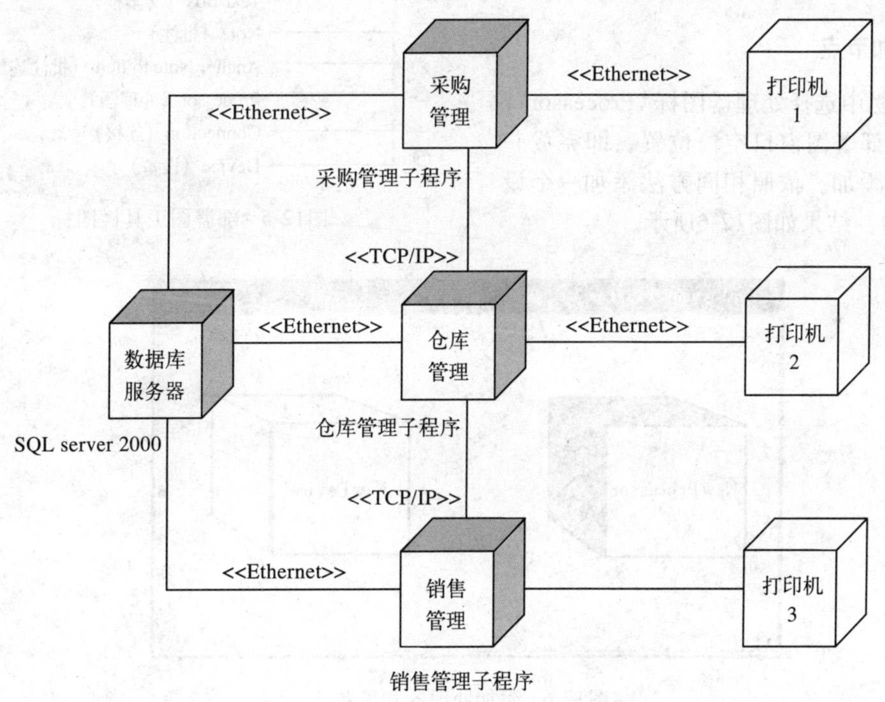

图12-3 进销存管理子系统的部署图

12.3.1 打开部署图

1）在左侧浏览器中双击“Deployment View”，打开部署图窗口，如图12-4所示。

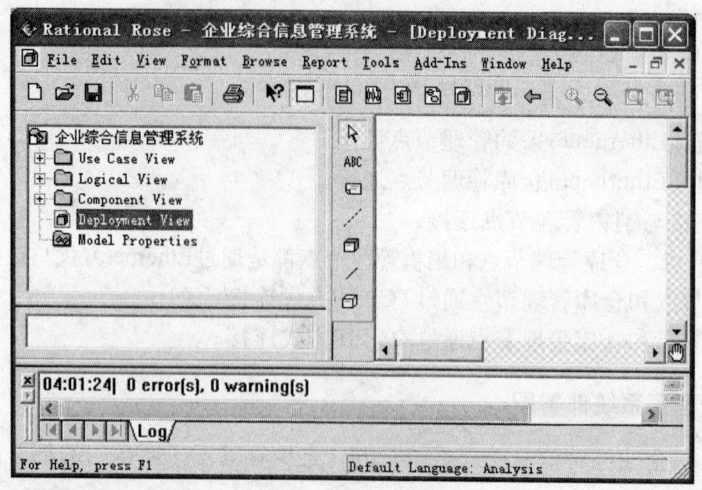

图12-4 部署图窗口

2）此时的工具栏图标如图12-5所示。光标悬停在图标上可得到该图标的提示信息。

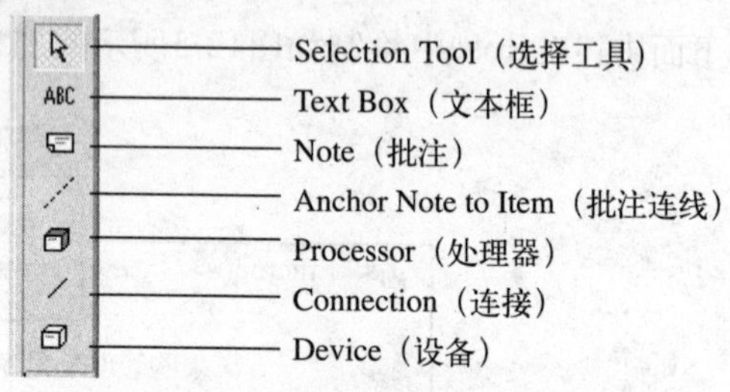

图12-5 部署图工具栏图标

12.3.2 添加节点

在工具栏中选择处理器图标“Processor”，放置在右侧部署图窗口空白位置，即完成一个处理器的添加。依照相同方法添加一个设备（Device）。结果如图12-6所示。

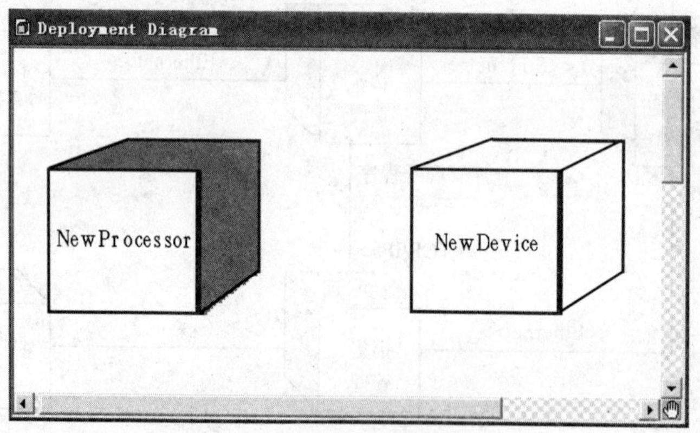

图12-6 添加处理器和设备

12.3.3 编辑节点属性

1）选择刚刚添加的处理器，右键单击该处理器，在弹出的菜单中选择“Open Specification”，弹出如图12-7的属性设置对话框。更改该处理器的名称“Name”为“采购管理”。

2）选择对话框中的Detail页，在进程“Processes”列表框内单击鼠标右键，选择弹出菜单的插入项“Insert”，可添加该处理器运行的进程，如图12-8所示。

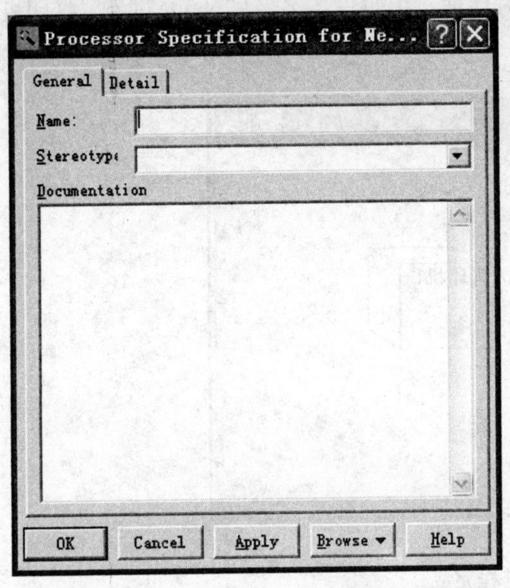

图12-7 处理器属性设置对话框中的General页

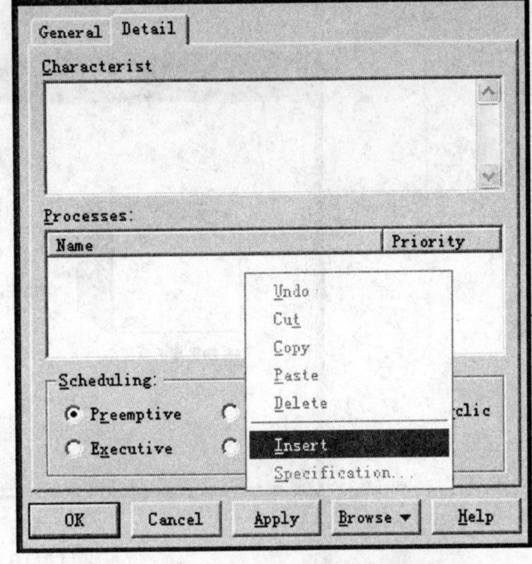

图12-8 为处理器添加运行的进程

3）在图12-8所示的对话框中可以通过设置列入进程表“Scheduling”指定处理器所使用的进程调度类型。此处均设为默认值优先“Preemptive”。

4）双击添加的进程，弹出图12-9所示的进程设置对话框。将进程名称改为“采购管理子系统”。

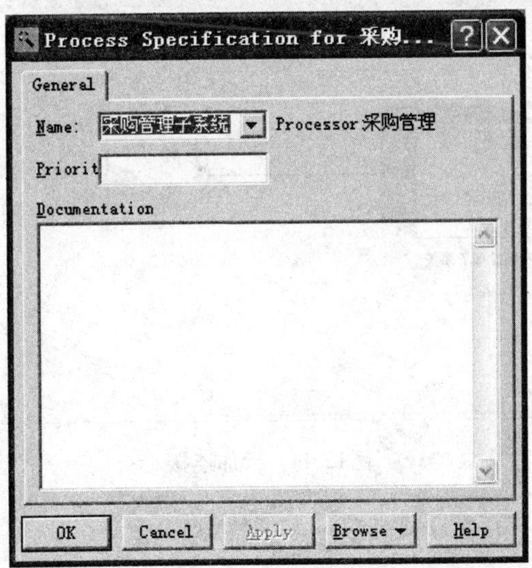

图12-9 进程设置对话框

5）确认修改结果，返回部署图窗口。右键单击该处理器，在弹出的菜单中选择显示进程项“Show Processes”，此时处理器下方将出现进程名称。

6）选择部署图中的设备，双击打开属性设置对话框。编辑设备名字“Name”为“打印机1”。结果如图12-10所示。

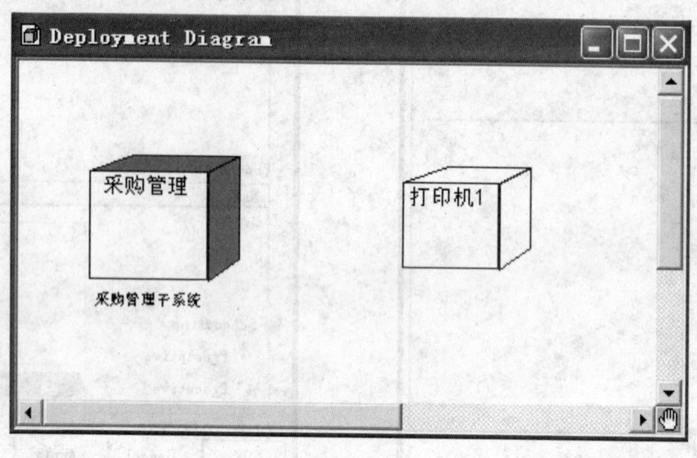

图12-10 设置进程完成

12.3.4 添加连接

在工具栏中选择连接图标“Connection”，在“采购管理”和“打印机1”之间添加连接，如图12-11所示。

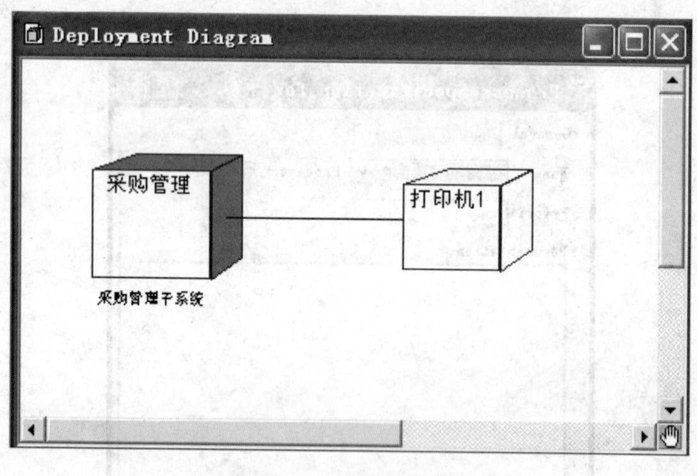

图12-11 添加连接

12.3.5 编辑连接属性

1）用鼠标右键单击刚刚添加的连接，在弹出的菜单中选择“Open Specification”，打开连接属性设置对话框设置连接的属性，把名称改为“<<Ethernet>>”。如图12-12所示。

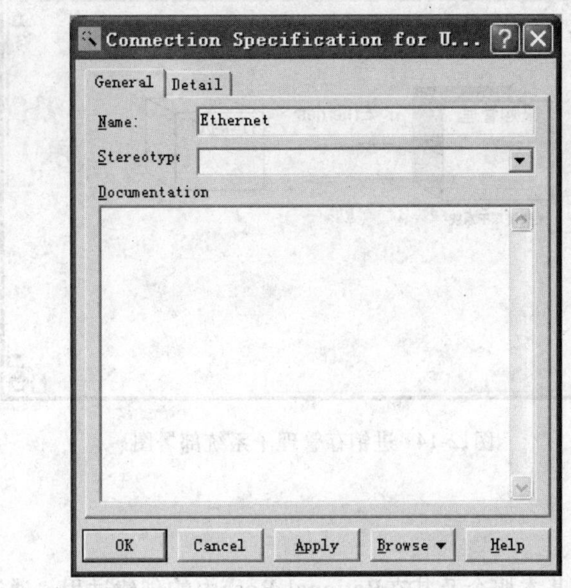

图12-12 连接属性设置对话框

2）确认修改返回部署图窗口，如图12-13所示。

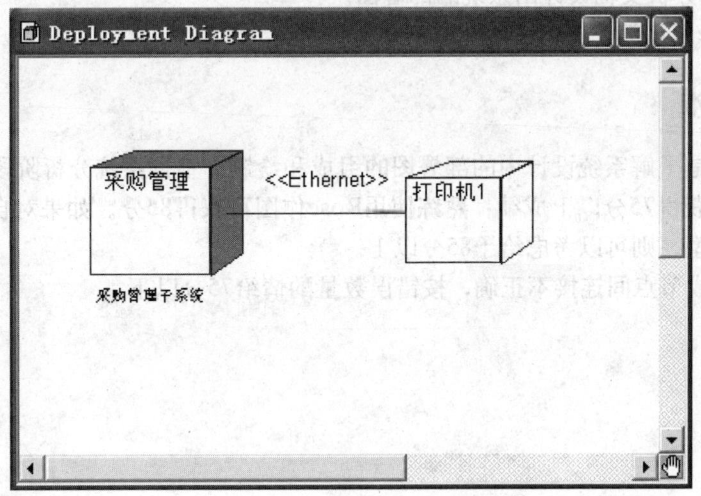

图12-13 设置完连接属性

12.3.6 完成部署图

按上述方法，向部署图中添加其他的节点和连接，并依照它们之间的通信类型设置连接的属性。最终结果如图12-14所示。

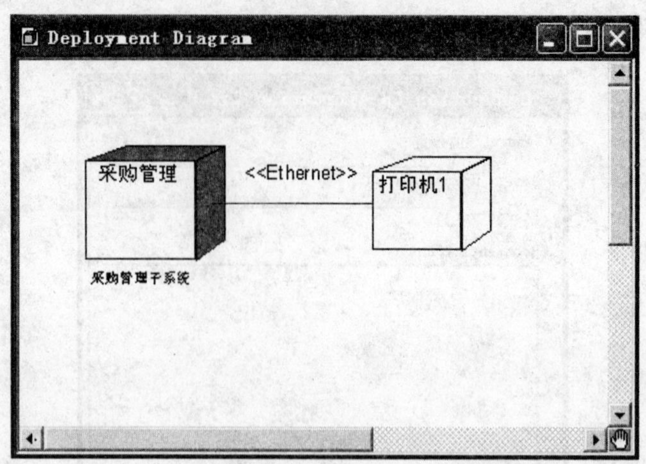

图12-14 进销存管理子系统部署图

12.4 小结

本章介绍了部署图的基本概念及其在Rational Rose中的创建过程。通过本章的学习，希望读者能够掌握：

1）部署图的基本概念和组成。

2）根据系统分析文档设计出系统的部署图。

3）使用Rose创建部署图。

12.5 评价标准

本章的目的是了解系统设计中的部署图的组成和绘制。根据系统分析阶段的文档设计出正确的部署图，可获得75分以上成绩；熟练使用Rose作图可获得85分。如果对自选的题目建立起完整的部署图模型，则可以考虑给予85分以上。

节点不完整或节点间连接不正确，按错误数量酌情给75分以下。

第13章　设计模式建模

设计模式是面向对象技术的最新进展之一。恰当地使用设计模式可以获得更好的系统设计，简化系统的维护工作。设计模式从更高层次观察系统，可以使面向对象设计更灵活、优雅，最终达到更好的复用性。它们帮助设计者将新的设计建立在以往工作的基础上，复用以往成功的设计方案。一个熟悉这些模式的设计者不需要再去发现它们，就能够立即将它们应用于设计问题中。

本章目的

- 了解设计模式的概念
- 掌握设计模式在面向对象软件设计中的使用原则和策略
- 掌握工厂模式的思想及其在系统设计中的应用

13.1　基本概念

13.1.1　设计模式的基本概念

Alexander给出的经典定义是：每个模式都描述了一个在我们的环境中不断出现的问题，然后描述了该问题的解决方案的核心。通过这种方式，你可以无数次地使用那些已有的解决方案，无需再重复相同的工作。

设计模式使人们可以更加简单方便地复用成功的设计和体系结构。将已证实的技术表述成设计模式也会使新系统开发者更加容易理解其设计思路。一般而言，一个模式有四个基本要素：

- 模式名称（pattern name）。它是一个助记名，用一两个词来描述模式的问题、解决方案和效果。设计模式允许我们在较高的抽象层次上进行设计。基于一个模式词汇表，我们自己以及同事之间就可以讨论模式并在编写文档时使用它们。模式名可以帮助我们思考，便于我们与其他人交流设计思想及设计结果。找到恰当的模式名也是我们设计模式编目工作的难点之一。
- 面对问题（problem）。描述了应该在何时使用模式。它解释了设计问题和问题存在的前因后果，它可能描述了特定的设计问题，如怎样用对象表示算法等，也可能描述了导致不灵活设计的类或对象结构。有时候，问题部分会包括使用模式必须满足的一系列先决条件。
- 解决方案（solution）。描述了设计的组成成分，它们之间的相互关系及各自的职责和协作方式。因为模式就像一个模板，可应用于多种不同场合，所以解决方案并不描述一个特定而具体的设计或实现，而是提供设计问题的抽象描述和怎样用一个具有一般意义的元素组合（类或对象组合）来解决这个问题。

- 模式效果（consequence）。描述了模式应用的效果及使用模式应权衡的问题。尽管我们描述设计决策时，并不总提到模式效果，但它们对于评价设计选择和理解使用模式的代价及好处具有重要意义。软件效果大多关注对时间和空间的衡量，它们也表述了语言和实现问题。因为复用是面向对象设计的要素之一，所以模式效果包括它对系统的灵活性、扩充性或可移植性的影响，显式地列出这些效果对理解和评价这些模式很有帮助。

设计模式使人们可以更加简单方便地复用成功的设计和体系结构。将已证实的技术表述成设计模式也会使新系统开发者更加容易理解其设计思路。设计模式帮助你做出有利于系统复用的选择，避免设计损害了系统复用性。

框架通常定义了应用体系的整体结构、类和对象的关系等等设计参数，以便于具体应用实现者能集中精力于应用本身的特定细节。框架主要记录软件应用中共同的设计决策，框架强调设计复用，因此框架设计中必然要使用设计模式。

另外，设计模式有助于对框架结构的理解，成熟的框架通常使用了多种设计模式，如果你熟悉这些设计模式，毫无疑问，你将迅速掌握框架的结构，我们一般开发者如果突然接触EJB J2EE等框架，会觉得特别难学，如果转而先掌握设计模式，无疑是给了你剖析EJB或J2EE系统的一把利器。设计模式使人们可以更加简单方便地复用成功的设计和体系结构，将已证实的技术表述成设计模式也会使其他系统开发者更加容易理解其设计思路。

需要说明的是，还存在反模式和错误模式。反模式是指在不恰当的环境中应用模式，使得对待解决的问题产生负效果的解决方案。错误模式和反模式密不可分，设计模式经常会转变为反模式，根本区别在于问题所处的环境，反模式侧重于提醒人们如何避开不好的设计思维和软件编写。错误模式与反模式有关，是与编程错误有关的错误程序行为的模式。错误模式就是已发出的错误和程序中潜在的错误之间的重复存在的相互关系。

13.1.2 设计模式遵循的原则

人们踊跃地提倡和使用设计模式的根本原因是为了代码复用，增加可维护性。设计模式的实现要遵循一些原则，才能达到代码复用、增加可维护性的目的。以下是设计模式应当遵循的几个原则：

1）开-闭原则（Open-Closed Principle，OCP）。一个软件实体应当对扩展开放，而对修改关闭。当再设计一个模块的时候，应当使这个模块可以在不修改的前提下进行扩展。即应当可以在不必修改源代码的情况下改变这个模块的行为，在保持系统一定稳定性的基础上，对系统进行扩展，即只增加新代码。

2）里氏代换原则（Liskov Substitution Principle，LSP）。如果一个软件实体使用的是一个基类的话，那么它一定适用于其子类，而且它根本不能察觉出基类对象和子类对象的区别。只有派生类可以替换基类，基类才能真正被复用，而派生类也能够在基类的基础上增加新功能。但是，反过来的代换并不成立。也就是说，应当尽量从抽象类继承，而不从具体类继承。

3）依赖倒转原则（Dependence Inversion Principle，DIP）。要依赖于抽象，不要依赖于具体，即针对接口编程，不要针对实现编程。针对接口编程的意思是，应当使用接口和抽象类进行变量的类型声明、参量的类型声明，方法的返还类型声明，以及数据类型的转换等。不要针对实现编程的意思就是说，不应当使用具体类进行变量的类型声明、参量的类型声明，方法的返还类型声明，以及数据类型的转换等。

4）接口隔离原则（Interface Segregation Principle，ISP）。一个类对另外一个类的依赖是建立在最小的接口上。使用多个专门的接口比使用单一的总接口要好。胖接口会导致其客户程序之间产生不正常的并且有害的耦合关系。当一个客户程序要求该胖接口进行一个改动时，会影响到所有其他的客户程序。因此客户程序应该仅仅依赖他们实际需要调用的方法。

5）组合/聚合复用原则（Composite/Aggregate Reuse Principle，CARP）。在一个新的对象里面使用一些已有的对象，使之成为新对象的组成部分；新的对象通过对这些对象的调用达到复用已有功能的目的。这个设计原则可以简短地表述为：要尽量使用组合/聚合，尽量不要使用继承。

6）迪米特法则（Law of Demeter，LoD）。一个对象应该对其它对象有尽可能少的了解。就是说，如果两个类不必彼此直接通信，那么这两个类就不应当发生直接的相互作用，如果其中的一个类需要调用另一个类的某个方法的话，可以通过第三者转发这个调用。

7）单一职责原则（Simple responsibility principle，SRP）。就一个类而言，应该有且仅有一个引起它变化的原因，也就是职责。如果你有多个动机想去改变一个类，那么这个类就具有多个职责。应该把多余的职责分离出去，分别再创建一些类来完成每一个职责。

13.1.3 设计模式分类

设计模式有不同的分类标准，按照目的准则可以分成以下三类：创建型模式、结构型模式和行为型模式。

创建型模式与对象的创建有关，它隐藏了对象创建的细节。创建型类模式有工厂方法（Factory Method）模式，创建型对象模式包括抽象工厂（Abstract Factory）、建造（Builder）、原型（Prototype）、单例（Singleton）四种模式。

结构型模式处理类或对象的组合，即描述类和对象之间怎样组织起来形成更大的结构，从而实现新的功能。结构型模式包括适配器（Adapter）对象模式、桥接（Bridge）模式、组合（Composite）模式、装饰（Decorator）模式、外观（Facade）模式、享元（Flyweight）模式、代理（Proxy）模式等。

行为型模式描述算法以及对象之间的任务（职责）分配，它所描述的不仅仅是类或对象的设计模式，还有它们之间的通信模式，如命令（Command）模式、迭代器（Iterator）模式、策略（Strategy）模式等。

13.1.4 工厂模式

在面向对象编程中，对象在各种时候出于不同原因产生。如果在使用对象的同时还需要负责实例化该对象，代码将变得非常复杂。需要了解很多诸如要创建哪些对象，需要哪些构造参数，如何管理使用对象等，这些会降低内聚性。

例如有一个类BaseClass，要创建该类的对象：

BaseClass newClass = new BaseClass（）；

如果在创建对象之前需要做一些诸如赋值之类简单操作，可以通过构造函数传递参数的办法解决：

BaseClass newClass = new BaseClass（param）；

如果需要做的工作很多，把实现代码放进构造函数就明显违背了面向对象设计的封装（Encapsulation）和分派（Delegation）原则。工厂模式可以帮助解决这些问题。使用工厂模式有助于保持对象的内聚、解耦和可测试，以及保持设计的灵活性。

工厂是用于实例化其他对象的方法、对象或者其他任何实体。对象要么构造和管理其他对象，要么使用对象。二者不应兼而有之。工厂模式通过一个通用的工厂来生成对象，而不允许将创建对象的代码散布于整个系统。如果程序中所有需要创建对象的代码都转到这个工厂执行，那么在增加新对象时所要做的全部工作就是只需修改该工厂。这就是我们通常所说的工厂模式，工厂模式就是专门负责将大量有共同接口的类实例化。客户端完全不知道实例化哪些对象、如何实例化对象等细节。工厂模式有以下3种形态：

- 简单工厂（Simple Factory）模式
- 工厂方法（Factory Method）模式，又称多态性工厂（Polymorphic Factory）模式
- 抽象工厂（Abstract Factory）模式

"工厂方法"模式

工厂方法模式又称为多态性工厂模式，显然是因为具体工厂类都有共同的接口，或者都有共同的抽象父类，这里应尽量使用抽象机制和多态技术。工厂方法模式的类图结构如图13-1所示。具体工厂类ConcreteCreator 的工厂方法FactoryMethod( )返还的数据类型是一个抽象工厂接口Creator，而不是哪一个具体的产品类。这种设计使得工厂类创建某个产品类的实例细节完全封装在工厂类内部。这样，整个实现过程就不涉及产品类Product的具体子类，从而达到封装效果，减少了发生错误修改的机会。参与的角色有：

1）抽象工厂接口（Creator）：抽象工厂接口角色是工厂方法模式的核心，它与应用程序无关。任何要在模式中创建对象的工厂类必须实现这个接口。

2）具体工厂类（ConcreteCreator）：这个角色与应用程序紧密相关，在应用程序的直接调用下，用于创建产品实例的一些类。

3）产品（Product）：担任这个角色的类是工厂方法模式所创建的对象的父类，或它们共同拥有的接口。

4）具体产品（ConcreteProduct）：担任这个角色的类是工厂方法模式所创建的任何对象所属的类。

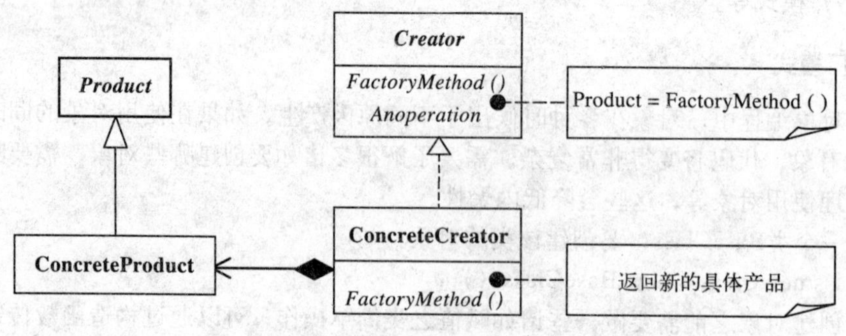

图13-1　工厂方法模式的类图结构

工厂方法模式为系统提供了非常灵活强大的动态扩展机制。一般来说，如果你的系统不能事先确定某个产品类在哪一个时刻被实例化，从而需要将实例化的细节局域化，并封装起来以便分割实例化及使用实例的责任时，就需要考虑使用工厂方法模式。

工厂方法模式和简单工厂模式在定义上的不同是很明显的。它们的区别是：

- 工厂方法模式的核心是一个抽象工厂类；简单工厂模式把核心放在一个具体类上。
- 工厂方法模式允许多个具体工厂类从抽象工厂类继承出来，实际上成为多个简单工厂模式的集合，从而推广了简单工厂模式。
- 简单工厂模式可以认为是由工厂方法模式退化而来的。

如果某个系统只用一个产品类等级就可以描述所有已有的产品类和在可预见的未来可能引进的产品类时，采用简单工厂模式是很好的解决方案。因为一个单一产品类等级只需要一个单一的具体工厂类。然而，当发现系统只用一个产品类等级不足以描述所有的产品类，包括以后可能要添加的新的产品类时，就应当考虑采用工厂方法模式。由于工厂方法模式可以容许有多个具体的工厂类，每个具体工厂类负责某个产品类等级，因此这种模式可以容纳所有的产品等级。

13.2 案例分析

Rose提供了20种GOF设计模式。我们可以很方便地在设计中使用这些模式。本案例以“企业综合信息管理系统”中的“进销存管理子系统”的销售合同和采购合同为例，介绍工厂方法（Factory Method）模式和抽象工厂（Abstract Factory）模式在系统设计中的应用。

通过前几章的介绍，我们知道在“进销存管理子系统”中有销售合同类SalesContract和采购合同类PurchaseContract。在系统中，销售合同类和采购合同类具有很多相似点，可把这些相同点提取出来形成一个合同类Contract，而销售合同类SalesContract和采购合同类PurchaseContract都从合同类Contract继承而来。为了便于理解，我们仅以三个类中都有的操作——打印合同成员函数Print() 为例说明应用设计模式为系统设计带来的好处。

在基类合同类中有一个Print() 方法，子类销售合同类和采购合同类都重载了这个方法，实现销售合同和采购合同的打印。如图13-2、图13-3所示。

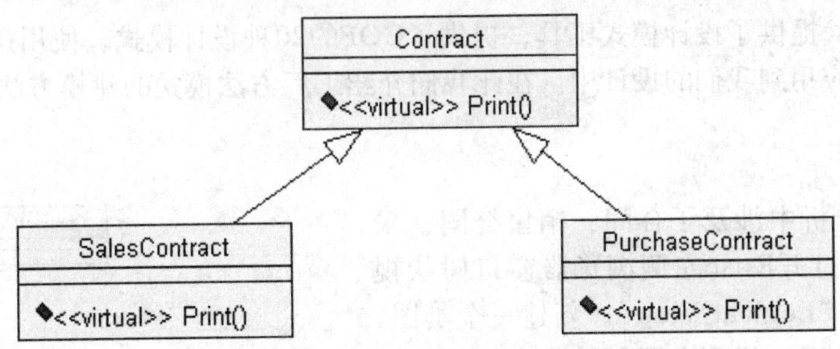

图13-2　合同类的继承关系

当我们需要使用打印方法的时候，则要使用如图13-4所示的代码。

```
class Contract
{
  public:
    virtual void Print();
 };
class SalesContract: public Contract
{
  public:
    virtual void Print();
};
class PurchaseContract: public Contract
{
  public:
    virtral void Print();
};
```

图13-3 代码一

```
void Print()
{
   SalesContract sCon=new SalesContract();
   SCon.Print();
   PurchaseContract pCon=new
 PurchaseContract();
 PCon.Print();
}
```

图13-4 代码二

可以发现在类代码中实现了多态，而在调用的时候没有利用多态。如果考虑到可能从合同类中派生出诸如雇用合同、法律合同等，就需要使用很多如“SCon.Print();”这样的代码。我们希望在代码中调用一个统一的方式打印所有的合同。图13-5是使用多态实现打印的代码。

```
void Print()
{
   Contract cCon ;
   cCon = new SalesContract();
   PrintC(cCon);
   cCon = new PurchaseContract();
   PrintC(cCon);
}
void PrintC(Contract cCon)
{
   cCon.Print();
}
```

图13-5 代码三

这样，无论是什么合同，我们都可以使用统一的方法打印。但是我们应考虑设计达到更好的封装效果，如果让所有合同的创建方式相同，而且这个创建过程对使用者封装，那么系统将获得更好的可扩充性和尽可能少的修改量。

通过使用工厂方法模式就可以达到对对象创建的封装。下面开始使用Rose应用工厂方法模式。

13.3 系统建模过程

Rational Rose提供了设计模式工具，提供了GOF的20种设计模式。使用这个工具可以很方便地把设计模式应用到我们的设计中。在此我们介绍工厂方法模式的建模方法。

13.3.1 准备工作

1）在案例分析中涉及了合同、销售合同、采购合同三个类。打开Rose左侧浏览器窗口树状视图中的逻辑视图“Logical View”。新建一个类图，命名为“设计模式”。找到合同、销售合同、采购合同等三个类，把它们拖拽到新建的类图。关闭显示属性和操作。得到如图13-6所示的类图。

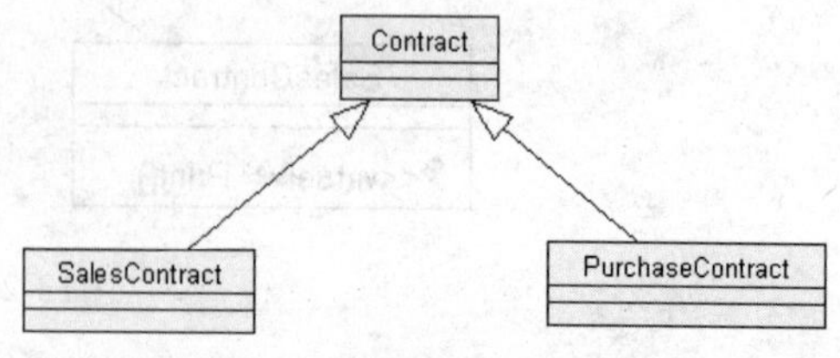

图13-6 设计模式涉及的三个类

2）如果类还没有映射到构件，可以参照构件图建模完成三个类到构件的映射，构件的实现语言设为“VC++”。此步可任选。

13.3.2 应用“工厂方法”模式

1）鼠标右键单击合同类“Contract”，在弹出的快捷菜单中选择“VC++ Patterns”，选择其子菜单中的工厂方法“Factory Method”。打开如图13-7所示的对话框。如果没有把类映射到构件，则打开的快捷菜单会不同，此时可以在一级菜单中选择“GOFPatterns”打开相同的子菜单，并同样选择工厂方法“Factory Method”来打开相同的对话框。从图13-7可以看到工厂方法模式涉及到的角色，只要按照图种的要求调整就可以完成模式的应用。

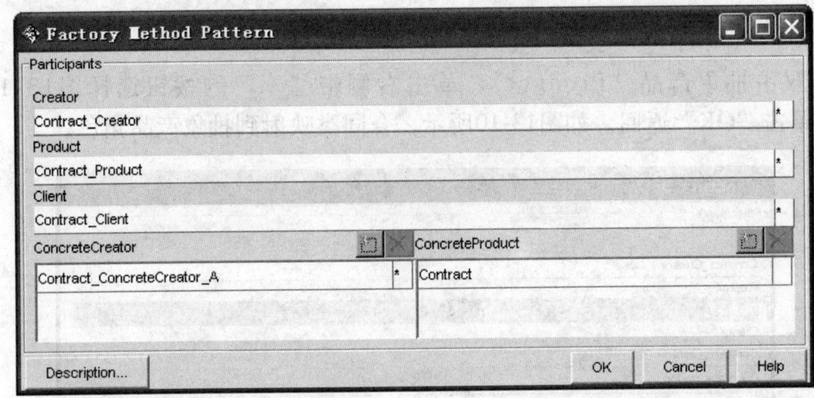

图13-7 工厂方法模式

2）鼠标双击需要改变的一行就可以修改该行角色的名字（如图13-8）。单击行尾带“*”号的按钮确认修改。单击带“...”的按钮可以打开如图13-9所示的工厂方法模式浏览窗口“Factory Method Pattern Browser”，可以在其中选择角色对应的类。我们默认抽象工厂“Creator”和使用者“Client”两个角色的设置，需要改变的是抽象产品“Product”、具体工厂“ConcreteCreator”和具体产品“ConcreteProduct”。

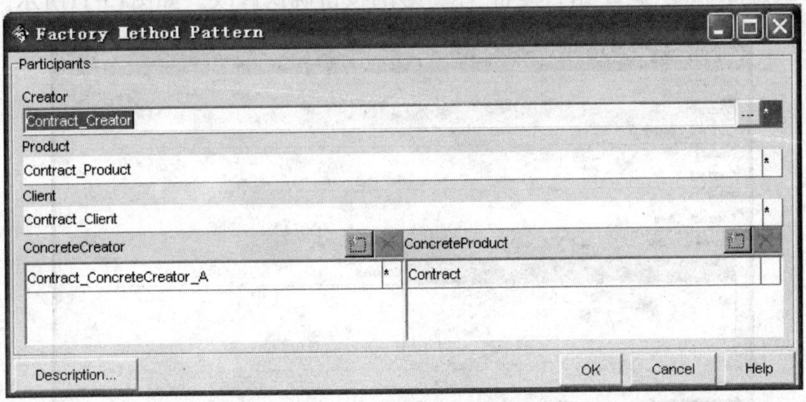

图13-8 修改角色名字

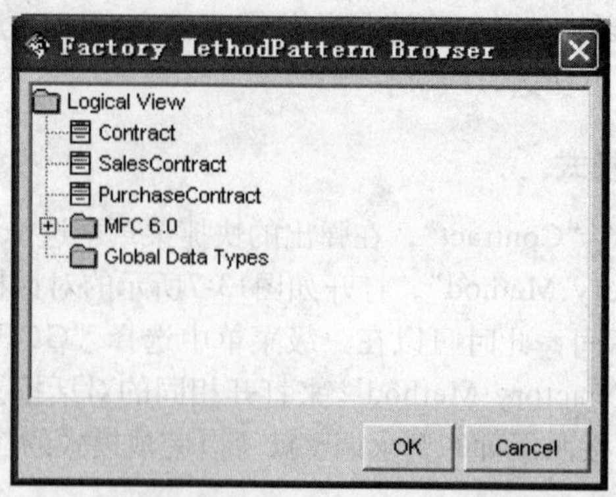

图13-9 类映射到具体产品

3）鼠标双击抽象产品“Product”，单击右侧带“...”的按钮选择图13-10中的合同“Contract”，单击“OK”返回。如图13-10所示，合同类映射到抽象产品角色。

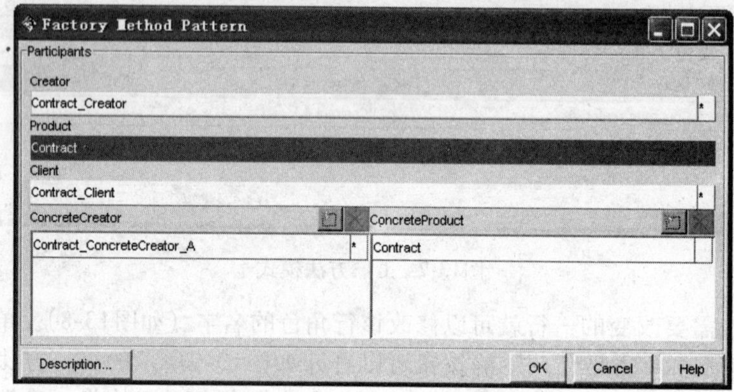

图13-10 映射抽象产品

4）鼠标双击具体工厂“ConcreteCreator”中的“Contract_ConcreteCreator_A”项，更改其名称为“SCon_Creator”。单击行尾带“*”号的按钮确认修改。如图13-11所示。

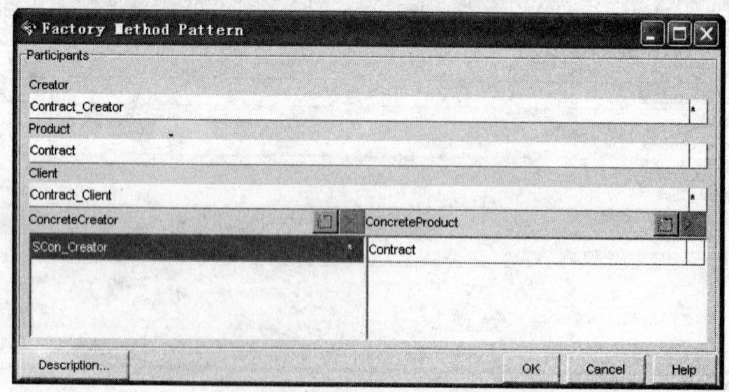

图13-11 修改具体工厂

第14章　正向/逆向工程建模

UML语言提供了在模型和代码之间切换的能力，这就是正向工程和逆向工程。应用UML提供的这种能力，有助于维护系统架构的完整性。Rational Rose最强大的功能之一就是支持模型到代码的正向工程和代码到模型的逆向工程。

本章目的

- 了解模型对象软件工程中正向工程和逆向工程的概念和作用
- 利用Rose工具生成代码框架，即实现系统的正向工程
- 利用Rose工具从代码中生成模型，即逆向工程

14.1　基本概念

14.1.1　正向工程和逆向工程

正向工程（Forward Engineering）是通过到实现语言的映射而把模型转换为代码的过程。代码的生成分为6个基本步骤：

1）模型检查。Rose包含独立于语言的模型检查特性，可在代码生成前保证模型一致性和发现错误，保证代码生成的正确性。

2）创建构件。构件有多种，包括源代码文件、可执行文件、动态链接库、ActiveX构件、项目文件等。构件的作用是保存类。在生成代码前，可把类映射到对应的源代码构件。

3）将类映射到构件。每个源代码构件代表一个或多个类的源代码文件。在C++中每个源代码构件映射为两个源代码文件——用于声明的头文件和用于实现的体文件。

4）设置代码生成属性。类、属性、构件和其他模型元素可以设置多个代码生成属性，用来控制代码的生成。Rose提供常用的默认设置。在生成代码之前应进行代码属性检查并做必要修改。

5）选择类、构件和包。生成代码时可以一次生成一个类、一个构件和一个包，也可以一次对多个类、构件和包生成代码。

6）生成代码。在通过了模型检查、构件映射等步骤之后，Rose就可以把模型映射成具体语言实际实现的框架代码。

并不是每一种语言都需要完成以上的6个步骤。但是模型检查有助于检查出模型中的问题和不一致性。构件步骤可以把系统逻辑设计映射成实际实现方法，并提供其他有用信息。所以建议按上述步骤使用代码生成功能，这样可以保证代码生成的质量。

逆向工程（Reverse Engineering）是通过从特定实现语言的映射而把代码转换为模型的过程。

逆向工程涉及的对象可分为三类：

- 数据：作为学习、推理和讨论基础的实际信息。
- 知识：所知内容的总和，包括数据以及从数据中推导出的关系和规则。
- 信息：相互交织的交流知识。

基于这三类对象，Scott R. Tilley等人给出了逆向工程的三个规范活动：数据收集、知识组织、信息浏览。

逆向工程利用源代码中的信息创建或更新对象模型，保持模型和代码的一致性。软件工程中在应对变化的时候可能是先修改代码，而不是先修改模型。逆向工程可以保证模型和代码的同步。

逆向工程过程中，Rose收集有关类、属性、操作、关系、包、构件等信息，通过这些信息创建或者更新系统对象模型。需要说明的是Rose只检查文件，不保存任何源代码。

14.1.2 Rose VC++的正向工程

使用Rose VC++插件的Code Update代码更新工具可以将模型所包含的信息生成VC++源代码。在生成类代码时，插件需要把类（Class）添加到项目（Project）中。在生成代码之前类需要映射到构件（Component），而构件与VC++项目是一一对应的，逆向工程也是如此。

生成的代码取决于模型元素的规范、用户设置的代码生成属性以及所采用的代码模板。对于每一个类，Rose VC++依据类的构造型提供一个相应的VC++类或结构；根据设定的实现选项，类的关系和属性被转换成相应的数据成员声明；对于用户自定义操作生成成员函数的框架，而关于成员函数的文档说明则作为代码注释添加到生成的*.h文件中。

在Rose VC++中的正向工程步骤如下：

1）检查模型。

2）创建构件。在构件规范窗口的“Language”下拉列表中选择“VC++”，并将构件映射到对应的VC项目。(如果没有则需要新建一个VC项目)。

3）将类映射到构件。

4）设置代码生成属性。

5）右键单击要生成代码的构件，选择Update Code，或者打开“Tools”菜单，选择“Visual C++”子菜单下的“Update Code”以激活代码更新工具（Code Update Tool)。

6）按照代码更新工具的提示完成操作。

14.1.3 代码生成属性

Rose VC++插件可以自动控制模型和模型元素的代码生成属性，这些属性控制模型更新和代码生成的结果。可以通过以下途径控制代码生成属性和模型更新。

1. VC++语言属性窗口

选择Rose主窗口“Tools”菜单的“Options”项，单击VC++标签即可打开VC++语言属性窗口。如图14-1所示。通过VC++语言属性窗口可以对VC++语言进行设置，包括类的属性、类属性的属性、类操作的属性、依赖关系、角色、包属性、构件属性以及项目属性。在这个地方设置代码生成属性之后，同一类型的模型元素具有相同的代码特点。

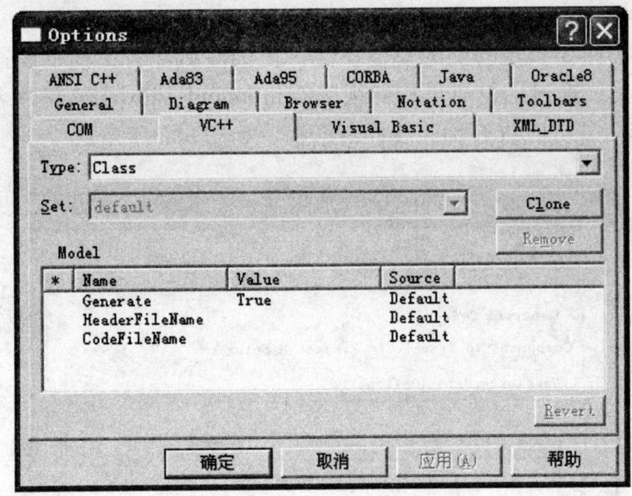

图14-1 VC++语言属性窗口

2. VC++属性对话框

VC++属性对话框可以为当前模型和新建模型设置默认的模型属性，这些属性用于控制Rose VC++将模型转换成代码以及用代码更新模型，同时可以为角色或属性生成Get和Set操作。

选择Rose主窗口“Tools”菜单下的“Visual C++”子菜单，单击“Properties”项即可打开该对话框，如图14-2所示。在这里可以指定代码生成的规则细节，设置从VC++代码生成模型的规则，也可以设置容器以及类操作和访问方法。

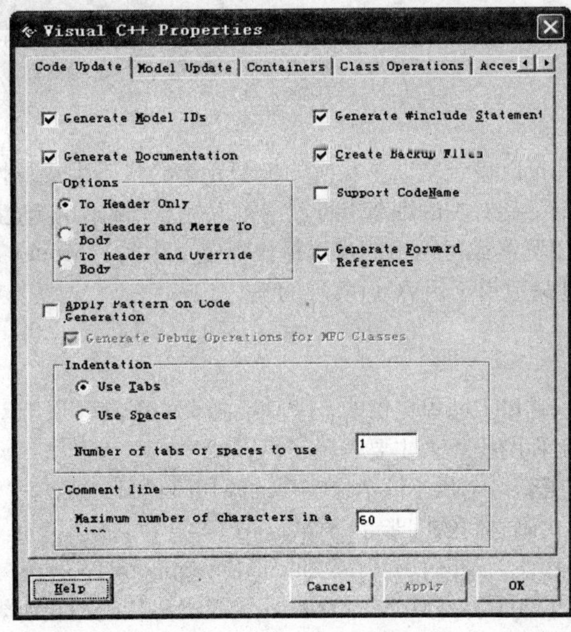

图14-2 VC++属性对话框

3. 构件属性对话框

用于设定应用于构件要实现的类的模型属性。在构件属性对话框中设置的模型属性适用于所有由该构件实现的类。通过右键单击构件视图Component View中的构件名，在弹出的快捷菜单中选择“Properties”就可以打开构件属性对话框，如图14-3所示。

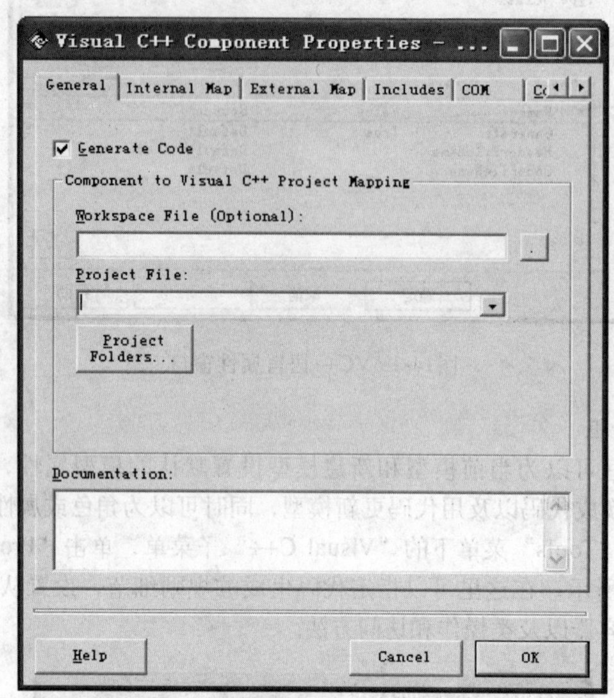

图14-3 构件属性对话框

4. Model Assistant工具

Model Assistant工具可以设定类以下层次的模型元素的代码生成属性，包括类、属性、操作以及关联等。利用这个工具对类的细节进行设置可以提高代码的准确性和简洁性。

可以通过右键单击浏览器或类图中的类选择快捷菜单中的“Model Assistant”启动Model Assistant工具。这个工具只适用于用VC++实现的类。

14.1.4 代码生成工具

代码生成工具是Rose为RTE过程提供的一个功能强大的工具，属于Rose Visual Studio插件之一。它可以简化正向工程的操作，主要表现在：

1）可以同时生成和更新多个用不同语言实现的源代码项目。

2）可以保证模型和代码之间的同步。

3）可以把类映射到构件。可以打开Component Assignment Tool。

4）可以在代码生成工具中打开Model Assistant设置类与代码的映射等。

5）可以预览类和类成员的代码，及时发现错误并改正。

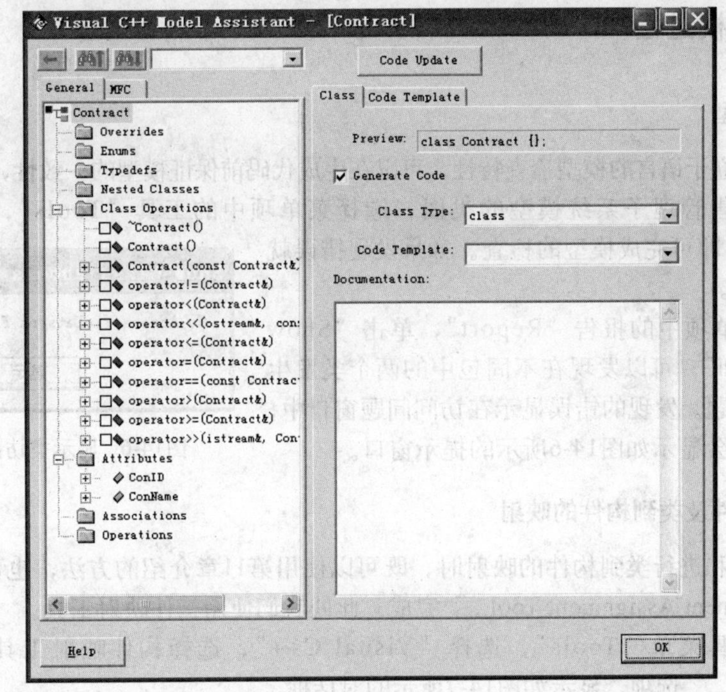

图14-4 Model Assistant

14.2 案例分析

本案例仅以“企业综合信息管理系统”中的“进销存管理系统”包含的“销售管理子系统”的合同类Contract、销售合同类SalesContract和产品类Product为例，介绍Rose正向工程和逆向工程。对于一个构件、一个子系统或整个系统的正向工程和逆向工程操作，读者如果有兴趣可以按照介绍的方法自己进行代码的生成与转换。

图14-5是合同类、销售合同类以及产品类的类图，以及3个类之间的关系。销售合同类是由合同类派生出来的，而产品类的对象又作为销售合同类的对象成员而出现。销售合同类和合同类之间是继承与派生的关系，产品类和销售合同类之间是组合聚集关系。

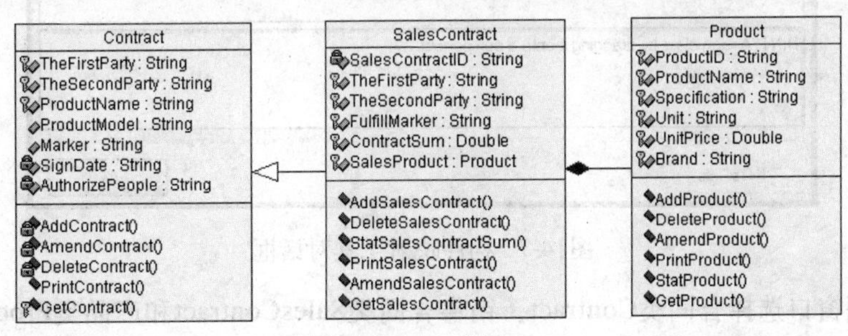

图14-5 类图

我们将通过Rose集成开发环境的正向工程功能来演示如何生成这三个类的代码。

14.3 系统建模过程

14.3.1 检查模型

Rose包括独立于语言的模型检查特性，可以在生成代码前保证模型的一致性，具体步骤如下。

1）打开销售管理子系统模型的类图，选择菜单项中的工具“Tools”，单击检查模型“Check Model”即可完成模型的检查。如果发现错误就会写入日志窗口。

2）选择菜单项中的报告“Report”，单击“Show Access Violation”，可以发现在不同包中的两个类发生关系时发生的问题。发现的错误显示在访问问题窗口中，没有发现问题则会显示如图14-6所示的提示窗口。

图14-6 显示类访问问题提示窗

14.3.2 创建构件及类到构件的映射

在创建构件和进行类到构件的映射时，既可以使用第11章介绍的方法，也可以使用构件映射工具“Component Assignment Tool...”完成。此处我们使用构件映射工具。

1）打开工具菜单“Tools”，选择“Visual C++”，选择构件映射工具“Component Assignment Tool...”选项，显示如图14-7所示的对话框。

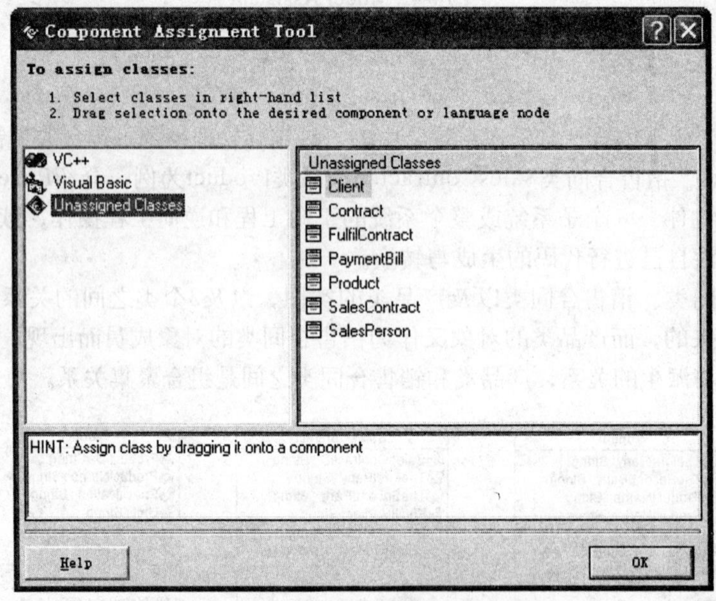

图14-7 构件映射工具对话框

2）在右侧窗口选择合同类Contract、销售合同类SalesContract和产品类Product。把选择的三个类用鼠标拖拽到窗口左侧的VC++项上面，出现如图14-8所示的提示信息。

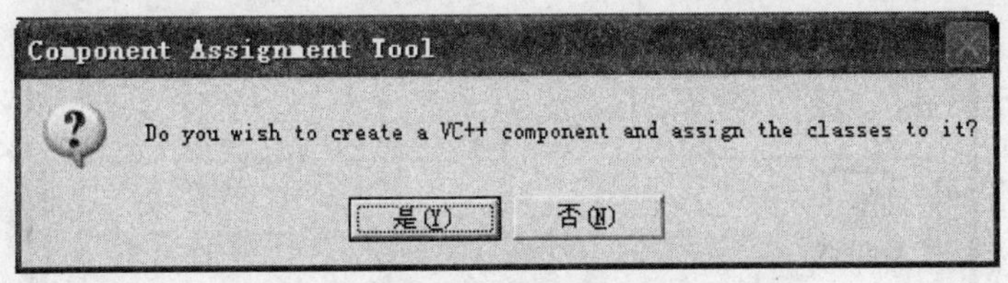

图14-8　构件映射提示

3）单击确定“按钮”，出现选择VC++工程文件对话框，如图14-9所示。每个构件都对应了VC++的一个工程，且只能对应一个工程。反之，一个VC++工程可以对应多个构件。

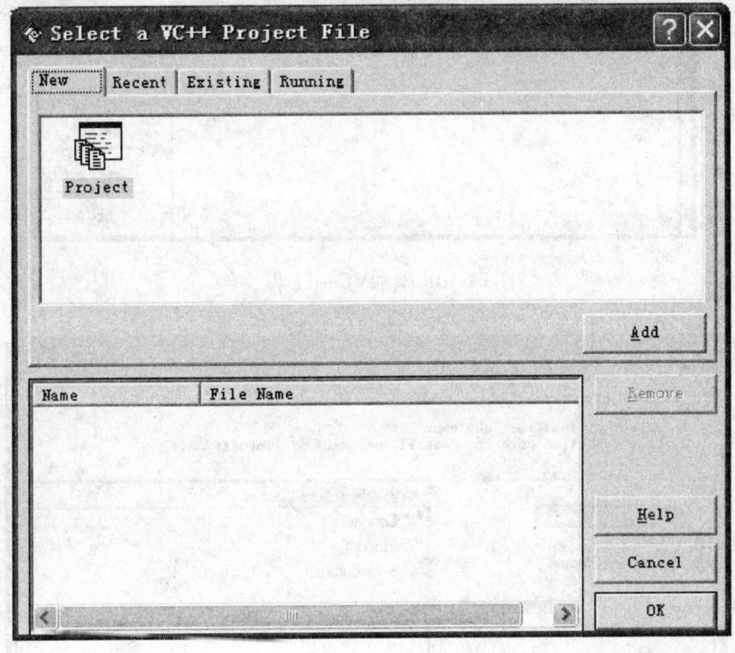

图14-9　选择VC++工程文件对话框

可以单击选择添加按钮“Add”调用Visual C++创建一个新工程，单击最近按钮“Recent”选择最近使用过的工程文件，单击已存在按钮“Existing”选择已生成的工程，单击正在运行按钮“Running”选择当前打开的工程文件。

4）单击添加按钮“Add”调用VC++创建一个单文档新工程，工程名为“销售管理子系统”，如图14-10所示。

5）单击“OK”按钮返回。可以发现右侧显示的类中已经没有了刚才映射的三个类。单击窗口左侧的“销售管理子系统”，在右侧就会显示出这个构件包含的三个类。如图14-11所示。

6）单击“OK”按钮返回。在Rose左侧浏览器中打开构件视图“Component View”，可以看到新出现了一个名字为“<<EXE>> 销售管理子系统”的构件。

7）此时选择类图中的类，点击鼠标右键，会发现快捷菜单中出现了一些新的选项。这些选项都是和正向工程和逆向工程相关的。

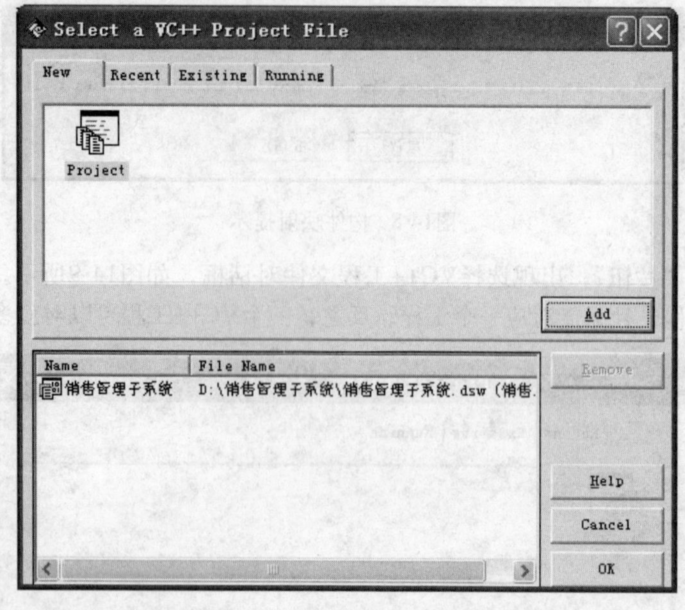

图14-10　添加VC++工程文件

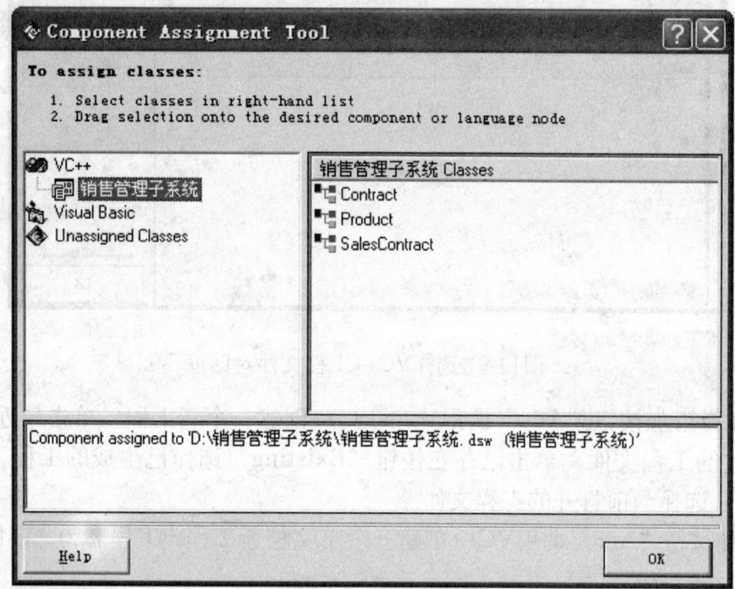

图14-11　完成映射

14.3.3 设置代码生成属性

通过使用模型助手“Model Assistant”设置类的属性，如图14-12所示。标题栏中的“Contract”显示的是当前编辑的类的名字。设置代码生成属性的步骤如下：

1）打开工具菜单“Tools”，选择“Visual C++”，在子菜单中选择“Model Assistant”项打开图14-12的对话框。

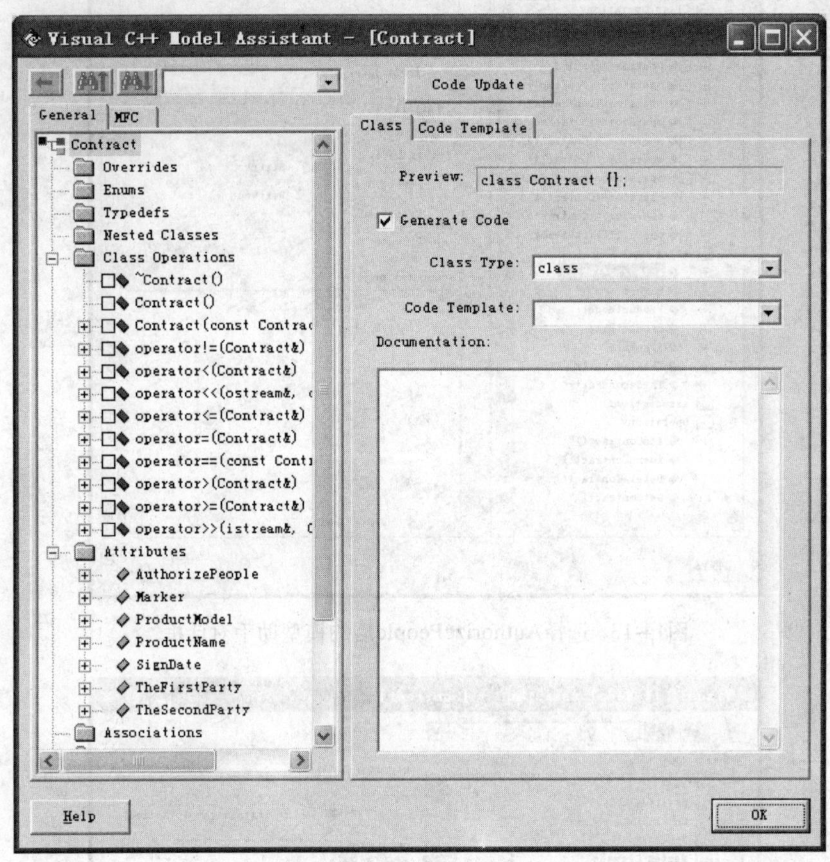

图14-12 模型助手

2）在对话框左侧树状列表中选择类操作“Class Operations”，此处列出了Rose自动产生的操作。勾选其中的~Contract()、Contract()、Contract (const Contract&) 三项。

3）在对话框左侧树状列表中选择属性“Attribute”下的“AuthorizePeople”，对话框的内容变成如图14-14所示。可以在其中调整类属性的类型“Type”，访问等级“Access Level”，添加属性的说明“Documentation”等。

4）打开“AuthorizePeople”前的加号，模型助手自动添加了对于属性的存取操作函数，把两项操作都勾选上，见图14-14所示。

5）在树状列表中选择“Operations”，选择其中的“AddContract()”，对话框变成如图14-15的形式。可以在其中设置返回类型“Return Type”和访问等级“Access Level”等操作选项。单击“Default Code Body”右侧的笔状按钮添加该函数的函数体。在其中添加代码“Contract（）”。

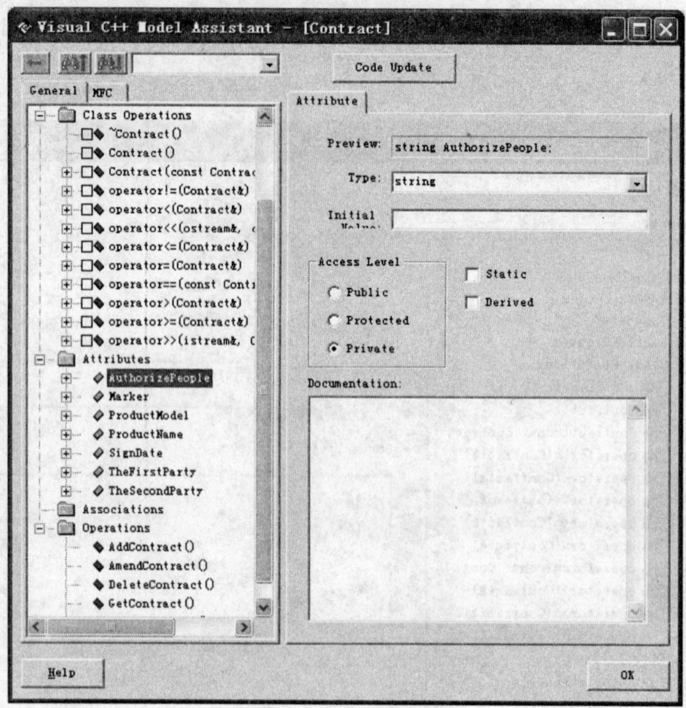

图14-13 选择AuthorizePeople后的模型助手对话框

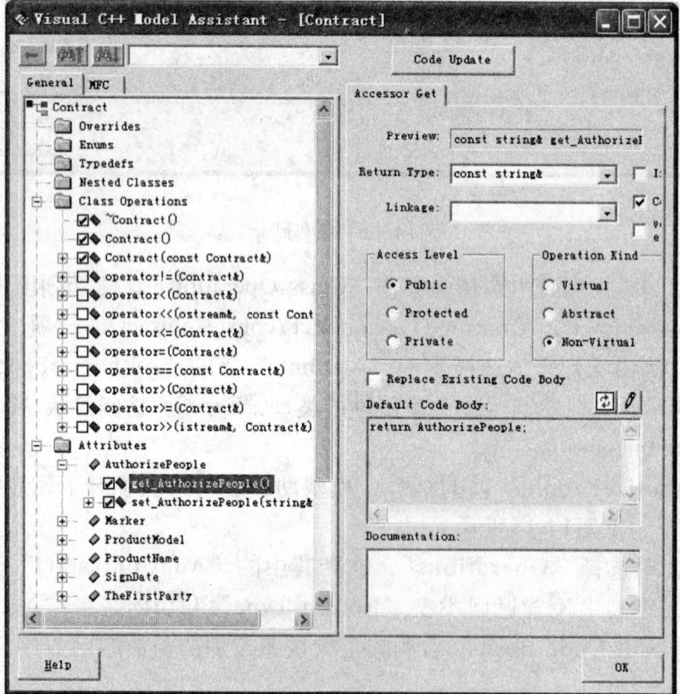

图14-14 打开AuthorizePeople

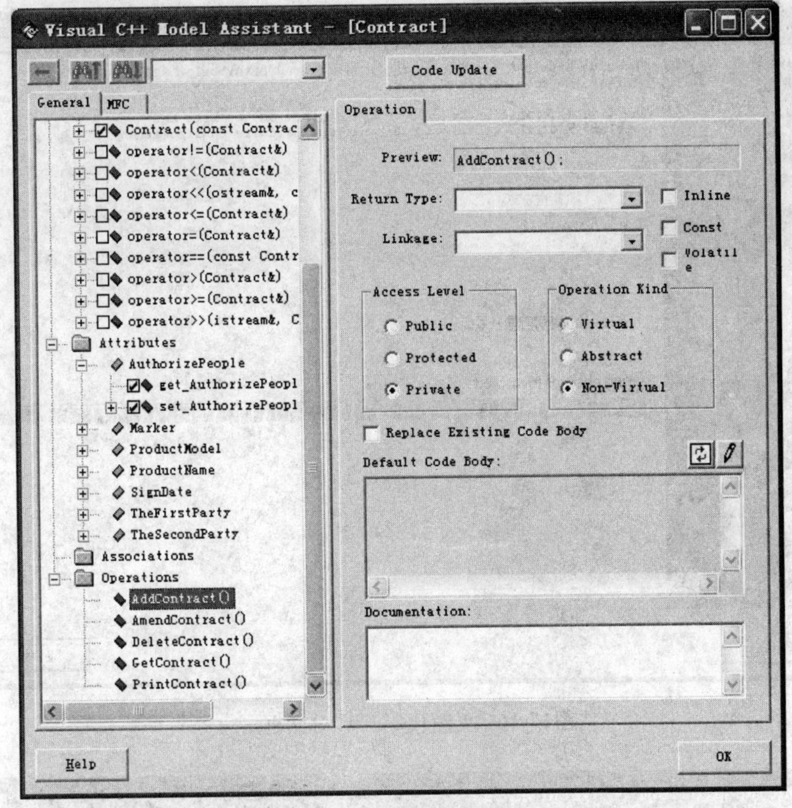

图14-15　类操作设置

6）依照以上方法，调整合同类的其他属性和操作的设置。

7）依照以上方法完成其他两个类的设置，完成后单击“OK”按钮确认。可以发现，类图中添加了我们刚刚设置的操作。

需要注意的是，销售合同类和产品类的关联是用属性生成来完成的。在模型助手的左侧树状列表中可以看到。

14.3.4　生成代码

通过以上的设置，我们就可以使用VC++的向导生成我们需要的代码框架了。对象模型中的类变成C++类。

1）选择类图中的合同类、销售合同类和产品类。单击鼠标右键，在弹出的快捷菜单中选择更新代码“Update Code...”选项。弹出如图14-16所示的对话框。

2）完成更新代码之后出现如图14-17的对话框。Rose在工程中检测到没有对应到模型的类或代码。这是因为VC++自动生成的代码框架包含的类在模型中没有对应到构件。如果选择右侧列出的类或者在左侧选择所有类，确认之后，这些类就会从代码中删除。这里我们忽略不管，直接单击“OK”确认。完成代码生成。

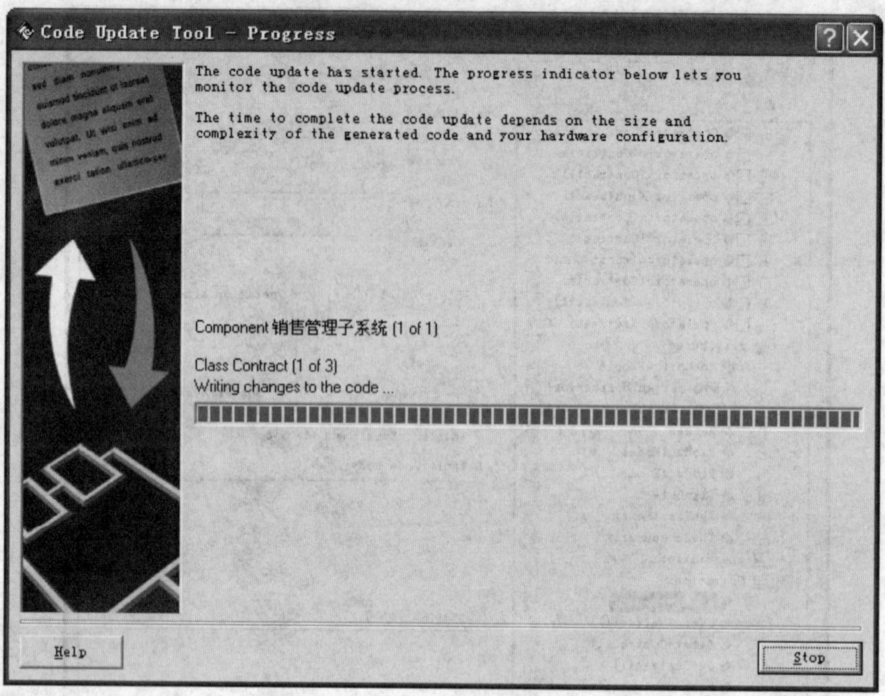

图14-16　更新代码工具对话框一

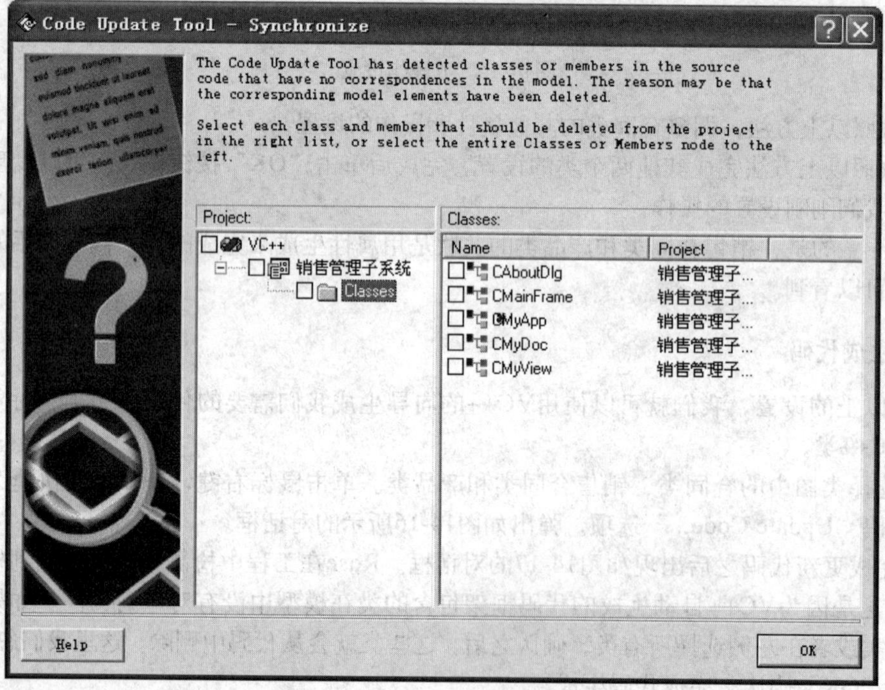

图14-17　更新代码工具对话框二

14.3.5 生成的代码

（1）SalesContract.cpp文件

```
// Copyright (C) 1991 - 1999 Rational Software Corporation

#include "stdafx.h"
#include "SalesContract.h"

//##ModelId=465FE2C100AB
SalesContract::AddSalesContract()
{
   SalesContract();
}

//##ModelId=465FE2EA02BF
SalesContract::DeleteSalesContract()
{
}

//##ModelId=465FE2F602FD
SalesContract::StatSalesContractSum()
{
}

//##ModelId=465FE33B003E
SalesContract::PrintSalesContract()
{
}

//##ModelId=465FE35902EE
SalesContract::AmendSalesContract()
{
}

//##ModelId=465FE36A03A9
SalesContract::GetSalesContract()
{
}

//##ModelId=42B6EC600087
SalesContract::SalesContract()
{
// ToDo: Add your specialized code here and/or call the base class
}
```

```
//##ModelId=42B6EC600330
SalesContract::SalesContract(const SalesContract& orig)
{
// ToDo: Add your specialized code here and/or call the base class
}

//##ModelId=42B6EC610381
SalesContract::~SalesContract()
{
// ToDo: Add your specialized code here and/or call the base class
}
```

（2）SalesContract.h文件

```
// Copyright (C) 1991 - 1999 Rational Software Corporation

#if defined (_MSC_VER) && (_MSC_VER >= 1000)
#pragma once
#endif
#ifndef _INC_SALESCONTRACT_465D6E0000CB_INCLUDED
#define _INC_SALESCONTRACT_465D6E0000CB_INCLUDED

#include "Contract.h"
#include "Product.h"

//##ModelId=465D6E0000CB
class SalesContract
: public Contract
{
public:
//##ModelId=46600AEC003E
Product theProduct;

//##ModelId=465FE2C100AB
AddSalesContract();

//##ModelId=465FE2EA02BF
DeleteSalesContract();

//##ModelId=465FE2F602FD
StatSalesContractSum();

//##ModelId=465FE33B003E
PrintSalesContract();

//##ModelId=465FE35902EE
```

```
AmendSalesContract();

//##ModelId=465FE36A03A9
GetSalesContract();

//##ModelId=42B6EC600087
SalesContract();

//##ModelId=42B6EC600330
SalesContract(const SalesContract& orig);

//##ModelId=42B6EC610381
virtual ~SalesContract();

protected:
//##ModelId=465FDE810128
string TheFirstParty;

//##ModelId=465FDF4A0251
string TheSecondParty;

//##ModelId=465FDF67032C
string FulfillMarker;

//##ModelId=465FE266008C
Double ContractSum;

//##ModelId=465FE2900242
Product SalesProduct;

private:
//##ModelId=465D6F9401C5
string SalesContractID;

};

#endif /* _INC_SALESCONTRACT_465D6E0000CB_INCLUDED */
```

在代码中我们可以发现很多类似于“//##ModelId=42B6EC600087”的字段，这是Rose加入的模型ID，是正向工程和逆向工程需要的信息。

14.3.6 逆向工程

在实际的工程中，有时候是首先修改代码，然后通过代码更新模型信息。Rose提供了逆向工程的功能帮助我们实现代码和模型的同步，具体步骤如下。

1）分析销售合同类的代码，我们发现其中只能包含一个产品，这和实际的需求是不同的。

实际的一个销售合同可能含有多个产品，所以考虑使用容器“vector”更新这部分代码。更改的代码如图14-18中的黑体字所示：

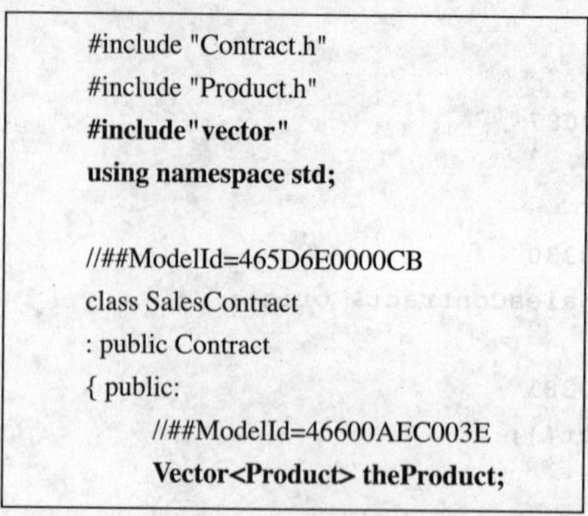

```
#include "Contract.h"
#include "Product.h"
#include"vector"
using namespace std;

//##ModelId=465D6E0000CB
class SalesContract
: public Contract
{ public:
    //##ModelId=46600AEC003E
    Vector<Product> theProduct;
```

图14-18　更改代码一

2）保存文件，返回Rose。鼠标右键单击销售合同类图，在弹出的快捷菜单中选择“Update Model....”项，出现如图14-19的对话框。单击“Next”按钮，出现选择构件和类的对话框。默认选择，继续单击“Next”按钮，出现如图14-20的对话框。

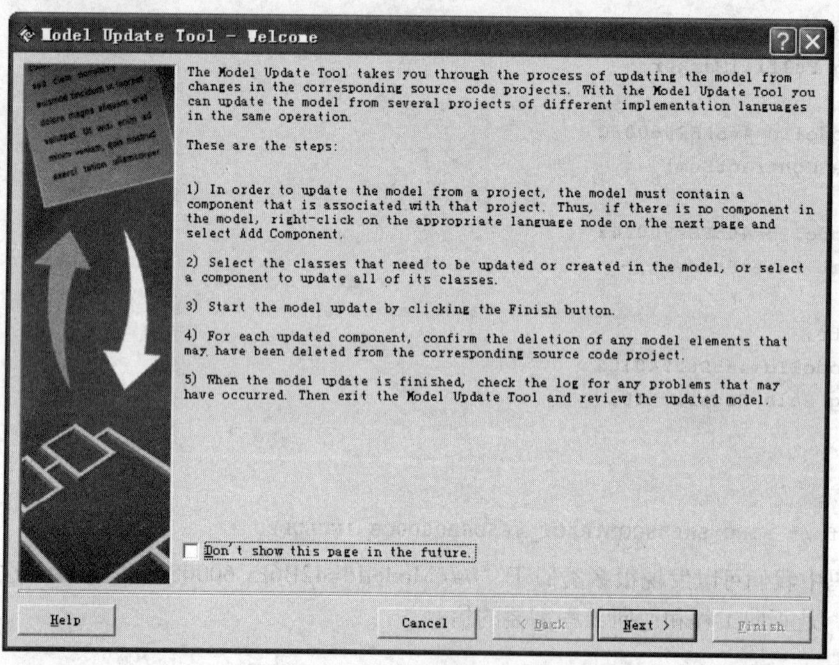

图14-19　模型更新工具一

3）系统正确完成模型更新后显示如图14-21的对话框。

4）选择销售合同类，打开模型助手，选择左侧树状列表的关联“Associations”下的

"theProduct"项，可以看到该项的属性已经改变，与在代码中的修改一致了，如图14-22所示。

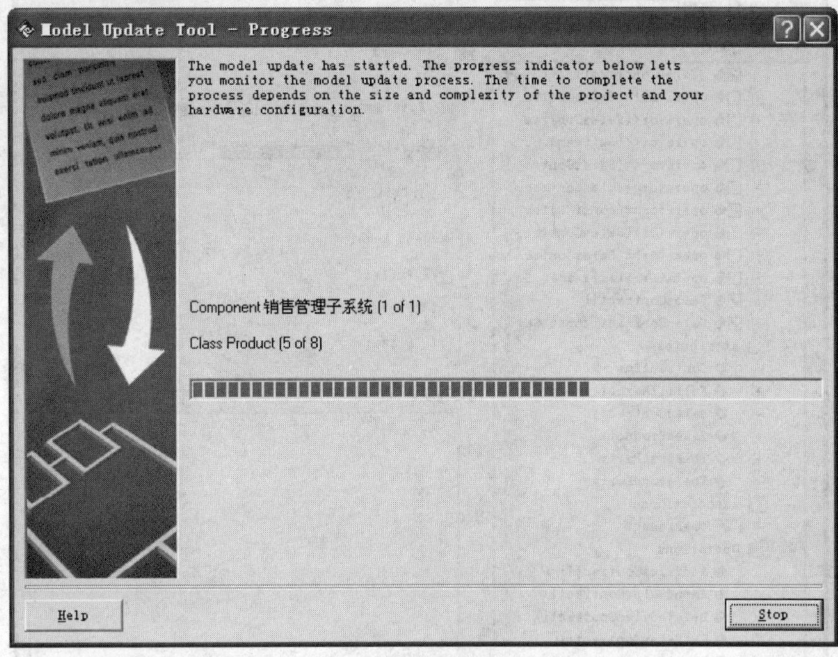

图14-20 模型更新工具二

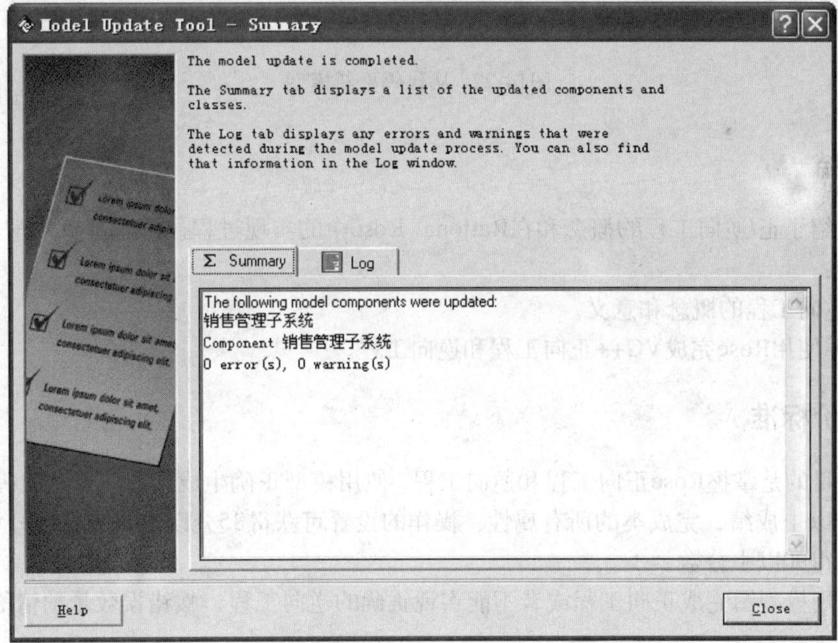

图14-21 模型更新工具三

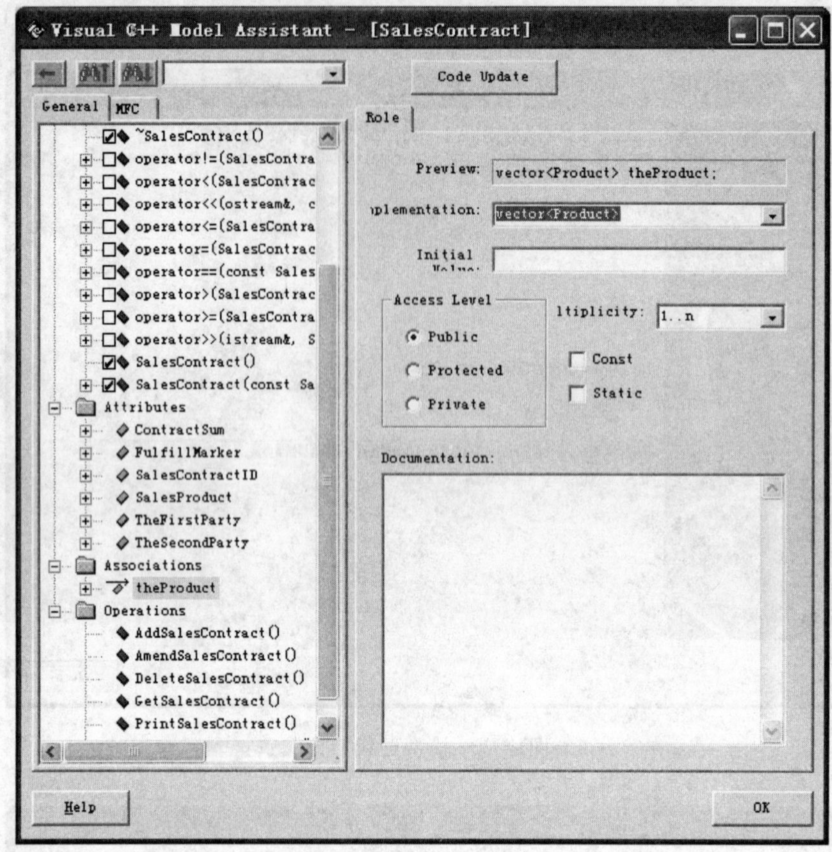

图14-22　从代码更新模型

14.4　小结

本章介绍了正/逆向工程的概念和在Rational Rose中的实现过程。通过本章的学习，希望读者能够掌握：

1）正逆向工程的概念和意义。

2）掌握使用Rose完成VC++正向工程和逆向工程。

14.5　评价标准

本章的目的是掌握Rose正向工程和逆向工程。使用模型正确生成代码以及从代码更新模型，可获得75分以上成绩；完成类的所有属性、操作的设置可获得85分以上；可自己分析模型改进模型的可获得90以上分数。

不能使用模型图完成正向工程或者不能实现正确的逆向工程，按错误数量酌情给75分。

第15章 数据库设计建模

对于一个面向对象的系统，持久对象的存储依赖于面向对象数据库系统来完成，但至今还没有公认的面向对象数据库管理系统。目前成熟的商业数据库都是关系数据库，可以用关系数据库来代替面向对象数据库系统。数据库设计是系统开发的关键部分，系统数据库设计的关键就是完成面向对象数据模型到关系数据库设计模型的转换。好的数据库设计有助于保证系统数据的整体性、完整性和共享特性。系统设计报告是一个面向对象系统提供的最终整体详细设计蓝图。

本章目的

- 了解关系数据库模型的概念
- 了解面向对象数据模型到关系设计模型的转换映射
- 掌握面向对象数据模型中类、类之间的关系到关系数据库设计模型的转换方法与步骤
- 掌握利用Rose完成面向对象系统的数据库设计与建模
- 掌握系统设计报告的书写格式

作为一个面向对象的信息管理系统，数据库设计是系统开发的关键部分，好的数据库设计有助于保证系统数据的整体性、完整性和共享特性。目前成熟的商业数据库都是关系数据库，本章以Microsoft SQL Server 2000关系数据库管理系统为例对此作简要介绍。

UML是面向对象的建模语言，在对象系统建模时，系统数据库设计的关键就是完成面向对象数据模型到关系数据库设计模型的转换。本章介绍利用Rose完成面向对象系统的数据库设计与建模工作的过程与步骤。

15.1 基本概念

数据库数据的总体逻辑结构称为模式（Schemas）。关系数据库数据的总体逻辑结构是关系模式，这些数据结构的关系模式通过各种表来描述。

一个面向对象的系统，要利用关系数据库来表示对象模型需要进行一定的转换，即把面向对象模式的数据模型转换成关系模式的数据模型。其思想可以用如图15-1所示的建模方法表示。

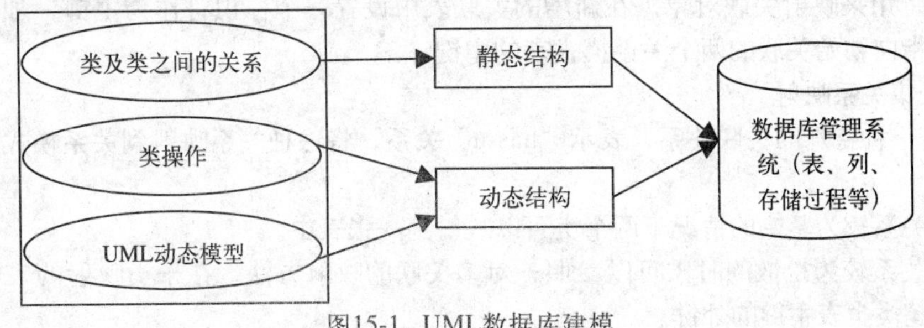

图15-1 UML数据库建模

面向对象系统的类模型向关系数据库模式转换的映射方式主要包括两方面的映射。一种是对象类的映射，另一种是类之间关系的映射。

15.1.1 对象类映射

对象类映射主要是指对象标识、属性类型和类三个方面的映射。对象标识符（OID）映射为一张表的主键，如果类中缺少对象标识可以为每个类增加一个对象标识符属性，并将其映射为数据库中相应表的主键。属性类型映射对应于数据库相应表中的域，域的使用可使数据库设计更具一致性，优化数据库应用的可移植性。在实际应用中应为映射域的约束条件加入SQL语句，用以约束、检查域的取值。类映射为一张数据库表，类的属性映射为表的各列（各个域），类的对象映射为表中的各条记录。

注意下面几种特殊情况：

1）类的属性中某些属性只是暂时性使用，不需要在数据库中永久保存，则该类属性无须映射。

2）类由于附加对象标识符OID 或附加关联关系等原因，需要在表中增加一些新的列（域）。

3）映射后的列（域）应符合关系模型的范式要求，如果不符合则需要应用范式设计理论优化，以达到较好的数据冗余、数据完整性以及灵活性。

15.1.2 类间关系映射

类间关系映射相对对象类映射更复杂一些。类间关系包括关联、聚集、泛化、组合等。

（1）关联关系映射

关联关系描述了系统中对象或实例之间的离散连接，是一种结构关系，关联涉及的对象数目称为阶元，阶元的大小反映了关联的多重性。根据阶元不同关联关系可以分为一对一、一对多和多对多等关联。

- 对象类间的一对一关联。可以在两个对象类转换成的关系模式中的任意一个模式内加入一个外键，指向另一个模式的主键，即可建立两个表之间的连接。
- 对象类间的一对多关联。可以通过在具有多个对象的类的关系模式中加入一个外键，指向另一模式的主键建立两个表的连接。
- 实现对象类间的多对多关联。需要将类之间的关联也设计成一个类——关联类，把一个多对多的关联转化成两个一对多的关联。引入的该关联类映射为关系数据库中的一个关联表，用来映射关联对象。在新增的关联表中设置一个标识符作为主键，加入两个外键分别指向初始关联的两个关系模式表的主键。

（2）聚集关系映射

聚集是一种特殊的关联关系，表示“has-a”关系。将这种关系映射到关系模式时可分为两种情况：

- 聚集关系较为紧密的情况下两个类可以映射到一张表中。
- 聚集关系较为松散的时候可以参照一对多关联的映射方法，在子类映射的表中增加一个指向超类类表主键的外键。

（3）泛化关系映射

对于泛化关系的映射有三种方法。

- 一种是把类层次映射成一张表，泛化关系中的所有类都映射在单个表中，同时增加一个对象标识符和一个用于标识角色类型的对象类型。这种方法的耦合度高。
- 另一种方法是每个子类映射为单个表，将超类的属性复制到子类中。在各子类中增加各自的对象标识符。这种方法的耦合度也比较高。
- 第三种方法是每个类映射为单个表，每张表中的对象标识符都设为超类的类表中的对象标识符，在子类的类表中，对象标识符既是主键又是外键。这种方法将创建过多的表，增加数据库访问时间。

（4）组合关系映射

组合关系是一种特殊的聚集关系，表示“contains-a”关系。向关系模式的映射可以参照聚集关系。此时整体和部分的所有关系存在很强相互依赖和一致的生命周期（共生死），子类（部分）映射成的子表的外键不能为空。

UML中的动态结构转换成关系数据模式时可能映射成唯一性约束、主键约束、外键约束、检查约束、索引或者触发器等，这些内容本章不做介绍。

15.1.3 数据库开发环境的建立

SQL Server 2000是关系型数据库。在使用Microsoft SQL Server 2000关系数据库系统以前，必须先安装该系统，建立数据库集成开发使用环境。

1）在数据库服务器计算机上安装Microsoft SQL Server 2000。

2）打开SQL Server 2000企业管理器（Enterprise Manager），在浏览器中的“控制台根目录”下，单击服务器（Microsoft SQL Server）左侧“+”号，就可以依次展开树形结构如图15-2所示。

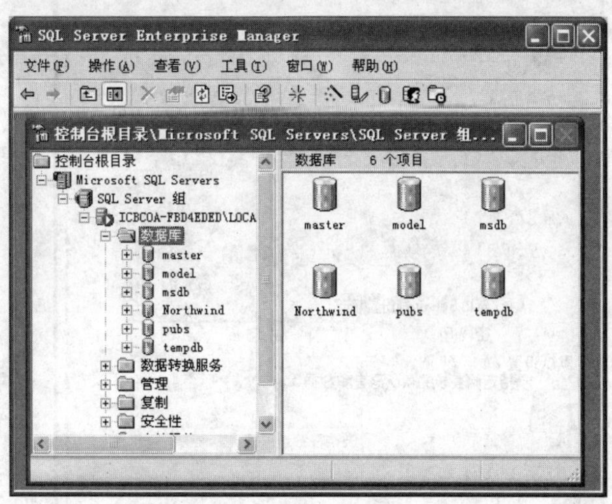

图15-2 SQL Server 2000 企业管理器

3）在数据库项目上单击右键，在弹出的快捷菜单中选择“新建数据库”命令，将新数据库命名为“进销存管理系统”。采用服务器系统默认设置，如图15-3所示。

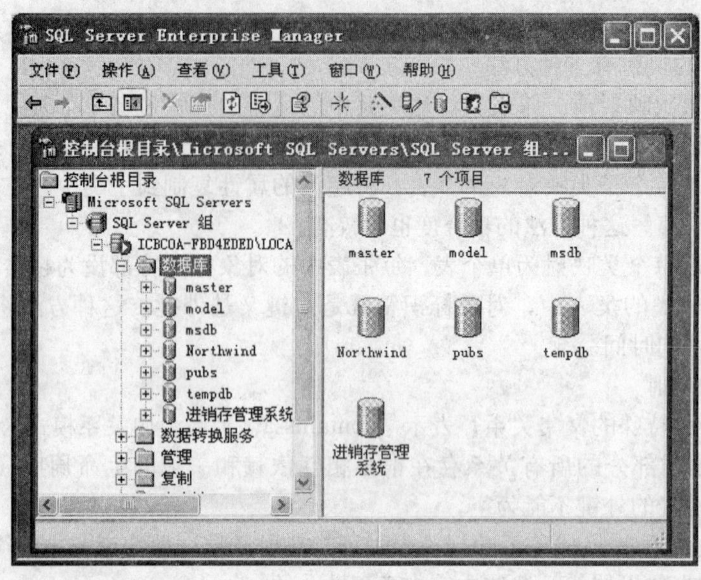

图15-3 添加新数据库

4）选中要创建账户的服务器，展开“安全性”节点，在“登录”上单击鼠标右键，选择弹出菜单中的“新建登录”命令创建账户。

5）填写名称，选择身份验证为SQL Server身份验证，填写密码，并指定用于登录的数据库为”进销存管理系统”。如图15-4所示。

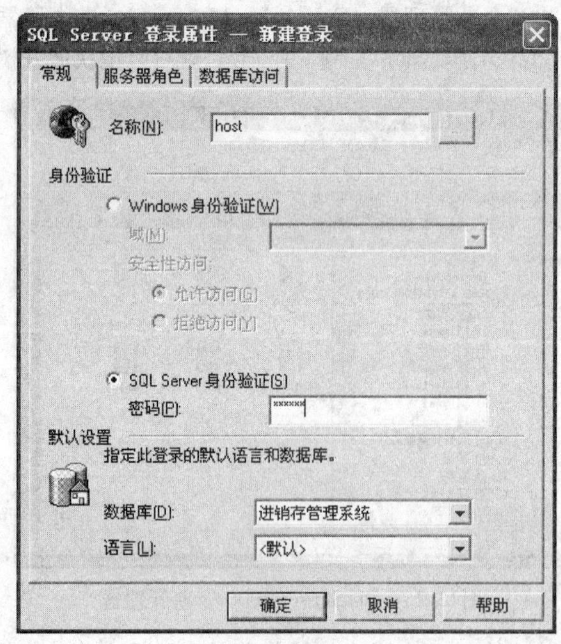

图15-4 创建新的登录账户

15.2 数据库需求设计案例分析

本章提供的案例将对“企业综合管理信息系统”中的“进销存管理系统”的数据库需求进行设计建模。

15.2.1 “进销存管理系统”数据库需求分析

在一个基本的进销存系统中有很多类，包括边界类、控制类和实体类。数据库设计首先要找出需要持久保存的类，即实体类。在“进销存管理系统”中，我们取简化了属性和操作的产品类Product、客户类Client、销售合同类SalesContract、人员类People和销售人员类SalesClerk及其相互之间的关系（如图15-5所示）为例，来说明面向对象系统中的对象类及其相互之间的关系结构，映射为关系数据库中的关系模型的设计过程。

在图15-5中，各个类之间的关系有：

1）泛化关系。People类和SalesClerk类是泛化（继承）关系，People类是超类，SalesClerk类是子类。

2）一对多的关联关系。SalesClerk类和SalesContract类是一对多的关联关系，表示一个SalesClerk类对象可对应多个SalesContract类对象，而一个SalesContract类对象只能对应一个SalesClerk类对象。同样，Client类和SalesContract类也是一对多的关联关系。

3）多对多的关联关系。SalesContract类和Product类之间是多对多的关联关系，其实际意义是一个SalesContract类对象可以对应多个Product类对象，一个Product类对象也可以对应多个SalesContract类对象。

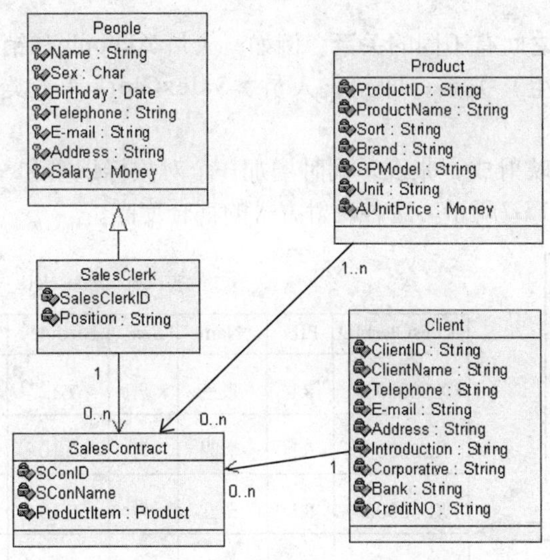

图15-5 进销存系统中简单的类及类间的关系

15.2.2 对象类映射

对于产品类Product、客户类Client、销售合同类SalesContract、人员类People和销售人员类SalesClerk，最简单的方法是为每个类对应建立一个关系数据库中的表。表中的列（域）就是对应类中的属性，而表中的每条记录表示该类的一个对象。当然，每个表应有一个主键用来表示对象的唯一标识符OID。

例如，产品类Product就可以映射为关系数据库中的一个二维表。表的名称是类名Product，该表的各个列（域）就是产品类Product的属性，具体的产品对象就映射为表Product的各条记录。表Product的主键是产品标识，如图15-6所示。

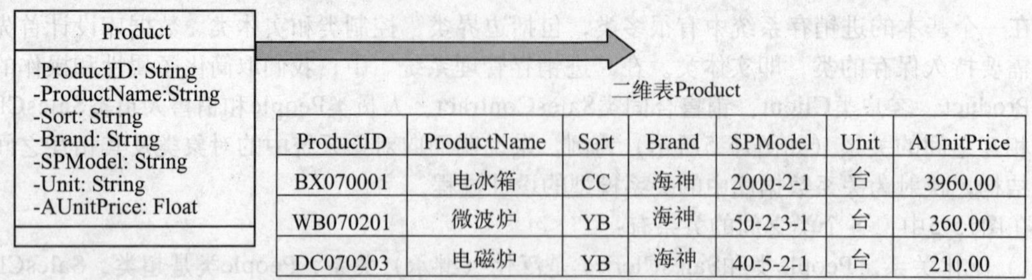

ProductID	ProductName	Sort	Brand	SPModel	Unit	AUnitPrice
BX070001	电冰箱	CC	海神	2000-2-1	台	3960.00
WB070201	微波炉	YB	海神	50-2-3-1	台	360.00
DC070203	电磁炉	YB	海神	40-5-2-1	台	210.00

图15-6 产品类映射为关系数据库中的一个二维表

图15-6中，二维表Product中第一行各列的内容表示域名，ProductID是产品标识（主键），ProductName是产品名称，Sort是产品类型，Brand是产品品牌，SPModel是规格型号，Unit是单位，AUnitPrice是产品单价。这些域名也是产品类Product中的属性。

二维表Product中第2行以后，每行表示一条记录，描述一个具体的产品对象。

15.2.3 类之间关系映射

在图15-5中，各个类之间有不同的关系。例如，人员类People和销售人员类SalesClerk之间的关系为泛化（继承/派生）关系，即销售人员类SalesClerk是子类，它继承了父类人员类People的属性和操作。

我们采用把这两个类映射成一张表，同时增加一个对象标识符和一个用于标识角色类型的对象类型。其示意图如图15-7所示，这种映射方式的耦合度高。

People
#Name: String
#Sex: Char
#Birthday: Data
#Telephone: String
#E-maill: String
#Address: String
#Salary: Float

SalesClerk
-SalesClerkID:String
-Position: String

二维表PeopleSalesclerk

SalesClerkID	PID	Name	Sex	Birthday		Salary	Position
XS000001	R1	张三	男	67.12	…	3600	3级
XS000002	R1	李四	男	69.10	…	3200	4级
XS000003	R1	王五	男	66.10	…	3000	5级
XS000004	R1	赵六	女	60.12	…	3600	3级
XS000005	R1	蒋七	男	70.08	…	3200	4级
XS000006	R1	沈八	男	66.01	…	3000	5级

图15-7 具有泛化关系的两个类映射成关系数据库中的一张表

在图15-7中，将具有泛化关系的两个类映射成关系数据库中的一张二维表PeopleSalesClerk，图右边表中的域（最上一行各列）依次表示图左边具有继承关系的两个类中的属性。从第二行开始以后的每一行表示一条记录，描述销售人员类SalesClerk创建的各个对象。

在二维表PeopleSalesClerk中，我们用销售人员类SalesClerk中的属性标识符SalesClerkID作为该表的对象标识符（主键），同时增加一个用于标识角色类型的对象类型标识人员标识符PID。

这种映射方式使两个类之间具有极高的耦合度，系统执行效率高。但当人员类People有多个派生类时，采用这种映射方式就会显得缺乏灵活性。

15.3 数据库设计建模

现在我们就依照图15-5所示的类图作为案例，介绍采用Rose对其进行关系数据库设计建模。首先对People类和SalesClerk类进行映射转换，它们之间是泛化（继承）关系，采用每个子类映射为单个表，将超类的属性复制到子类映射的表中，然后在各子类映射的表中增加各自的对象标识符。其他几个类图按照前面介绍的关联关系的映射方式映射成相应的数据库关系模式表格。下面介绍使用Rose完成数据库概念模式设计的方法。

15.3.1 创建数据库关系模式生成器

首先运行Rational Rose系统，打开前面几章生成的“企业综合信息管理系统”项目文件。

1）在左侧浏览器窗口用鼠标右键单击逻辑视图“Logic View”，在弹出的菜单中选择数据模型生成器选项“Data Modeler”，在弹出的下一级菜单中选择“New”选项，然后在弹出的下一级菜单中再选择模式“Schema”选项，即可开始将类生成相应的关系模式。后续的操作都在此基础上进行。

2）在展开的模式“Schemas”对话框中，系统默认生成的名字为“S_0”的模式，右键单击打开模式规格说明“Open Specification...”对话框，将模式名称“People-SalesClerk”修改为“进销存管理系统”。如图15-8所示。

3）在“进销存管理系统”选项上单击鼠标右键，在弹出的菜单中选择“Data Modeler”，然后选择其“New-Data Model Diagram”子菜单创建一个新数据模型图。双击该图，工具栏按钮变成如图15-9所示。

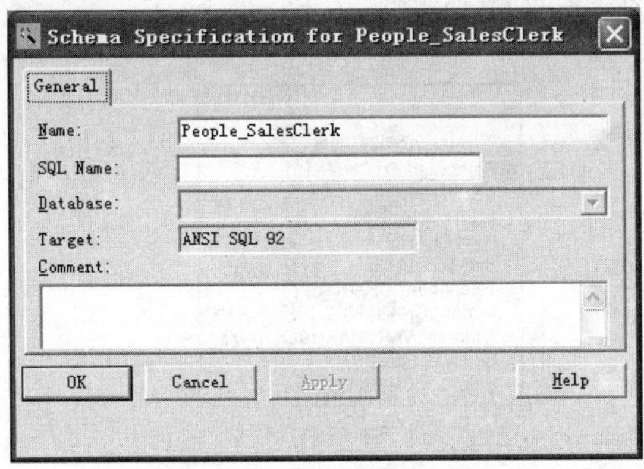

图15-8 Schema Specification对话框

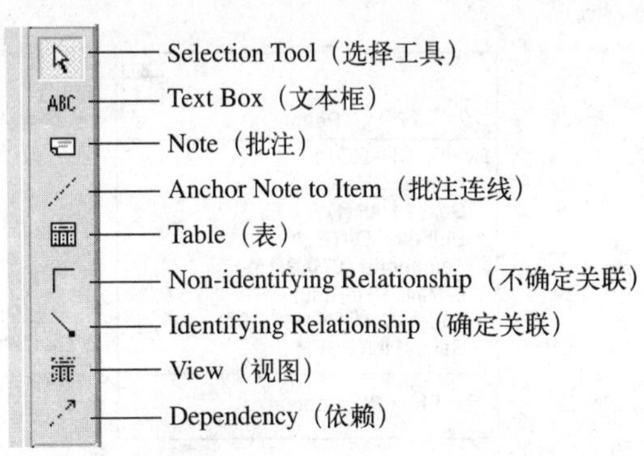

图15-9 设计数据模式模型图对应的工具栏按钮

15.3.2 泛化关系映射的关系模式

建立泛化关系映射的关系模式过程如下：

1）单击工具栏上的“Table”图标按钮，在右侧窗口空白处单击鼠标添加一个表对象。打开表规格说明“Table Specification...”对话框，在“General”页修改表名为“People”。在“Columns”页编辑表的列（域）属性，单击图标，或者在列表空白处选择右键快捷菜单“Insert”可创建一个新列，如图15-10所示。

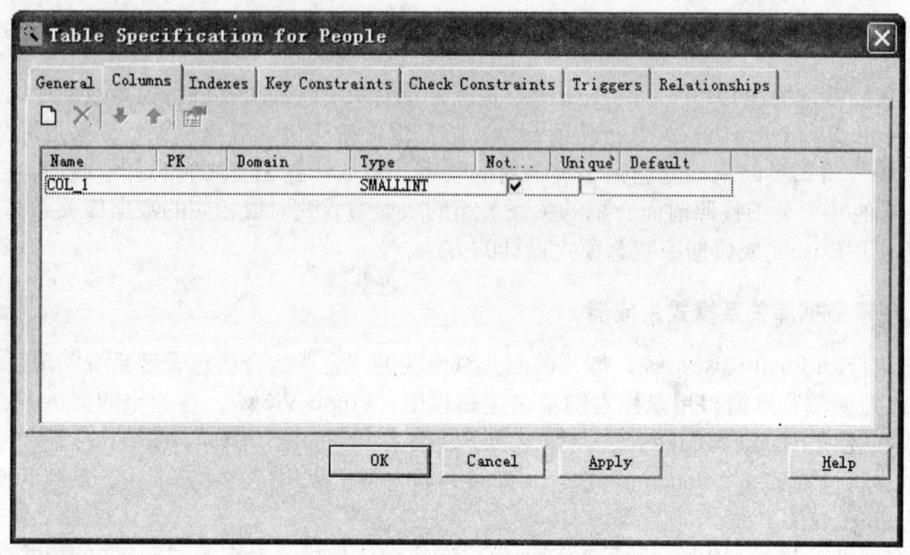

图15-10 关系数据库表规格说明对话框

2）在新添加的列（域）上单击右键，选择“Open Specification”，打开设置对话框设置该列（域）的名称、数据类型、长度、是否主键以及默认值。把People类的属性映射成表列，应为People类增加一个标识符属性PID，并将其映射为对应表的主键（表中右侧有红色“PK”字样的域）。完成后的People类对应的关系数据库二维表如图15-11所示。

3）依照以上方法完成SalesClerk类映射的表单，如图15-12所示。

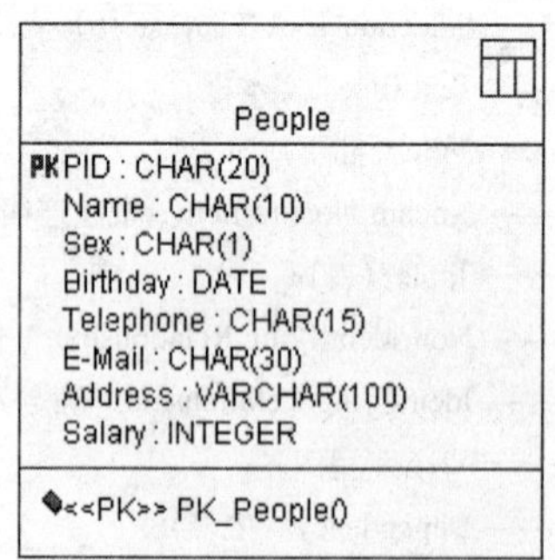

图15-11 People类映射的数据库表

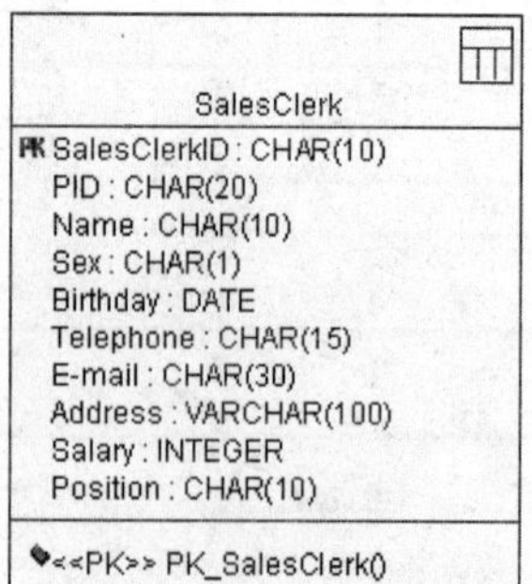

图15-12 SalesClerk类映射的数据库表

15.3.3 关联关系映射的关系模式

类之间的关联关系映射到关系数据库中二维表关系模式的步骤如下。

(1) 一对多关联关系映射

对销售人员类SalesClerk与销售合同类SalesContract的一对多关联关系进行映射：

1) 根据15.1.2节介绍的一对多关联映射的方法，按照上节介绍的步骤分别建立两个类映射的关系数据库二维表。

2) 然后为两个类添加关联，选择 ⌈ 图标，添加从销售人员SalesClerk表到销售合同SalesContract表的关联。

3) 双击刚添加的关联可以打开关联规格说明“Open Specification...”对话框，设置关联的属性，如图15-13所示。此处添加的关联两端的阶元反映了实际业务的情况，保留默认的设置。完成后的两个表之间的关联模型图如图15-14所示。

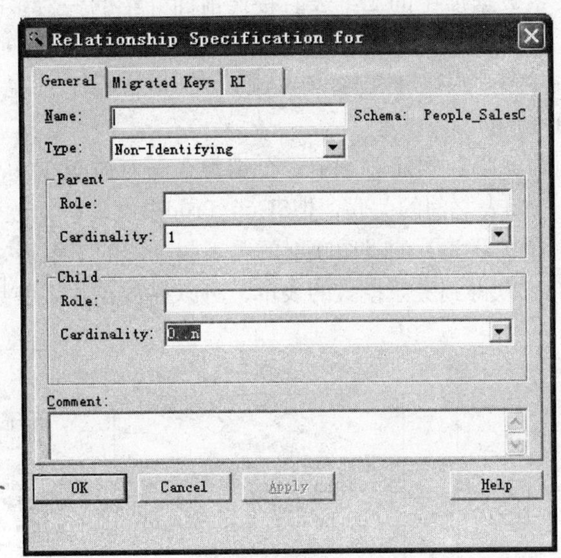

图15-13 关联属性设置对话框

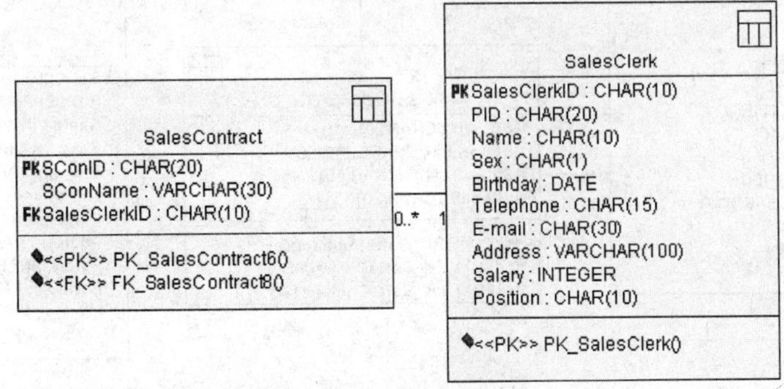

图15-14 添加关联关系后的两个表

读者从图15-14中可以看出，在销售人员SalesClerk表中有主键SalesClerkID，在销售合同SalesContract表中有主键SConID。我们又在SalesContract表中增加了一个外键（表中右侧有红色“FK”字样的域）SalesClerkID，其指向为SalesClerk表的主键。

客户Client类与销售合同SalesContract类之间也是一对多的关联，它们的映射可以仿照上面的步骤添加客户Client表和销售合同SalesContract表的关联。

（2）多对多关联关系映射

在图15-5中，类图中产品Product类和销售合同SalesContract类是多对多的关联。在实际业务中，一个商品可能出现在多个销售合同中，一个销售合同也可能包括多个商品。

1）添加关联类。依照15.1.2节介绍的多对多关联的映射方法，将产品Product类和销售合同SalesContract类之间的关联关系设计成一个新类——关联类，命名为SCon_Prod。这样就将一个多对多的关联转化成两个一对多的关联。

2）各个类映射为关系数据库中的二维表。按照前面介绍的一对多的关联的映射方法步骤将关联双方的类（包括关联类）映射成相应的表。对应关联类，在映射表中增加一个关联表，其名为SCon_Prod，为该表添加一个标识符列（域）SCon_prodID（在实际业务中需要添加更多的字段才能支持系统的功能）。

3）添加三个表之间的关联。实际业务中一个销售合同对应至少一个商品列表，所以编辑SalesContract表和SCon_Prod表之间的关联，把SCon_Prod表端的阶元改为“1..n”。最终得到图15-5中五个类（再增加一个关联类）的类图映射的关系数据库的二维表，如图15-15所示。

经过以上步骤，我们可以得到关系模式的表单，可以存放在关系型数据库中。

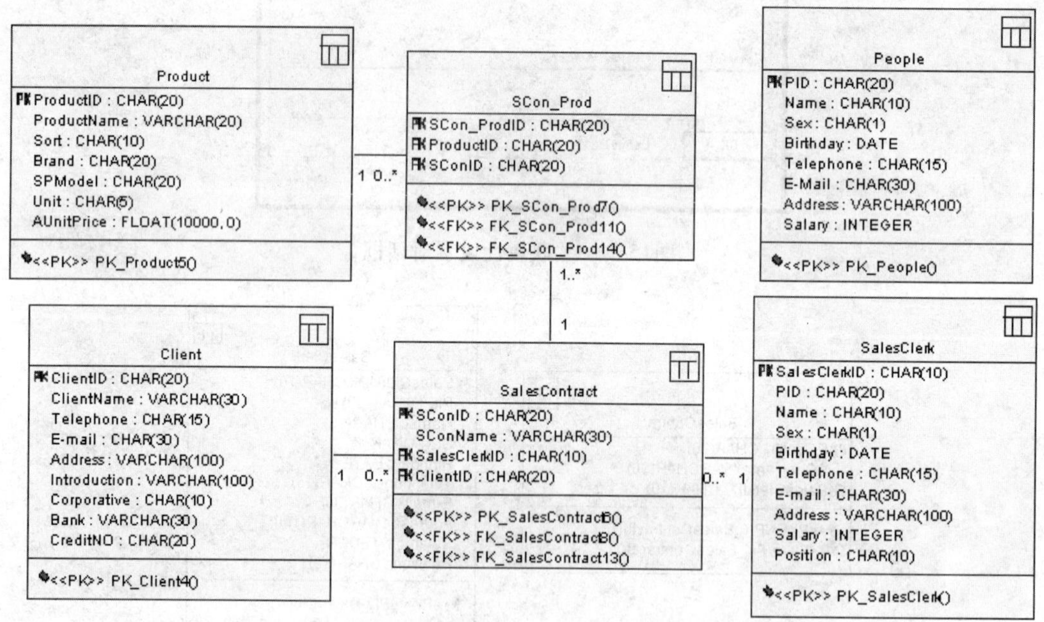

图15-15　图15-5的类图映射成的关系数据库二维表关系图

15.3.4 前向工程——代码生成

Rational Rose为我们提供了前向工程（Forward Engineering）支持，用来生成程序代码。

1）在“进销存管理系统”模式上单击右键，选择弹出菜单中的选项“Data Modeler”，在弹出的子菜单中再选择前向工程“Forward Engineering...”，打开前向工程对话框，如图15-16所示。

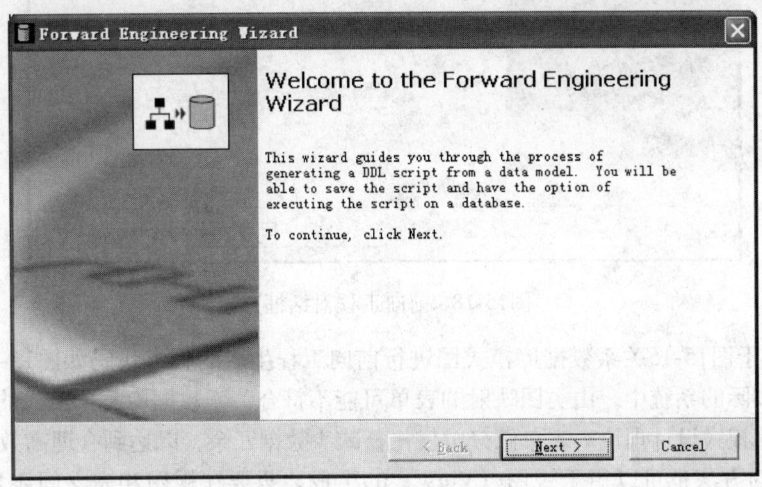

图15-16 前向工程对话框一

2）单击“Next”进入下一个对话框进行功能设置，选择希望生成代码的模型元素。功能选项如图15-17所示。

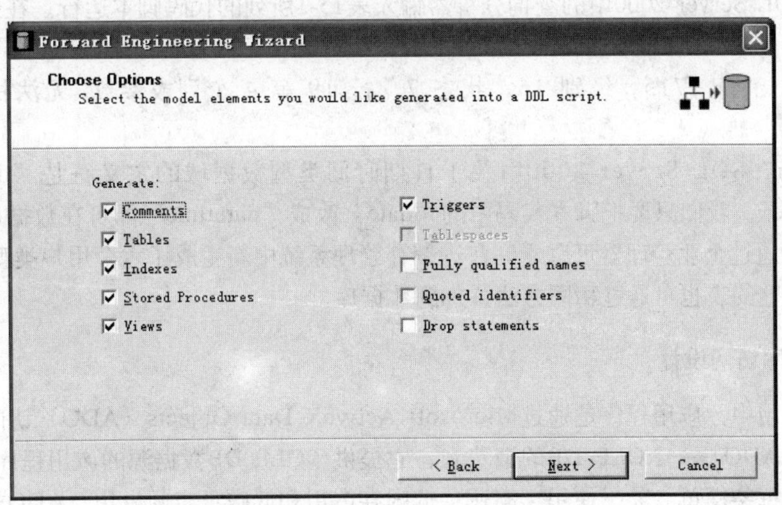

图15-17 前向工程对话框二

3）单击“Next”选择保存脚本代码的文件。输入保存代码的文件名，选择好文件路径，点击“Next”完成。显示的对话框如图15-18所示。

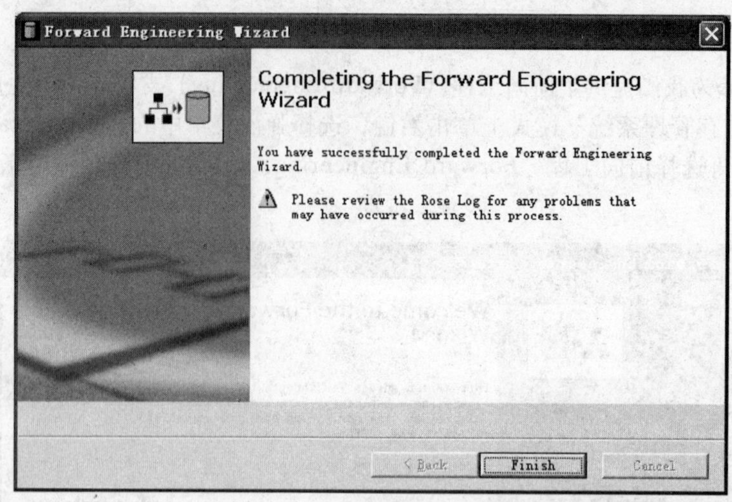

图15-18 前向工程对话框三

4）得到基于图15-15关系数据库模式图进行前向工程生成的脚本代码如图15-19所示。

注意：在实际的系统中，由类图映射的表单可能不符合关系数据库关于范式的要求，此时就需要根据数据库模式设计理论对表单做分解优化，减少数据冗余，以达到合理高效的设计方案。

以上介绍的方法也可以用于视图（View）的生成，只要在视图和表之间添加↗连接就可以生成视图到表的映射，通过编辑视图的“Columns”即可调整视图中显示的数据。

15.3.5 数据库实现

可以在SQL Server 2000中的查询分析器输入表15-1所列的代码脚本运行。在运行过程中系统会提示：

“服务器: 消息 2715，级别 16，状态 7，行 19 第 4 个列或参数: 无法找到数据类型 DATE。”

这是因为在SQL Server 2000中关于日期时间类型数据域的定义符是“datatime”和“smalldatetime”。我们只要把脚本代码中的“date”改成“datetime”即可在数据库中成功创建相应的表格。通过企业管理器可以看到在进销存管理系统中新生成了六个用户类型的表。

系统中其他的表也可通过相同方法添加到数据库。

15.3.6 数据库访问设计

在实际应用中，应用程序是通过Microsoft ActiveX Data Objects（ADO）访问SQL Server 2000数据库。ADO是一个OLE DB的消费者，它提供了OLE DB数据源的应用程序级访问功能。其优点是模型框架简单、易于使用、高速、低内存占用和低磁盘空间占用。ADO支持用于建立基于客户/服务器模式和Web应用程序的功能，同时具有远程数据服务功能（RDS），通过一次RDS可以在一次往返过程中完成数据从服务器传至客户端，在客户端处理数据并将更新结果返回服务器的操作。ADO具有的特性可以完全满足系统的功能要求。

```
CREATE TABLE Client (
ClientID CHAR ( 20 ) NOT NULL,ClientName VARCHAR ( 30 ),
Telephone CHAR ( 15 ),Email CHAR ( 30 ), Address VARCHAR ( 100 ),
Introduction VARCHAR ( 100 ), Corporative CHAR ( 10 ),
Bank VARCHAR ( 30 ),
CreditNO CHAR ( 20 ),
CONSTRAINT PK_Client4 PRIMARY KEY (ClientID)
);
CREATE TABLE SCon_Prod (
SCon_ProdID CHAR ( 20 ) NOT NULL,ProductID CHAR ( 20 ) NOT NULL,
SConID CHAR ( 20 ) NOT NULL,
CONSTRAINT PK_SCon_Prod7 PRIMARY KEY (SCon_ProdID)
);
CREATE TABLE People (
PID CHAR ( 20 ) NOT NULL,Name CHAR ( 10 ), Sex CHAR ( 1 ),
Birthday DATE,            //类型需要修改为datetime
Telephone CHAR ( 15 ),EMail CHAR ( 30 ),Address VARCHAR ( 100 ),
Salary INTEGER,CONSTRAINT PK_People PRIMARY KEY (PID)
);
CREATE TABLE Product (
ProductID CHAR ( 20 ) NOT NULL, ProductName VARCHAR ( 20 ),
Sort CHAR ( 10 ),Brand CHAR ( 20 ),SPModel CHAR ( 20 ), Unit CHAR ( 5 ),
AUnitPrice FLOAT ( 2 ),CONSTRAINT PK_Product5 PRIMARY KEY (ProductID)
);
CREATE TABLE SalesClerk (
SalesClerkID CHAR ( 10 ) NOT NULL, PID CHAR ( 20 ),Name CHAR ( 10 ),
Sex CHAR ( 1 ),
Birthday DATE,            //类型需要修改为datetime
Telephone CHAR ( 15 ),Email CHAR ( 30 ),Address VARCHAR ( 100 ),Salary INTEGER,
Position CHAR ( 10 ), CONSTRAINT PK_SalesClerk PRIMARY KEY (SalesClerkID)
);
CREATE TABLE SalesContract (
SConID CHAR ( 20 ) NOT NULL,
SConName VARCHAR ( 30 ),
SalesClerkID CHAR ( 10 ) NOT NULL,
ClientID CHAR ( 20 ) NOT NULL,
CONSTRAINT PK_SalesContract6 PRIMARY KEY (SConID)
);
ALTER TABLE SCon_Prod ADD CONSTRAINT FK_SCon_Prod14 FOREIGN KEY (SConID)
REFERENCES SalesContract (SConID) ON DELETE NO ACTION ON UPDATE NO ACTION;
ALTER TABLE SCon_Prod ADD CONSTRAINT FK_SCon_Prod11 FOREIGN KEY
(ProductID) REFERENCES Product (ProductID) ON DELETE NO ACTION ON UPDATE NO
ACTION;
ALTER TABLE SalesContract ADD CONSTRAINT FK_SalesContract13 FOREIGN KEY
(ClientID) REFERENCES Client (ClientID) ON DELETE NO ACTION ON UPDATE NO
ACTION;
ALTER TABLE SalesContract ADD CONSTRAINT FK_SalesContract8 FOREIGN KEY
(SalesClerkID) REFERENCES SalesClerk (SalesClerkID) ON DELETE NO ACTION ON
UPDATE NO ACTION;
```

图15-19 基于图15-15关系数据库模式图的前向工程脚本代码

ADO使用层次对象框架实现，Connection、Command和Recordset是模型的三个主要对象。Connection对象标识对远程数据源的连接，也可以控制事务的范围；Command对象定义对数据源执行的指定脚本命令，可执行命令和参数化的SQL语句；Recordset对象表示来自基本表或命令执行结果的记录全集。

在ADO框架中，除Errors、Fields和Properties对象之外，所有的对象都可以创建在自己身上，而不必访问高一层的对象。这就增加的使用的灵活性。

15.3.7 数据库访问实现

为了实现数据库访问，在使用VC创建工程的时候应做一些设定，用于确定对MFC（微软基础类库）进行调用。以下对这些限定做简单介绍。

- 在“MFC AppWizard-Step1”对话框选择单文档“Single document”。
- 在“MFC AppWizard-Step2”对话框选择“DataBase view without file support”。单击“Data Source...”按钮，弹出“DataBase Options”对话框。
- 选择其中的“OLE DB”，单击“Select OLE DB Datasource”按钮，弹出如图15-20所示的对话框。
- 选择“Microsoft OLE DB Provider for SQL Server”项。单击“下一步”按钮激活如图15-21的“连接”页。

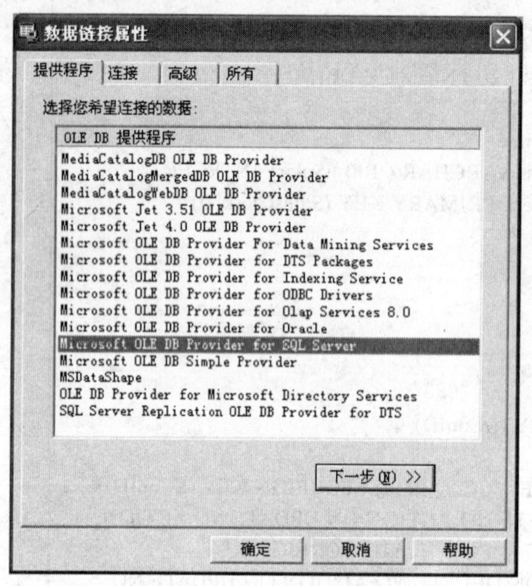

图15-20 数据链接属性对话框

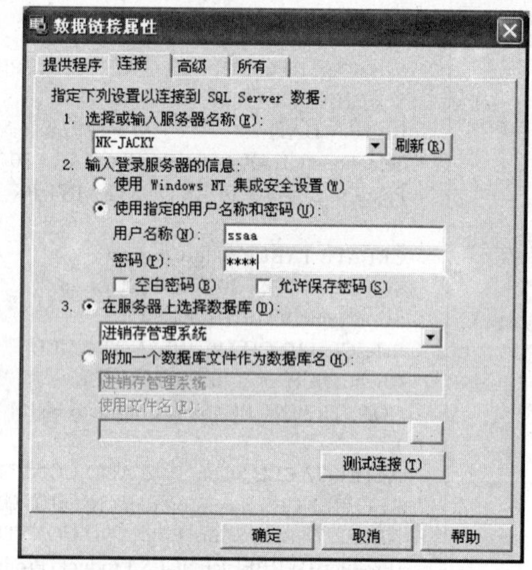

图15-21 数据链接属性对话框的连接页

- 在对话框中配置连接到SQL Server的属性。如果连接正确，单击“测试连接”按钮会得到如图15-22的对话框。
- 确认返回后出现如图15-23所示的对话框，在其中选择需要使用的关系数据库表。

图15-22 数据链接属性对话框的连接页

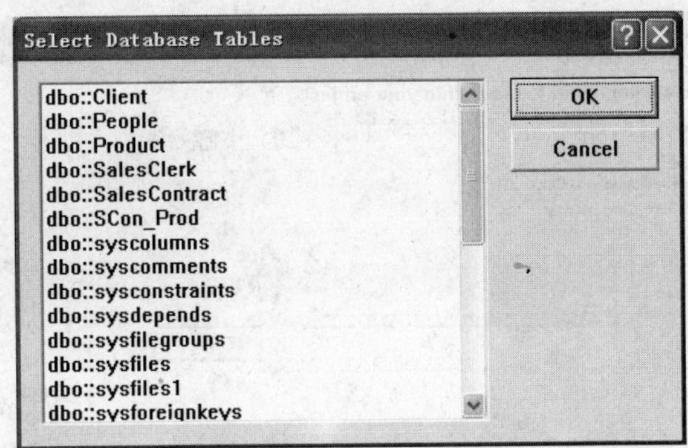

图15-23 “Select DataBase Table”对话框

- 选择完需要的数据库表并确认，“Data Source...”按钮下面的提示变成“An OLE DB data source is selected”。如图15-24所示。

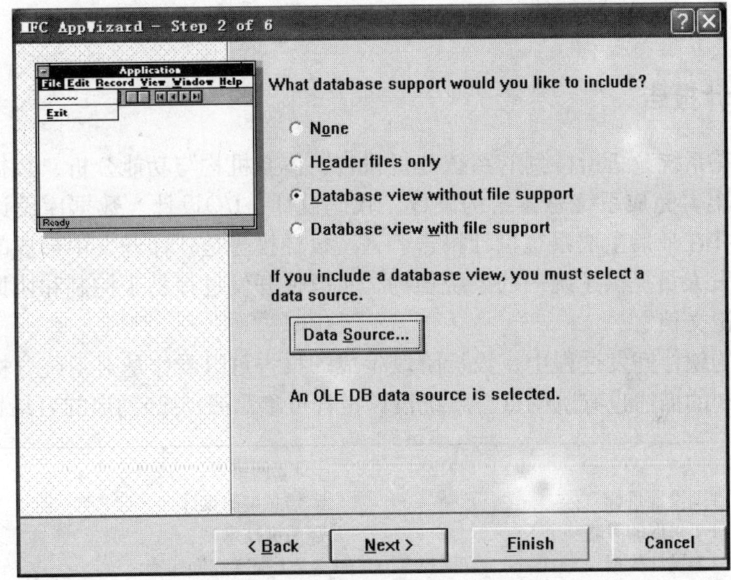

图15-24 显示已经选定数据源的对话框

- 继续默认工程的设置直至完成。在“MFC AppWizard-Step2”对话框中可以看到基类的默认选择是COLEDBRecordView。这个类提供的功能使得浏览数据库更为容易。

在程序中增加对ADO控制的引用是程序设计的一部分。可以通过选择“Project”菜单中的“Add To Project”选项，在打开的下一级菜单中的选择“Components and Controls”选项打开如图15-25所示的对话框。双击“Registered ActiveX Controls”文件夹，在其中找到“Microsoft ADO Data Control 6.0 (OLEDB)”以及其他可用的数据库控件如“Microsoft DataGrid Control 6.0 (OLEDB)”、“Microsoft DataRepeater Control, Version 6.0”等，单击“Insert”添加到工程即可在工程中使用。具体应用方法此处不做介绍。

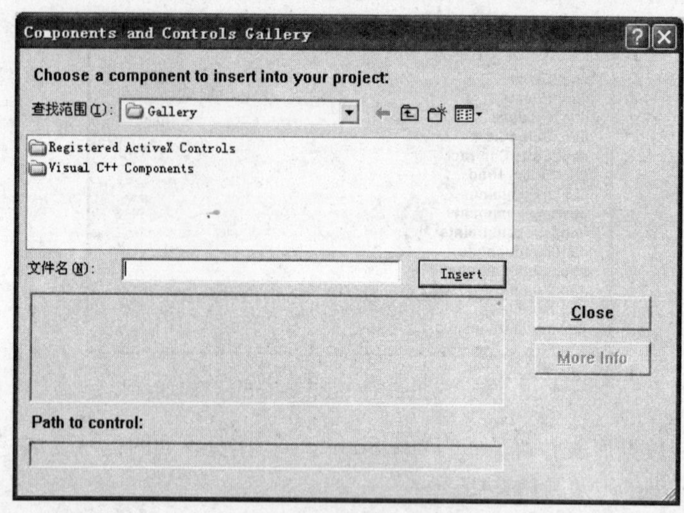

图15-25 “Components and Controls Gallery”对话框

15.4 系统设计报告

系统设计是在系统分析所得到的系统分析报告、体系机构与功能分析、数据与过程分析等阶段成果的基础上，完成系统总体结构设计、代码设计、I/O设计、数据库设计、模块功能与处理过程设计，并在最后生成系统设计报告。系统设计报告是软件开发中形成的重要的文档资料，它为系统开发人员提供了统一的系统规约，可以使开发过程易于控制和协调，是控制变更和开发进度的关键文档之一。

在面向对象的软件开发过程中，设计阶段生成的报告可以看作是对系统分析报告的细化和完善，二者对系统的描述也有所侧重。系统设计报告可参照图15-26列出的目录撰写。

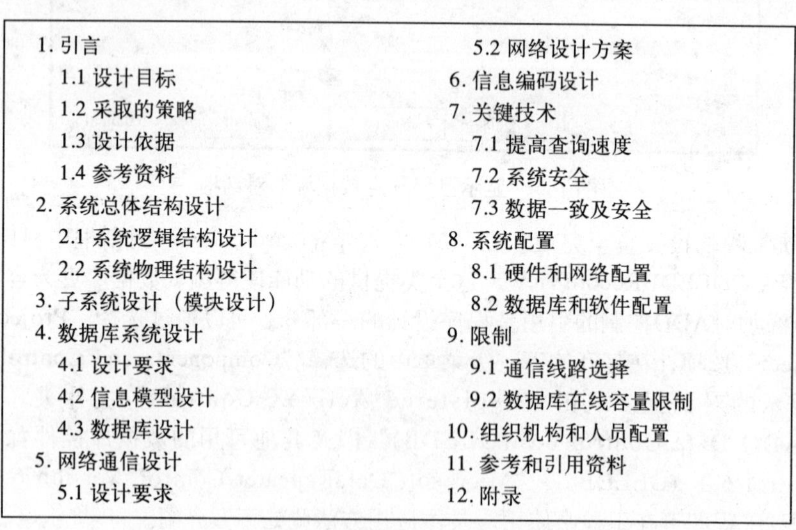

1. 引言
   1.1 设计目标
   1.2 采取的策略
   1.3 设计依据
   1.4 参考资料
2. 系统总体结构设计
   2.1 系统逻辑结构设计
   2.2 系统物理结构设计
3. 子系统设计（模块设计）
4. 数据库系统设计
   4.1 设计要求
   4.2 信息模型设计
   4.3 数据库设计
5. 网络通信设计
   5.1 设计要求
   5.2 网络设计方案
6. 信息编码设计
7. 关键技术
   7.1 提高查询速度
   7.2 系统安全
   7.3 数据一致及安全
8. 系统配置
   8.1 硬件和网络配置
   8.2 数据库和软件配置
9. 限制
   9.1 通信线路选择
   9.2 数据库在线容量限制
10. 组织机构和人员配置
11. 参考和引用资料
12. 附录

图15-26 系统设计报告参考目录

以下就是“企业综合信息管理系统”设计报告书的基本样式。

15.4.1 引言

“企业综合信息管理系统”是企业信息化改造的一个应用系统，该系统涉及到维持企业正常运转的所有信息的管理工作。该系统的设计是根据企业的总体发展目标，以及企业信息化工程的总体要求，在对企业现有状况进行广泛调研的基础上提出。

1. 设计目标

在网络环境的支撑下建立企业综合信息管理系统，提供对采购管理、仓库管理、销售管理、生产调度管理等管理能力；实现仓库管理、销售管理、采购管理、财务管理等企业管理信息的集成；实现市场营销过程管理与售后服务管理的功能与信息集成；借助采购和销售统计信息等加速市场信息收集整理，为企业决策提供支持。

2. 采取的策略

1）在软件工程生命周期法的大框架下，利用XX法进行企业综合信息管理系统软件的开发。

2）使用UML建模工具Rational Rose进行系统的详细设计，既可以保证设计工作的规范性，又可以提高详细设计工作的效率。

3）采用面向对象的程序设计方法，确保系统的可靠性和易维护性。

4）严格的模块测试和集成测试，为系统正确性提供保证。

3. 设计依据

1）系统可行性分析报告

2）客户需求分析规格说明书

3）系统分析报告

4. 参考资料

略。

15.4.2 系统总体结构设计

1. 系统逻辑结构设计

该综合信息管理系统要管理的信息是很庞大的，要同时开发出全部的系统是不现实的，所以按照企业的业务需求把系统划分成若干子系统，通过良好的设计把各子系统集成为一个整体。同样地，在各子系统中仍然可以做进一步细分，以使开发工作更容易展开，并能够随时监视用户的需求变更等情况。

各子系统的划分、子系统的建模和系统逻辑结构设计参见需求分析报告和系统分析报告。

2. 系统物理结构设计

企业综合信息管理系统的各子系统在空间上是分布在不同的地点，在不同的节点上运行系统不同的部分。合理的物理结构设计有助于更好的实现系统的功能。

物理结构设计可参见构件图建模和部署图建模部分。

15.4.3 子系统设计（模块设计）

子系统设计就是把该子系统涉及到的用例进一步细化，用更详尽的方式描述实现这些用例的数据流和控制流以及子系统间交互等信息。

该部分的设计参见第五章到第十二章的内容。

15.4.4 数据库系统设计

见本章1～3节介绍的数据库系统设计建模内容。

15.4.5 网络通信设计

1. 设计要求

公司营销管理系统网络的设计，主要考虑下列基本原则：

1）保证网络的先进性，同时要兼顾网络的经济性和可行性。

2）保证网络的开放性和可互连性。

3）保证网络系统的可靠性和安全性。

4）保证网络的可扩展性和可升级性。

5）充分考虑和利用现有网络设施，降低网络建设成本。

基于上述基本原则，考虑到企业已经建立了覆盖各部门的主干局域网，所以综合信息管理系统网络只需要对现有网络进行必要的扩充。网络扩充设计应充分考虑其特点，并且要兼顾到网络建造费用、网络运行费用、网络通信速度、信息传输可靠性等因素。

2. 网络设计方案

为了找出比较好的实现方案，要对各种可能的组网方案的优点及存在的问题做分析比较，并与企管部的技术人员进行了讨论交流，提出了一套可行的实现方案。

具体方案略。

15.4.6 信息编码设计

企业综合信息管理系统涉及的信息相当庞杂，使用信息编码可以方便各种信息的分类和使用，有利于系统的开发和日后的升级维护。以下列出几个主要的信息分类编码：

(1) 仓库编码

a.代码结构：

b. 代码长度：2

c. 代码类型：字符型

d. 应用范围：销售管理子系统、仓库管理子系统

(2) 人事信息编码

a. 代码结构：采用国标码

b. 应用范围：综合信息管理系统

(3) 产品编码

a. 代码结构：

×××　×　××××　×　×
大类　标志　小类　颜色　等级

b. 代码长度：10

c. 代码类型：字符型

d. 应用范围；进销存管理子系统

(4) 行政区域编码（建议采用国标GB 2260-90）

a. 代码结构：

×　×　×　××
国　区　省　市(县)

b. 代码长度：5

c. 代码类型：字符型

d. 应用范围：进销存管理子系统

以下略。

15.4.7 关键技术

1. 提高查询速度

(1) 采用分区表和索引技术

为了能提高非常大的表的查询速度，采用分区表及索引技术。该技术将大表分成若干较小的较易管理的子分区。这样对该表进行查询时，并不是访问具有同样的字段名、约束定义及其他属性，即所有的子分区具有相同的逻辑分区，而实际上位于不同的物理分区（甚至可以位于不同的表空间）。采用分区表技术并不增加最终用户的负担，而且用户可以完全透明地访问数据。其优点是不但可大大加快查询速度，而且当某一分区发生故障时，并不影响其他分区的操作，便于各分区的独立备份和恢复，另外可根据情况，适当将各分区放在不同硬盘上，从而可平衡I/O负载。

(2) 使用MTS技术

为了提高整个系统的响应速度，我们使用了MTS（Microsoft Transaction Server）技术。MTS可有效地利用计算机资源，特别是系统所需使用的三种系统资源（线程、对象、ODBC连接）都提供了缓冲池（Pooling），而这三种系统资源的合理调用直接影响系统的执行效能。MTS能建立一个所有用户能分享的对象实例库来避免系统资源的浪费；另外MTS将从客户端移走数据访问而将其转移到一个单独的商务对象中，以便其他支持DCOM的应用程序可重复使用该商务逻辑，从而达到ODBC的集成库。

1）合理分配服务器和客户端的负载。

2）使用批提交成本。

3）使用自动序列号技术。

2. 保证系统安全

(1) 采用多级口令保证系统安全（关封匿名用户）

为了保证系统安全运行，防止非法用户侵入，通过设置多级口令来加强防范。首先任何用户想登录到数据库服务器，必须有合法的用户名和口令，数据库服务器不支持匿名登录。其次数据库系统根据该用户的操作级别（对记录的读、修改、插入、删除等）授予用户不同的程序界面。对一些重要操作（如插入、修改、删除）都自动记录其用户名及操作时间，根据这些操作记录，可迅速追踪操作事故的责任人。

（2）检查客户端IP地址

为了进一步加强上网用户计算机的管理，在数据库服务器上设置了客户端IP地址核查工作。任一台登录的计算机必须在设定的IP地址范围之内，从而避免了非法IP地址的侵入。

15.4.8 系统配置

1. 硬件与网络配置

略。

2. 数据库与软件配置

Microsoft SQL Server 2000。

15.4.9 限制

1. 通信线路选择

对于系统中使用广域网的网络来说，目前解决方案很多。例如卫星通信、ATM、DDN、帧中继、xDSL等都是很好的实现方法，技术成熟，迅速可靠。

系统采用ADSL，这种方法造价最便宜，并有较高的网络速度和较可靠的传输等方面。

2. 数据库在线容量限制

企业综合信息管理系统的数据库是一个大型数据库系统，数据表实体非常多，且有的表容量很大，这对任一台主机来说，查询都是非常费时的工作。所以适当确定在线数据库是一项很重要的工作，这有待于系统运行后，根据所选主机加以适当设置。

15.4.10 组织机构和人员配置

企业综合信息管理系统设计与实施过程人员配置

主任设计师：　　×××教授

副主任设计师：　×××教授

组员：　　　　　×××、×××、×××……

15.4.11 参考和引用资料

略。

15.4.12 附录

略。

15.5 小结

对于一个面向对象的系统，持久对象的存储依赖于面向对象数据库系统来完成，但至今还没有举世公认的面向对象数据库管理系统。作为一个信息管理系统，数据库设计是系统开发的关键部分，好的数据库设计有助于保证系统数据的整体性、完整性和共享特性。目前成熟的商业数据库都是关系数据库，可以用关系数据库来代替面向对象数据库系统，本章以Microsoft SQL Server 2000关系数据库管理系统为例对此作简要介绍。

数据库设计是系统开发的关键部分，系统数据库设计的关键就是完成面向对象数据模型到关系设计模型的转换。好的数据库设计有助于保证系统数据的完整性和共享特性。

本章介绍了关系数据库模型的基本概念，面向对象数据模型到关系数据库设计模型的转换映射模型，面向对象数据模型中类、类之间的关系到关系数据库设计模型的转换方法与步骤，并介绍了利用Rose完成面向对象系统的数据库设计与建模工作。

本章还给出了面向对象系统设计报告的参考格式及一个具体的系统设计报告的书写案例。

15.6 评价标准

本章的目的是掌握使用Rose提供的功能完成面向对象系统模型向关系数据库模式的映射转换，完成在关系数据库中存储持久对象的目的。能够按照案例正确生成相应的关系数据库二维表，就可获得80分以上成绩。可以正确将自己选择的项目生成相应的关系数据库二维表，就可获得85分以上成绩。

不能使用案例正确生成模式，按错误数量酌情给75分。